河出文庫

触れることの科学
なぜ感じるのか　どう感じるのか

デイヴィッド・J・リンデン
岩坂彰 訳

河出書房新社

目次

触れることの科学

なぜ感じるのか　どう感じるのか

魂は見るかもしれぬ。肉体は触れるかもしれぬ。
だとしても、どちらがより神に祝福されているのか。

——W・B・イェイツ「貴婦人の二番目の歌」一九三八年

見れば信じられる。だが、触れることができればそれは真実だ。

——トーマス・フラー「ノーモロジア」一七三二年

プロローグ

カリフォルニア州マリブ、1975年夏

夜も更け、キャンプファイヤーを囲んで、8人の少年少女が思い思いに岩や切り株やむき出しの地面に身体を寄せ合って座っている。サンタモニカ山地に育つハーブや木の実の香りに、Tシャツの汗臭さが混じる。あたりに大人の姿はなく、薄闇に包まれた僕たちは、年頃の心に秘めた思いをそれぞれの言葉に託していた。

「次はサムの番だぜ」

「じゃあ……キャロラインに質問。あのキャンプ・ディレクターのおっさんにしっかりキスするのと、ゴキブリを生きたまま食べるのと、どっちがいい?」

「ぎぇー」

全員がいっせいに嫌悪と歓喜の入り交じった意味不明な叫びをあげた。

「サム、あんたってホントに最低。そんなの答えたくない」

「だめだよ。そういうルールなんだから」

「いやよ。このヘンタイ」

「そんなにツンツンするなよ。いじめてるわけじゃないんだからさ」

「分かってるけどさ」

「よし、じゃあきれいなやつでいこう。南極で凍死するのとサハラ砂漠で熱死するのと、どっちがいい？」

「南極はパーカー着て行っちゃいけないわけ？」

「だめ。裸」

「じゃあ砂漠かな。きれいに日焼けして逝きたいね」

僕たちは、ひゅうひゅう、と叫んだ。キャロラインは片手を高く掲げ、踊るように身体を揺らせてみせた。

サムは笑いながら言った。「おまえ、うぬぼれすぎ。さて、僕は行かなくっちゃ」

これがポーズだということは、みんな分かっていた。サムがキャロラインに首ったけなのは誰の目にも明らかだったからだ。

「だめだめ。あんたずるいよ。今度は私の番なんだから。そうね。五感の中でひとつ残して全部なくなるとしたら、どれを選ぶ？」

「うーん、それはキツいな。視覚かな。少なくとも歩き回れるもんな。あー、いや、耳だな。やっぱり音楽がないとね。くそ、分かんないや。むかつくな」

「でしょうね」

「傷つくなあ」

「いい気味」

数日後、私は寝袋の中で、このときのふざけ合いを思い返して不思議に思っていた。ホルモン旺盛な10代の男女である以上、みんな個人的な触れ合い、つまりキスや抱擁やそれ以上のことに熱い期待を抱いていたし、ごく普通の少年だった私も、かわいい黒髪のローレライという少女を抱きしめてキスをすることばかり考えていた。実は、話しかけることすらほとんどできなかったのだけれども。

それはともかく、このように、身体的接触の感覚は私たちの空想や妄想の中心にしっかりと存在したにもかかわらず、この数日間のキャンプファイヤーの「究極の選択」ゲームで、五感のうちのどれかひとつというキャロラインの出題が何度か取り上げられた中で、誰ひとりとして触覚を挙げなかったのだ。

ただ、誰も深く考えなかっただけだろうか。色気づいたうえに睡眠不足でハイになったティーンエイジャーたちのキャンプファイヤーというのは、たしかに深くものを考えるにふさわしい状況とは言いがたい。それとも、触覚が失われるというのがどういう感じか、誰も思い浮かべることができなかったからだろうか。目が見えなくなったり耳が聞こえなくなったりというのはすぐに想像できるし（目や耳をふさいだ経験は誰にでもある）、味や匂いがなくなる状態も想像できるけれども、触覚を失った状態は想像しにくい。思うに、ものに触れる感覚というのは人間の自己感覚と密接に絡み合っていて、そのせいで、触覚を欠いた暮らしというものをはっきりとイメージできなかったのではないだろうか。後年、『ロリータ』を読んだとき、著者ウラジーミル・ナボコフがすでに何年も前にこの問題を当たり前のように提示していることに気づいた。「男性にとり、視覚に比べれば取るに足らない触覚が、決定的な瞬間には、現実を扱う、唯一とは言わないまでも主要な感覚となるのである」とナボコフは書いている。『ロリータ』の主人公ハンバート・ハンバートにとって、触覚はこのうえなく大切な経験となり、愛するロリータにかすかに触れるだけでも抗いがたい情熱を掻き立てられる。

私たちの場合も、触覚経験は感情と分かちがたく結びついている。それは英語の日常的な表現をとってみても分かる。冒頭のキャンプファイヤーの会話を思い出してみてほしい。「傷つく（I'm touched：触れられる）」や「いじめてる（hurt your feeling：触覚を傷つける）」のほか、「ツンツンする（prickly：棘の多い）」、「キツい（rough：表面が粗い）」、「ずるい（slippery：つるつるしている）」などはごく普通の比喩表現だ。私たちは人間のさまざまな感情や行動や性格を、皮膚感覚を使って表現することに慣れている。たとえば、

「彼女の配慮には感動した（touched：触れられた）」
「厄介な（sticky：べとべとした）状況」
「そんないい加減な（coarse：肌理《きめ》の粗い）話は聞き飽きた」
「難しい（hairy：毛深い）問題だ」

「彼は私を苛立たせる（rub：こすりつける）」

などだ。

気の利かない人のことを英語でtactlessと表現するが、これは文字通りtact（触覚）を欠いているという意味である。このように、英語の日常表現において触覚と気持ちは深く結びついている。

英語において感情は、視覚や嗅覚を表すsightingsやsmellingsではなく、本来触覚を表すfeelingsという言葉で表現される。これはなぜだろうか。無意味な疑問と思われるかもしれないが、そうではない。

触覚をめぐるこのような比喩的表現は、皮膚感覚と人間の認知との関係について何かを教えてくれるのか、それとも単に現代英語の一般用法にすぎないのか。実は「感情的な影響を受けること」を「I'm touched」と表現し、「感覚的情動」を「feelings」と表現する使い方は、遅くとも13世紀後半には現れていた。しかも、こうした表現は英語、あるいはインド・ヨーロッパ語族の言語に特有のものではない。バスク語でも中国語でも、さまざまな言語で見られるのである。

* * *

生まれつき目や耳が不自由な人も、身体と（視覚野や聴覚野以外の）脳は健常者とほぼ同じように発達し、豊かで実りの多い生活を送ることができる。しかし、生まれてすぐに他者との触れ合いを持てないと、恐ろしい事態に至る。1980年代から90年代にかけてのルーマニアの児童保護施設では、ひどい人手不足からそのような状況が生じていた。子供の成長が遅れ、強迫的に身体を揺するなどの自己鎮静行動が現れ、そのまま放置すると、気分や認知や自己コントロールに障害が現れ、それが成人後も続くことがあった。だが幸いなことに、ごく幼い段階で1日1時間だけ子供に触れ、手足を動かしてやるという比較的簡単な介入で、この恐ろしい運命を避けることができる。

人間の発達において触覚は、プラスアルファではないのである。人間はどの動物よりも子供の時期が長い。生まれて5年経っても自力で生きられない生物などほかにない。このような長い幼児期に、他人とあまり触れ合わず、とくに愛情のこもった直接的な接触を欠いたまま育つと、やはり重大な結果を招く。

子供の発達初期の触れ合いが決定的な役割を果たしていることは、昔からずっと認識されてきたわけではない。1920年代に心理学者のジョン・B・ワトソン（行動主義と呼ばれる心理学運動の創始者）が唱えた子育て論は、身体的な愛情表現で子供をだめにしないようにと警告するものだった。「親は常に客観的で、優しいながらも断固とした行動を取ってください。抱きしめたり、キスをしたりしてはいけません。ひざの上に座らせるのもだめです。どうしてもしなければならないのなら、おやすみを言う前に額に一度キスをするだけにとどめましょう。朝には手を握ります。難しいことがとりわけ上手にできたときには、頭を軽くぽんぽんとするのがいいでしょう」(1)

現代では、子供との接触がたまに頭を軽く叩くだけという親はほとんどいないだろうが、自分の子供以外となると話は別だ。親たちは、子供を性犯罪者の餌食にするまいと頑張るあまり、教師やスポーツのコーチなどにも子供に触れないよう求めている。これは悪意から出たことではないが、子供から触れ合いを奪うという意図せぬ効果を生んでいる。こうした子供たちが接触恐怖症が蔓延する環境の中で大人になり、その恐怖を自身の子供たちに伝えていくと、社会全体はますます貧しくなっていく。

こんな反論もあるかもしれない。「子供が繊細なのは分かってる。でも大人になったら触れ合いがなくても問題じゃないだろう。そういうスキンシップ的なことっていうのは、ヒッピーだとか暇人とかが考えることだ。さあ、除菌液のポンプをもう一押しして（心を落ち着けるあのシュボッという音が聞ける）、仕事に戻りたまえ」

だが、人間同士の触れ合いというのは社会的な結びつきのためにきわめて重要なものなのである。性的なパートナーは触れ合いにより永続的なカップルになることができる。親子やきょうだいの絆も触れ合いで強まる。地域や職場では、触れ合いにより感謝や共感や信頼の気持ちが育まれ、人との結びつきが生まれる。レストランでは、ウェイターに軽く触れられた人のほうが残すチップが多いという。医師も、患者に触れる人のほうが親身になってくれると評価される。また患者も、医師に触れられることでストレスホルモンのレベルが下がり、治療結果がよくなる。商店街でアンケートや署名を集めるときでさえ、相手の腕に軽く触れるほうが成果を上げられるのである。

この本のいちばんのポイントは、ただ、触れ合いはよいことだとか、大切だとかいうことではない。これから説明していくのは、具体的に皮膚から神経、脳に至る触覚の回路というものがいかに奇妙で、複雑で、思わぬ姿を見せることの多いシステムかということであり、このシステムのあり方が私たちの生活に決定的な影響を及ぼしているということである。買い物の選び方からセックス、道具の使い方、慢性痛、傷が治る過程まで、人間の個々の経験が形作られる際には、触覚に関わる遺伝子と細胞と神経回路が、決定的な役割を果たしている。

＊　＊　＊

触覚がとりわけ優れている点は細部にある。言うまでもなくそれは、長い年月をかけた進化の過程で磨き上げられたものだ。たとえば皮膚がミントを冷たいと感じ、トウガラシを熱いと感じること。人が、皮膚に埋め込まれた専用の神経線維のおかげで、優しく（適切な速度でのみ）撫でられるのを好む傾向を持つこと。そして、脳には感情的な身体的接触に特化した中枢があるということ。この中枢がなければ、オーガズムでさえ圧倒的な体験にはならず、くしゃみのような単なる発作的なものになってしまう。

だからといって、すべてが神経の接続の問題であり、すべてが機械的に決まっているとは考えないでいただきたい。この感情的な触覚中枢は、感覚と期待が出会う神経領域であり、人生経験や、文化や、そのときの状況などの影響を大きく受けるのである。この脳領域の活動が、状況に応じつつ、ある接触が感情的によいものか悪いものかを決める。愛する人に優しく触れられたとしても、それが甘く静かな2人の時間に触れられたのか、何かひどく責めるような言葉を投げつけられた後だったかで違うというのはお分かりだろう。また、プラシーボ効果や催眠術、場合によっては単純な期待が生み出す神経信号が働くのもこの脳領域である。この働きで、痛みの感覚が弱まったり強まったりする。

実のところ、純粋な接触の感覚などというものは存在しない。私たちが何らかの接触を知覚したときには、その情報はすでに、ほかの感覚入力や、行動計画や、予想や、適度な感情と混ざり合っているのである。

ありがたいことに、このような情報の伝達過程はもはやまったくの謎というわけではなくなっている。触覚についての科学的理解は近年急速に進み、私たちの自己感覚と世界体験の説明に役立つ新たな考え方が現れつつある。この新しい世界に思い切って飛び込んでみよう。水は、慣れてしまえばそれほど冷たくない。そこはとても気持ちのいい世界なのだ。

第1章　皮膚は社会的器官である

第一印象を持たずにいることはできない

ワルシャワ、1915年

ソロモン少年は興奮し切っていた。7歳になった今年、過越《すぎこし》の祭りの日に、いつもはベッドに入っている正餐《せいさん》の時間まで起きていることをはじめて許されたのだ。ロウソクの温かい光に満たされた部屋で、祖母がワインを注いでいく。グラスは人数分よりひとつ多く用意されていた。

「誰のグラスなの？」とソロモンは尋ねた。

「預言者エリヤのだよ」と叔父のひとりが教えてくれた。

「本当にエリヤが来てワインを飲むの？」

「もちろんさ。そのときが来たら自分の目で見るんだな。わしらがドアを開けてあの方を迎えるから」

親族が揃ってテーブルを囲み、典礼書を朗読した。モーセの時代のユダヤ人がエジプトでの奴隷の境遇から自由になった物語だ。続いてタルムードの教えが語られ、祈りを詠唱し、ワインを飲み、パセリを塩水に浸し、半ば寝そべった姿勢でごちそうを食べる。横になるのは、古代世界の自由の民の風習にならったものだ。

食事が終わると、伝統に則り、預言者を迎え入れるために正面の扉が開けられた。すると一瞬の後、期待にあふれ、過越の儀式で高揚したソロモンの目は、ワイングラスの縁から盛り上がった液体がひとしずく流れ落ちるのを見た。まるでエリヤがワインをひと口すすり、次のユダヤ人一家を尋ねるためにすっと出て行ったかのように。

ソロモンは13歳のときに家族とともにニューヨークに移住し、とくに社会心理学に興味を抱くようになり、チャールズ・ディケンズを読んで英語を身に付けた。その後、心理学、とくに社会心理学に興味を抱くようになり、1932年にコロンビア大学でこの分野の学位を取得する（**図1-1**）。

ソロモン・アッシュ教授は後に、自身の心理学への興味のもとは、少年の日に経験したこの過越の祭りの晩にあったと回想している。祭りの参加者による集団的な信仰がどのように作用し、預言者がワインをすすったという明らかにありえないことがらを自分がどのように信じるに至ったのか。これは単なる学術的な問題ではなかった。ヨーロッパでヒトラーとナチズムが台頭する中、アッシュはとくに2つの社会政治的問題に関心を抱くようになった。社会はどうして、明らかに矛盾することがらを私たちに信じさせることができるのか。そしてもうひとつ、私たちはどうして（政治的指導者などの）他人の性格について迅速に判断を形成できるのか、である。この2つの疑問は互いに関連し合っており、アッシュは生涯これを問い続ける。

アッシュはこのように書いている。「人を見るとき、私たちは即座にその人の性格について何らかの印象を抱く。一目見るだけ、二言三言話すだけで十分で、かなり複雑なことがらが見えてくる。こうした印象は一瞬のうちに、やすやすと形成される。その後、観察を続ければ、その第一印象は強まったり、あるいはひっくり返ったりするかもしれないが、最初の一瞬の印象形成は、しないでおこうと思ってもできない。ものを見せられたり、メロディーを聴かされたりしたときにそれを知覚せずにいることができないのと同じである[1]」。

アッシュは、この印象形成を導く原理が存在するのではないかと考えた。私たちが出会う相手は誰でも、一連のさまざまな性格特性を私たちの前に示す。ある人は勇敢で、知的で、ユーモアのセンスを備え、軽やかに振る舞うが、同時に真面目で、精力的で、我慢強く、礼儀正しいかもしれない。別の人は動作が遅く、慎重で、真面目だけれども、挑発されるとすぐに怒り出すかもしれない。

このように知覚される性格特性群は、どのようにまとめ上げられて全体的な印象となるのだろう。私たちはそこから、

図1-1　ソロモン・アッシュ教授（1907～96）。社会心理学、ゲシュタルト心理学の第一人者である。この写真はスワースモア大学の心理学教授だった1950年に撮影されたもの。Friends Historical Library at Swarthmore Collegeの許諾を得て掲載。

その人がさまざまな状況下でどう行動するかを推測するが、そんなことがどうしてできるのだろう。それぞれの性格特性が組み合わさって全体としての知覚を形成するのか、それともわずかな特性が主要な役割を果たしているのか。ヒトラー、チャーチル、ルーズベルトといった人々と直接話をしたことのある人は多くない。だが、こうした有名人についても私たちは印象を抱く。その印象が形成される際のプロセスはどうなっているのだろう。

「温かい人」と「冷たい人」

第2次世界大戦まっただ中の1943年、アッシュはこの問題への最初の取り組みとしてひとつの実験を考案した。

まず、ブルックリン大学やハンター大学など、ニューヨークの各大学の心理学講座から被験者を募り――戦時中のことなので、大半が若い女性だった――こう説明した。「ある人を描写する性格特性をいくつも読み上げます。それを注意深く聞き、そのような人の印象を思い描いてください。後で、その人の性格を簡単に、2つか3つくらいの文章で表現してもらいます。では、ゆっくり読みます。2回、読みます」。そして、ひとつの被験者グループには、以下のリストを読み上げた。「知的。器用。勤勉。冷たい。頑固。実務的。慎重」。そして、もうひとつのグループには、「冷たい」を「温かい」に変えただけの同じリストを読み上げた。

「冷たい」リストから印象を得たひとりは、たとえばこのような人物を描写した。「非常に野心的で才能にあふれた人物で、誰にも、何にも目標達成の邪魔をさせない。自分のやり方を押し通そうとする。何があろうと断固として譲らない」。これに対して、「温かい」グループでは、次のような答えが多かった。「あることを正しいと信じ、ほかの人にその主張を理解してもらおうとする。誠実に議論をし、自分の主張を通そうとする」

続けて同じ被験者に、人の性格を表す形容詞の対（たとえば、寛大／狭量、社交的／非社交的、人間的／無慈悲、強靭／脆弱、信頼できる／信頼できない、不誠実／誠実）の中から、今説明された「冷たい」人、あるいは「温かい」人を描写していると思う方を選ぶよう求めた。

回答を解析し、適当な統計学的処理を行ったところ、温かい／冷たいの区別には大きな意味があることがはっきりした。温かいと描写された人は、寛大で、社交的で、人間的と評価されることが多く、冷たいと描写された人は、狭量で、非社交的で、無慈悲であると見られていた。しかし、信頼できる、強靭、誠実の各項目については、温かい人の評価は冷たい人より高いということはなかった。つまり、「温かい」という描写は、全面的に印象を良くするわけではない。誰かを温かいと知覚することは、自分の力になってくれて、親切で、当てにできるという特定の性格特性と結びついている。要するに、温かい人は脅威とは見なされないということだ。(2)

その後、アッシュ自身も含め、多くの研究者がさまざまな国や文化に関してフィールドでの実験や調査を行ったところ、温かい／冷たいの区別は、人の第一印象の形成においても、集団の特徴に対する第一印象の形成においても、最も重要な区別であることが分かった（人の第一印象に影響する2番目の要素は有能／無能だった）(3)。

私たちはなぜ、「温かい人」という言語的比喩をこれほど自然に感じるのだろう。それは、この比喩が生物学的に深い根拠を持つからである可能性が高い。私たちは抽象的な心理概念を措定する際に、身近な感覚経験の言葉を使うことが多い。温かいという身体感覚は、個人の人生経験からしても、人類の進化の歴史からしても、安全、信頼、そして脅威の不在と関連づけられるのである。大きな要因は母親に触れられる経験である(4)。

温かいコーヒーと冷たいコーヒー

アッシュの印象形成モデルからは、ひとつの疑問が浮かび上がる。身体的な温かさは比喩的な温かさと関連するのか？　具体的に言うなら、皮膚に感じられる温かさの経験だけで、他者の評価につながる対人的な温かさの感覚が呼び起こされるのだろうか？

この疑問を解明するため、コロラド大学のローレンス・ウィリアムズとイェール大学のジョン・バーグは巧妙な実験を考案した。心理学科の建物に入ってきた被験者を、女性の実験助手がロビーで出迎える。大切なのは、この助手が実験の意図を知らされていないことだ。助手はどうしたわけか、コーヒーの入ったカップと、クリップボードと、教科書を2冊手にしている。研究室の階まで上がるエレベーターの中で、助手は被験者の情報をクリップボードの用紙に書き込みながら、何気なく、コーヒーを持っていてもらえないかと頼む。コーヒーを返してもらったら、被験者を実験者のところに案内する。その際、ある被験者にはホットコーヒーを、別の被験者には冷たいコーヒーを手渡す。

研究室に着いた被験者にはすぐに、アッシュが1943年に利用した性格のリストから「温かい／冷たい」だけを省いたもの（すなわち「知的。器用。勤勉。頑固。実務的。慎重」）を見せ、この人物の人格を描写してもらう。また、この架空の人物について、先に説明したような対立項を挙げて、10の性格特性について評価してもらう（人間的／無慈悲、信頼できる／信頼できない、など）。

有意な結果として、ホットコーヒーを手に取った被験者は、冷たいコーヒーを手渡された被験者よりも、架空の人物を温かい人（人間的、信頼できる、友好的）と知覚した。ごく短い時間、手の皮膚に身体的な温かさを感じた経験が、実際に対人的な温かさの印象を喚起したのである[5]。

重さや質感の皮膚感覚も

たまたま手に触れたものが、未知の人物の評価に影響を及ぼす。このことは、「温かさ」という、肯定的な感情と結びつくことの多い感覚に特異なことなのだろうか。それとも、触覚一般について広く言えることなのか。つまり、温かい／冷たい以外の皮膚感覚が、その感覚とは無関係の人物や状況の印象に無意識のうちに影響することがありうるか、ということである。英語には、触覚に関わる豊かな比喩表現、たとえば「厄介な（weighty：重い）ことがら」、「状況のゆゆしさ（gravity：重さ）」、「スムーズな（smooth：滑らかな）交渉」、「手強い（hard：硬い）交渉相手」などがある。これらをもとに、コーヒーの実験を行ったジョン・バーグに、ジョシュア・アッカーマンとクリストファー・ノセラが加わり、この拡大版の仮説を検証する実験を準備した。[6]

まず、大学近くの通行人から募った被験者に、ある求職者の履歴書を見て人物評価をしてもらう。履歴書を挟むクリップボードは、一部の被験者には軽いもの（３４０グラム）を渡し、別の被験者には重いもの（２０４１グラム。普通のノートパソコン程度の重さ）を渡す。すると、重いクリップボードを渡された人のほうが、求職者を有意に高く評価し、その仕事により関心を抱いているものと考えた。重いクリップボードという触覚経験が無意識のうちに働いて、求職者の能力が高く、真剣に仕事を求めていると知覚させたということである。

重要なことだが、クリップボードの重さは、無意識の印象全般に影響したわけではない。たとえば、求職者が同僚とうまくやっていけるかどうかの評価に差はなかった。重いクリップボードは、重々しさの印象だけを与えたのである。[7]

次にバーグの研究グループは、「つらい一日（a rough day：ざらざらの日）」といった言い回しをもとに、質感（肌触り）について探ることにした。こちらも通行人から募った被験者に、簡単なジグソーパズルを完成させてもらう。片方はピースがサンドペーパーで覆われており、もう片方は同じパズルでピースの表面が滑らかだ。パズルができたら、ある会話を記した文章を読んでもらう。その会話は、人間関係上の意味合いを、わざと曖昧にしてある。

被験者にそれがどんな会話かを評価してもらうと、ざらざらのジグソーパズルを解いた人は、滑らかなピースのパズルを解いた人よりも、会話を（友好的ではなく）敵対的、また（協調的ではなく）競争的で、話し合いというよりも論争に近いものとして捉えるという有意な差が得られた。ざらざらな手触りという身体的な経験が、社会的な会話の評価を変化させ、会話を、比喩的に言えば「ざらついた」ものに感じさせたということである。(8)

最後に、固さと柔らかさについて同様の実験を行った。この実験では、ものに触れさせる機会をマジックショーの定型の手順に組み込んでごまかした。被験者には、手品を見てトリックを見破ってほしいと依頼する。マジックショーの最初に、手品で使う道具に手で触れて、タネもしかけもないことを確認してもらうことにする。道具は、柔らかい毛布の切れ端と、固い積み木を使う。

そこで手品をいったん中止し、ざらざら／滑らか実験で使ったのと同じ、わざと状況を曖昧にした会話を読んでもらう。今回は上司と部下の会話だ。被験者には、部下がどのような人か評価してもらう。すると、積み木に触った人は毛布に触った人よりも、部下を頑固で厳格な人と評する率が有意に高かった。この結果は、「固い」という言葉で頑固で冷徹な性格を表す比喩表現と一致する。（残念ながら、この被験者たちに手品のタネあかしはされなかった。）

たまたま何かに触れたというだけでさえ、人の印象や人間関係のあり方に影響が及ぶことがある――この事実には、少なからず心をかき乱される。1983年にバークレーのカフェ・メッドで私と言葉を交わしたあの美しく聡明な女性が、もし冷たいイタリアン・ソーダではなく、ホットコーヒーのカップを手にしていたなら、その後どうなっていただろう？　大学の教員採用の面接で、あの風変わりな学部長が癖のように握ったり緩めたりしていたゴムボールはどうだろう？　弄んでいたのがペーパーナイフだったら、学部長は私をもっと鋭い人間と評価しただろうか。あるいは冷徹で頑固な人間と見なしただろうか？

触れ合いが多いバスケットチームは強い

偶然の触覚経験に関するバーグの研究はうまく設計されていたし、その結果は有用で興味深いものであった。だが、そこには重大な弱点もある。いちばん大きな問題は、この実験が、人が現実の状況で他人に対して持つ印象を捉えていないという点だ。調査に基づく実験では、無意識のうちに形成される印象を意識して、言葉にしなければならない。被験者の反応は、実験者があらかじめ設定した尺度に沿ったものにならざるをえない。これは非常に不自然なことだ。私たちは日常生活の中で常に人や状況について何らかの観念を形成し続けているが、その際、「人間的か無慈悲か」、「話し合いか論争か」といったチェックリストを心の中に用意しているわけではない。それゆえ、日常的状況の中で人との触れ合いの役割を研究することには大きな意味がある。

そこで目を付けられたのがNBA（アメリカ・プロバスケットボールリーグ）だ。NBAには複雑な社会的環境があり、チーム成績と個人成績に明確な尺度があり、仲間のお尻を叩いたり、ハイタッチをしたり、チェストバンプをしたりといった身体的接触が頻繁に見られるため、接触と社会的人間関係に関して格好の研究材料になる。以下は、カリフォルニア大学バークレー校のマイケル・クラウス、キャシー・ファアン、ダッカー・ケルトナーの研究グループによる考察である。3人は、選手間の身体的接触はチームの重要な成功要因である信頼と協調を育むものであるから、シーズン開幕当初のチームメート同士の触れ合いの多さは、その後のシーズンにおける協調的プレーと好成績の予測因子となるのではないかと推測した。

クラウスらはこれを確認するため、まず、NBA全30チームの2008～09シーズン開幕後2カ月分の試合（選手総数294人）の録画をチェックし、ゴールを喜ぶ接触（握り拳をぶつけ合うフィストバンプ、飛び上がって肩をぶつけ合うショルダーバンプ、両手のハイタッチなど）を数えた。(9) また、チームメート同士の声の掛け合いやパス交換、スクリーン（訳注：味方のプレーを助けるために相手の動きを制限するプレー）など、チームプレーの指標を用いて評価を行った。これらのプレーは、ときには自分の個人成績を犠牲にしても味方への信頼を示す行動である。

シーズンを通じた個人成績やチーム成績については、NBAが管理し、ウェブサイト上で自由に閲覧できる統計があるため、それを用いた[10]。データを集め、適切な統計処理を行うと、はっきりとした結果が見えてきた。シーズン開幕当初の選手同士の身体的接触は、個人についてもチームについても、シーズンを通じた成績と関連を示したのである（図1－2）。

しかし、この関連性は本質的なものではないとも考えられる。たとえば、優れた選手やチームは単純にたくさん得点を取るため、ゴールを喜ぶ機会も増えるのではないだろうか。そうすると、接触と成績の相関についての解釈も変わってくるかもしれない。クラウスらはこの問題に対処するため、得点総数に調整を施して統計的修正を加えたが、それでも接触と成績の相関は、個人についてもチームについてもしっかりと保たれていた。

では、シーズン開幕当初に（監督やスポーツキャスターへのアンケートで）好成績が予想されたチームの選手は楽観的になり、それがゴールパフォーマンスでの身体的接触を増やし、また好成績につながったと考えることはできないだろうか。これについても、シーズン当初の予想に基づく統計的修正を施したうえで、やはり開幕時の身体的接触がシーズン成績の予測因子となることが分かった。選手の立場（指標として報酬額を用い

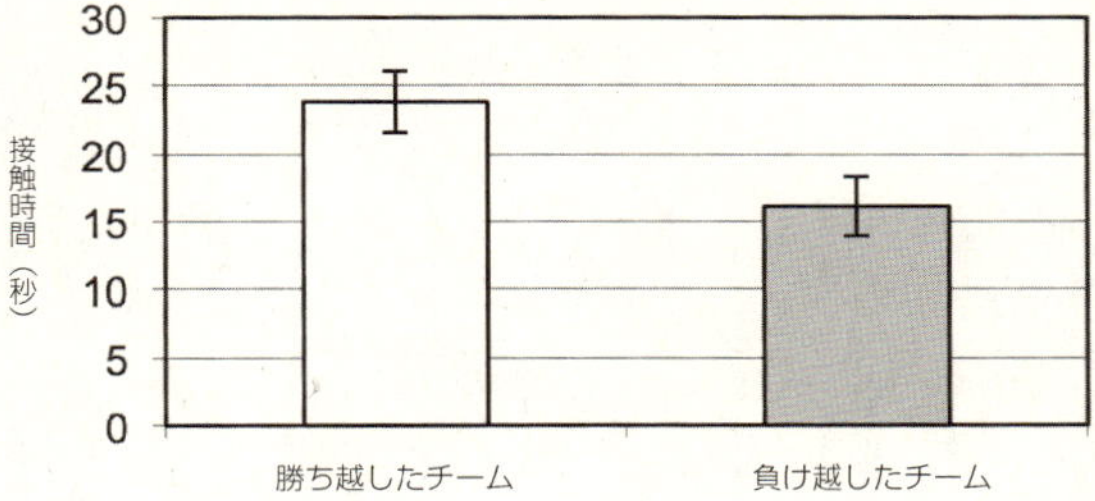

図 1-2　NBA のチーム成績は選手同士の身体接触の多さから予測可能
上：棒グラフは、NBA の 2008/09 シーズンのある一試合中に選手同士が得点を喜んで接触した時間の合計。その後の 5 試合で勝ち越したチームと負け越したチームで分けてある。許可を得て転載。
下：飛び上がって互いの胸をぶつけ合うチェストバンプで喜びを表すバスケットボール選手。

た）に基づく修正を加えても同じだった。

最後に、チームプレーの協調性スコアを分析すると、身体的接触と好成績との関連の大部分は、協調行動で説明されることが分かった。この種の調査では因果関係は証明されないものだが、この研究で明らかになった相関関係は、少なくともプロバスケットボールの文脈では、短時間の喜び合いでの身体的接触が個人とチームの成績を押し上げていること、それも、協調性を築くことを通じて成績を上げていることを、強く示唆している。

ゲラダヒヒのグルーミング

では、ＮＢＡの選手ではない私たちにとって、人との触れ合いはどのような社会的機能を持つのだろうか。社会的な身体的接触は常に信頼と協調を育むために行われるのだろうか。これらの疑問に迫るには、まず、私たち人類の近縁であるサルたちを調べてみるのがいいだろう。ヒヒ、チンパンジー、ボノボ、サバンナモンキーなどである。

これらの種は大きな社会集団を作って生活し、なわばりの周囲に多くの目と耳を向けて、近づいてくる捕食者などを見つけ、集団の安全を図っている。数の多さにはほかにも利点がある。ヒョウとヒヒが一対一で戦った場合、ほぼ必ずヒョウが勝つが、ヒヒの集団はヒョウを樹上に追い上げ、ときには殺すこともあるという。また、大きな社会集団を作るヒヒの多くは、食料が入手しやすい場所に生息する。こうしてヒヒは、捕食動物の危険性が低く、食料が豊富な状況がもたらす安定性から多くの自由時間を得て、複雑な社会的生活を送っている。

たとえば、人類学者のロビン・ダンバーの報告によると、エチオピアの高地に生息するゲラダヒヒは、起きている時間の20%をほかの個体の毛皮に触って過ごすという。グルーミング（毛づくろい）に注ぎ込む時間としては非常に多い。グルーミングは老化した皮膚や寄生虫や枯れ草などを取り除き、もつれた毛をほどく実用的な行動だが、ゲラダヒヒ（および多くの霊長類）がこの種の行動に費やす時間は、毛皮の手入れから得られる健康上の利点に比して、あまりにも多い。長時間のグルーミングのいちばんの理由は、皮膚の手入れではなく、社会的なものなのである（**図1－3**）。

ゲラダヒヒは、通常100〜400頭という大きな群れで生活する。しかし、群れの中には多くの小さな社会的単位「ハーレム」が存在する。ひ

図1-3　ゲラダヒヒ（*Theropithecus gelada*）のグルーミング。若いオスが成熟したオスの毛づくろいをしている。この行動が、恒常的な社会的絆を築き、連帯を形成するためのカギとなる。

とつのハーレムは4~5頭のメス、その子供たちと、父親である1頭のオスからなる。若いゲラダヒヒが性的に成熟すると、オスはハーレムを離れて若いオスの群れに加わるが、メスは生まれたハーレムにとどまる。そのため、ハーレムの社会的核は、母と娘、おば、いとこといった縁戚関係のメスが形成する。ハーレムのメスは互いに忠実な永続的連合関係を築いているが、それが長時間のグルーミングにより維持強化されている。(11)このメス同士の連帯関係はさまざまな面で見て取れるが、なにより興味深いのは、オスが居丈高にメスの中の1頭を威嚇した場合だ。

ハーレムの中のただ1頭のオスは、常時あたりをうろついている若いオスの群れに属する個体が自分のハーレムのメスと性的な関係を持たないように見張っている。ハーレムのオスは、若いオスを追い払うだけでなく、メスがハーレムを出て行かないよう、チャージや威嚇行為(荒い息をしたり歯ぎしりをしたりする)で威圧することも多い。そのようなとき、血縁のメスたちが救いに駆けつけ、結束してハーレムのオスを退ける。ただし、メスの連合においてもすべての個体関係が同じというわけではなく、絆の強い関係と弱い関係がある。ハーレム内でけんかが起こると、最もよくグルーミングをする個体の味方をするのである。(12)

霊長類のこのような社会集団では、グルーミングは社会的意味に満ちている。たとえて言うなら、高校生にとって、誰と一緒にお昼を食べるかというような社会的意味である。母親は子供たちのグルーミングを行い、性的なパートナーは互いをグルーミングする。また、オスもメスも、親しい間柄の同性の相手とグルーミングし合う。さらに、この点も高校生に似ているが、上位の個体はグルーミングするよりもされることが多い。グルーミングを通じて忠実さのネットワークが成立し、強化される。そのため、自分の連合体に属する個体が、ハーレムの、あるいはもっと大きな集団のほかの個体と対立した際には、そうでない個体が対立しているときよりも助けに駆けつける率が高くなる。その個体が捕食者に襲われたときでさえそうである。

録画機器を使ったフィールド調査によると、チンパンジーやマカクでは、最近グルーミングをした相手が危難に陥って叫び声を上げると、それ以外の個体の叫び声を聞いたときよりも（自分を危険にさらしても）反応する率が高いことが分かっている。

チンパンジーやヒヒの若いオスは、リーダーのオスにグルーミングをして媚びへつらうことがある。あるいはほかの若いオスとグルーミングを通じて結託し、リーダーのオスをその地位から追い落とそうとすることもある。追い落としが成功した暁には、若いオスにとっては、退位したリーダーに対して何らかの姿勢を示し、元リーダーが復権を目論んで攻撃してくる可能性を抑えることが有利な選択肢となる。賢明なオスなら、権力の移行期に元リーダーを仲間に引き込んで、ほかのオスから自分を守ることさえある。元リーダーにとっても、自分の復権の可能性がないと認識したなら、やはり和解が有利な選択肢になる。そうすれば群れの中に留まり、もはや子孫は残せないまでも、最後の子供たちを守ることができる。

こうした和解の際に行われる儀式的な行動がある。勝利した若いオスが退位したオスにお尻を差し出すと、退位したオスが新リーダーの脚の間に手を伸ばして軽くペニスに触れるのである。この儀式を終えると、両者は久しぶりに再会した旧友同士のように互いにグルーミングをし合い、協定成立となる。

血を分け与える吸血コウモリ

こうして見ると、ＮＢＡの選手のあり方とゲラダヒヒなど霊長類のあり方には、それほど差があるわけではない。どちらも個体間の社会的な身体接触が、協調と忠実性を強化している。人間も、人間以外の霊長類も同じように、相手を慰めたり、和解したり、同盟を結んだり、協調に報いたり、血縁や交友の絆を強めたりするために、グルーミングその他の社会的接触を用いている。この種の行動は、霊長類だけに見られるものだろうか。それともほかの動物にも同様のことがあるだろうか。

霊長類以外の動物にも、少なくともひとつ、社会的グルーミングと協調行動の有名な事例がある。チスイコウモリ（*desmodus rotundus*）は、夜間に飛び回ってウマやロバ、ウシ、バクなどの哺乳類の血を吸う吸血コウモリである。チスイコウモリは喉が狭く固形の食物を食べることができないため、動物の血液が唯一の食料となる。血を吸おうとしている動物に毛皮があるときは、犬歯と奥歯を使って一部の毛を慎重に剃ってから鋭い上の前歯を皮膚に突き立て、血を吸い始める。チスイコウモリの唾液には抗凝固成分が含まれているため、動物の血液は20～30分は固まらず、コウモリはこの間に食事を済ませることができる（ほかの個体がその傷から血を吸おうと、辛抱強く待っていることもある）。

成体のメスのチスイコウモリの体重は通常40グラムほどだが、1回の食事で満腹して飛び去るまでに20グラムもの血を吸うことがある。しかしチスイコウモリは代謝が非常に活発で、2晩続けて血にありつけないと、体重を25%も失い、瀕死の状態となる。

コスタリカ北西部に生息するチスイコウモリは8～12匹の群れを作り、木の洞の中に棲んでいる。コロラド大学のジェラルド・ウィルキンソンらは、この種が木の中の巣で暮らしているようすを何カ月にもわたり毎日観察した⑬。

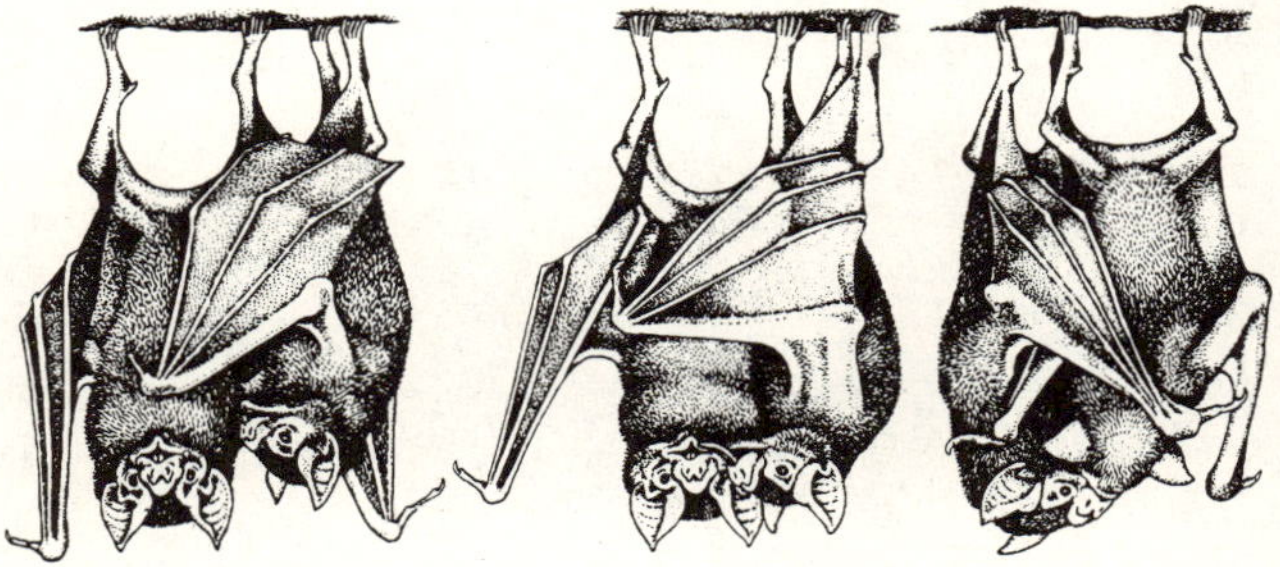

図1-4　空腹のコウモリはグルーミングをすることで血の吐き戻しを請う。グルーミングはまず、空腹のコウモリが狙った相手の翼の下をなめるところから始まる(左)。次に相手の口の周りをなめる（中央)。この要求を受け入れた相手は、血を吐き戻して与える（右)。血を分け与えるのは、血縁関係の深い個体同士か、長期にわたって同じねぐらで関係を作ってきた個体同士に限られる。Illustration by Patricia J. Wynne。許可を得て転載。イラストの初出はG. S. Wilkinson, "Food sharing in vampire bats," *Scientific American* 262, 76-82.

その結果、血縁関係の深い個体同士や、同じねぐらにいることが多い個体同士でグルーミングをする率が高かった。

それればかりでなく、チスイコウモリのグルーミングは特殊な協力関係を促していた。グルーミングされた方がした方に、吸った血を吐き戻して分け与えるのである（図1－4）。実際、このグルーミングは、食物を分けてほしいという請願の機能を持っているようにも見える。食事を終えて戻ってきたばかりの仲間に食べ物を請えば、一晩飢えずに済み、翌日自分が動物の血を見つけられる可能性も高まる。チスイコウモリの世界では、これはウィン－ウィンの関係になる。「グルーミングしてあげるから血を私の喉に吐き戻してくれ。次は助け合いの精神に則り、私が同じことをしてあげよう」というわけだ。

母親の世話とストレス耐性

ここまで、社会的な触れ合いが信頼と協調を育む多くの証拠を見てきた。こうした知見を解釈するにあたり、私たちが基本的に前提としているのは、ゲラダヒヒも人間もコウモリも、すべての哺乳類は生後すぐに母親に触れられるという体験をし、それが温かく優しい接触と安全性とを連合させる元となるということだ。では、出生直後にこのような母親との触れ合いが得られないと、どうなるのか。

1950年代後半に、オハイオ州立大学健康センターのシーモア・レバインらが、出生直後の経験が人格の発達、とくにストレス反応に果たす役割について研究した。レバインらは実験室でラットを出産させ、生後すぐに3匹の赤ん坊を、きょうだいたち（通常一腹で10～12匹生まれる）から引き離し、15分間、人間の手で優しく扱った。同じことを、生後21日目まで毎日、同じ3匹に対して行った。

これらのラットが成体になったとき、この3匹にはポジティブな行動傾向が見られた。ほかのきょうだいたちに比べて恐怖心が弱く、新しい環境を探索したがり、ストレスへの反応が小さかったのだ。血液を検査してみると、人間の手に触れられたラットは、短時間のストレスにさらされたときに分泌されるストレスホルモンの副腎皮質刺激ホルモン（ACTH）とコルチコステロンが比較的少なかった[14]。

これは初期の研究で、人間の手による扱いがどのような仕組みでストレスに対する行動やホルモンの変化を引き起こすかという点は問題にしていなかった。レバインは、変化を引き起こしたのは手で扱ったこと自体ではなく、子供が戻されてきたときの母親の行動によるものではないかと推測した。子ラットはケージに戻されると、人間の耳には聞こえない鳴き声を上げる。母親はそれを聞いて、なめたりグルーミングをしたりする頻度を倍にしたのだ。子供たちが人間に取り上げられた21日間ずっと、母親による接触頻度の増加は続いた。

母親ラットの行動自体も興味深いものだが、私たちが最終的に興味を持つのは、人間の手で扱われたラットが成体になってからもストレス反応を減らしたのと同様のことが、人間の発達でも言えるかどうかではないだろうか。この疑問に火を付けたのは、マギル大学のマイケル・ミーニーが率いる研究チームが行った重要な一連の実験だった。これらの実験から、ラットの母親にも、子供を頻繁になめたり（リッキング）、グルーミングしたりするものと、そうでないものがいることが分かった（ラットはすべて、ロングエバンスと呼ばれる同じ系統の実験用ラットだった）。最も赤ん坊に気を配る母親ラットは、最も子供を気に掛けない母親に比べて、リッキングやグルーミングに3倍の時間をかけた。また、人間による取り上げが、この差を縮めることがあった。というのは、あまりリッキングやグルーミングをしない母親も、子供が戻されてきたときには、最も子供を気に掛ける母親と同じ程度の時間を子供の世話にかけたからだ[15]。

あまりリッキングやグルーミングをされなかった子供が成体になると、多くの世話を受けたラットに比べて、空間学習能力が低く、ものを恐がる行動が多くなる。知らない環境を探索したり、食べたことのないものを試してみたりすることは少ない[16]。擬人化して言えば、弱虫になるのだ。このタイプのラットの恐がり行動は、ストレスホルモンの信号に関係している可能性がある。リッキングとグルーミングをあまりしない母親の子供たちは、成熟後も生涯にわたり、ストレスに対するホルモン反応が増大しているのである（図1－5）。

リッキングとグルーミングの少ない母親と、その子供たちにおけるストレス反応の増大の関係から、どのような結論を引き出すべきだろうか。リッキングとグルーミングの

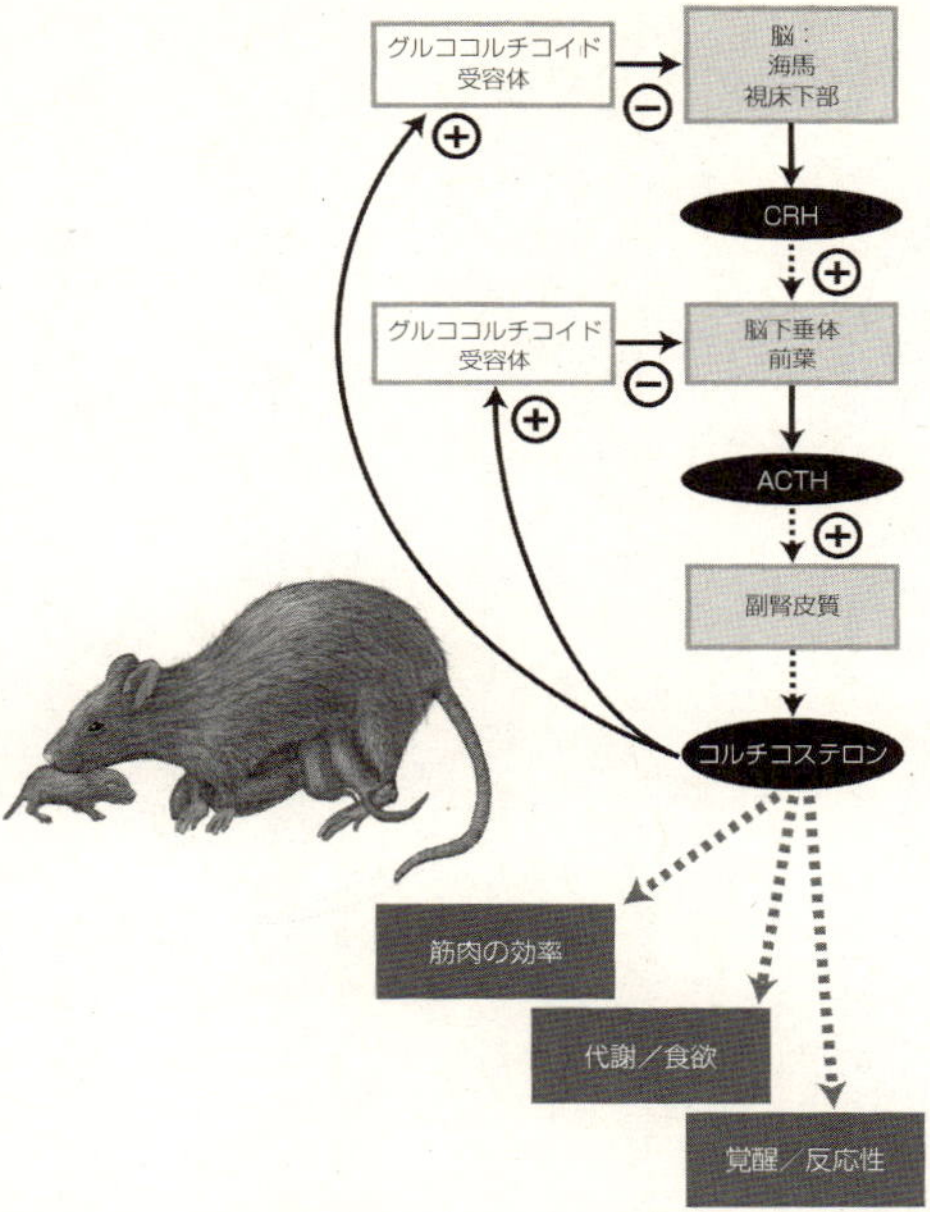

図1-5 母親が、産んだばかりの子供のラットをなめたり（リッキング）、グルーミングしたりすることで、子供のストレスホルモンの信号に生涯にわたる変化が生まれる。ストレスは一連のホルモン反応を引き出す。最初の反応は脳の基底部にある視床下部という領域で始まる。ここで副腎皮質刺激ホルモン放出ホルモン（CRH）が分泌される。CRHは脳下垂体前葉を活性化し、そこから副腎皮質刺激ホルモン（ACTH）が分泌され、それが血流に乗って副腎を刺激する。次に副腎からはコルチコステロンというホルモンが放出される。このホルモンは身体に多くの作用をもたらし、筋肉の効率や、代謝、電解バランス、食欲、覚醒などを調整する。コルチコステロンは、脳内のグルココルチコイド受容体と結びつき、抑制型のフィードバックループを形成してCRHの生産を抑える。このストレス信号経路をまとめて「視床下部 - 下垂体 - 副腎系（HPA系）」と呼ぶ。リッキング、グルーミングをあまりしない母親の子供は、成長後、軽いストレスを短時間受けた後に分泌されるACTHとコルチコステロンの量が多くなる（成体をプラスチックの管の中に20分間閉じ込め、その後、血液検査をする）。このような子供のラットの脳には、血流に乗って流れてくるコルチコステロンに結びつくグルココルチコイド受容体の数も少なく、その結果、抑制フィードバックループが弱まり、さらにストレスホルモンの効果が増大する。

少なさがこうした影響の原因と考えるか。それとも単に相関関係があるだけと考えるのか。リッキング、グルーミングの少ない母親が、ストレス特性を遺伝的に子供たちに伝えている可能性はないだろうか。

これらの実験結果には、もうひとつ不思議な点がある。人間にも見られることだが、リッキングとグルーミングをあまりしない母親から生まれたメスのラットは、母親になったときにやはりリッキング／グルーミングをあまりしないのである。

人間の行動科学の分野では、生まれか育ちかという問題を解明する際に、別々の家の養子になった一卵性双生児を研究することがよくあるが、ラットでも似たようなことができる。

リッキング／グルーミングをあまりしない母親の子供の中から2匹を生後12時間以内に引き離し、油性ペンで識別マークを付けてから、リッキング／グルーミングの多い母親の子供たちの中に紛れ込ませた。この2匹は成長すると、もとのきょうだいたちよりもストレス反応が、行動上もホルモン的にも、少なかった。養子に出されたメスは、成長して母親になると、多くのリッキング／グルーミングを行った。

これとは逆に、リッキング／グルーミングの多い母親から生まれ、少ない母親に育てられた子供は、ストレス反応が高く、メスの子供は成長後にあまりリッキング／グルーミングをしない母親になった。[17]

これらの結果と、リッキング／グルーミングの少ない母親に生まれた子供がいったん人の手で引き離されると好影響があったという結果を合わせて見ると、ストレス反応については遺伝的要因よりも行動上の要因のほうが大きいと言える。しかし、リッキング／グルーミングが多いことの影響は、何らかの形で子供の脳とホルモン系を変化させているはずで、その意味ではその影響は基本的に生物学的なものである。

実際、母親がリッキングとグルーミングをすることで、いかに遺伝子の発現が恒常的に変化して世代を超えて行動を伝えていくかについては、その生化学的詳細の一部がすでに明らかにされている。それは、生まれと育ちが出会う場所で生じる分子レベルの出来事であり、「エピジェネティック（後生的）な信号」と呼ばれている[18]。

ストレスへの弱さが利点になることも

ストレス耐性の強い子供を育てることが善であるなら、なぜすべての母親がリッキングとグルーミングをたくさんして、子供に生きていく上での利点を与えないのだろうか。この種の選択は、遺伝的な自然選択に限らず、親子の行動上の継承においても起こりうる。リッキング／グルーミングをあまりしない母親の子供が生存と生殖で不利になるとしたら、たくさんする方が支配的になるはずではないのか。

その答えは複雑で、必ずしも判然としない。野生のラットは、都市のごみ捨て場から草原や森林まで、さまざまな生息環境に暮らしている。そのため、捕食者、食料、天候など、対応すべき生態学的要求も幅広い。マイケル・ミーニーらは、たとえば食料が極端に少なかったり捕食者が非常に多かったりするようなニッチ環境では、あまり世話を焼かない母親に育てられた子供のように、ストレス反応性が高い方が有利になるかもしれないと示唆している。捕食や飢餓の危険に常にさらされている場合、神経過敏である方が適応的でありうるということだ。

どうしてそういうことが起こるかというと、お馴染みの仕事と家庭のバランスの問題を考えてみるといい。人間社会と同じように、母親ラットが食料を求めて広く、遠くまで出掛けなければならない場合は、巣を空けることが多くなり、子供の世話をする時間も少なくなるわけだ。

触れ合い不足は取り返せる

ラットの母親による触覚刺激とストレス反応の関係から、ほかの種についてどういったことが分かるだろうか。まずは系統樹の下の方から始め、上の方へと目を移していくことにしよう。

土中に棲み、細菌を食べて生きているC・エレガンスという小さな線虫がいる。体長は成体で1ミリほど。孵化後3日で成体になる。C・エレガンスは育てやすく、世代交代も速いため、生物学者のお気に入りの実験動物だ。今ではこの線虫の302個のニューロンからなる神経系のすべてが完全に地図化されている（人間の脳には5000億個のニューロンがある）。302個のうち、6つだけが体壁に埋め込まれた触覚受容器だ。この触覚センサーのニューロンが、接触したもの（土の粒子、液体の表面張力、ほかの線虫）に応じた情報を送り、それによって線虫は前に進んだり後ろに下がったりする。

孵化したばかりのC・エレガンスを、養分を満たしたシャーレの中で30～40匹まとめて育てると、土壌中から採取する野生の個体と同じくらいの長さにまで成長する。この実験室育ちのC・エレガンスは、シャーレの縁を叩いて触覚受容器を刺激してやると、通常は動きを反転させ、後ろ向きに動き始める。しかし、卵を1個だけ別のシャーレに隔離し、ほかの個体と分けて1匹で育てると、十分な長さにまで発育せず、シャーレを叩く刺激に対する反応も弱くなる。まるで震動を感じなかったかのように、ただ前方に進み続けるのである。

ブリティッシュ・コロンビア大学のキャサリン・ランキンらは、信じがたいような乱暴な方法で、この体長と触覚の発達障害を逆転させることに成功した。孵化後24時間以内に、C・エレガンスを入れたシャーレを保護箱に入れて、5センチほどの高さから、数分間で30回、テーブルの上に落としたのだ[19]。1匹だけで育てられた線虫は、6つのセンサーニューロンが何かと接触したことをほかのニューロンに伝達する能力が障害されていると考えられるが、ランキンらの処置により、その障害の原因となる生化学的、構造的変化の一部が元に戻ったのである。C・エレガンスのような単純で、母親による子育てとも無縁で、触覚ニューロンが6つしかない生物でさえ、触覚刺激が身体と神経系の発達に重要な役割を果たし、その影響が生涯持続するということだ。

人間でも、胎児で最初に機能し始める感覚は触覚だと考えられている。それは妊娠の第8週前後のことで、この頃胎児は約1・5センチ、1グラムほどに発達し、最初の脳活動を示す。その後も胎児の触覚は発達を続け、反射行動から意図的行動へと進んでいく。

私の双子の子供、ジェイコブとナタリーが生まれる数週間前、超音波モニターで、2人が互いに蹴ったり叩いたりしている画像が見えたことは楽しい思い出だ。格闘技さながらにジェイコブがナタリーの頭を踏みつけ、ナタリーがジェイコブのお腹に断続的にジャブをたたき込んで反撃していた。

人間の子供の場合、たいていの母親と父親は、十分に赤ん坊に触れる。子供が永続的な健康問題に苦しむとしたら、それは、誕生祝いのカードが毎日届かなかったからでも、英才教育の「ベビー・アインシュタイン」CDを聴かなかったからでも、モーター付きモビールがなかったからでもない。子供の発達における触覚の役割の研究では、人の手による触れ合いの機会が極端に奪われた事例が調査されている。人手不足の児童保護施設に預けられたり、未熟児で保育器の中に隔離されたりした場合である。数多くの研究から、今では明確な結論が出ている。触れ合い不足が深刻な乳児や未熟児は、さまざまな発達障害を発現するということである。発育不足、嘔吐の多さ、免疫機能の不全、認知や運動の発達遅滞、愛着障害などがみられる。ラットの場合と同じく、このような影響は小児期に限定されない。接触の遮断が持続すると、成人後の肥満、2型糖尿病、心臓疾患、消化器系疾患の発症率が有意に高まる。不安障害、気分障害、精神病、衝動抑制不全など成人後の神経精神医学的問題も増加する。[20]

言うまでもなく、このような疫学的研究の結果は、適切な批判的姿勢を持って見る必要がある。たとえば、人手不足の児童保護施設で育った赤ん坊は栄養不足に陥りがちで、医療的にも水準以下のケアしか受けられないため、生育が不十分になる率が高くなる。また、未熟児は接触不足とは無関係な発達上のさまざまな問題を抱えていることが多い。しかし、相関研究では因果関係の確定は不可能とはいえ、慎重な分析方法を取れば、因果的性質の信頼性を高めることが可能だという点は認識しておく必要がある。たとえば、調査方法の設計と統計処理を適切に行うことにより、栄養状態や医療ケア、貧困などの要素を標準化した母集団においても触れ合いの剥奪の影響が大きいことを示せるのである。[21]

ありがたいことに、幼児期の触れ合い不足の悪影響は、比較的容易に解消できることが分かっている。人手不足の児童保護施設で、1日20〜60分、子供を優しくマッサージし、手足を動かしてやったところ、触れ合い不足の悪影響はほとんど打ち消すことができた。この接触療法を施した赤ん坊は体重の増加ペースが上がり、感染に強くなり、よく眠り、あまり泣かなくなった。また、運動調整能力、注意力、認知スキルの発達も早まった。

未熟児に対して優しく触覚刺激を与えるには、カンガルーケア（早期母子接触）と呼ばれる方法が効果的である。この方法は、コロンビアのボゴタにある産科病院の新生児ICUで、入院者が多すぎるために必要に迫られて開発されたやり方だ。1978年、エドガー・レイ・サナブリア博士はこのICUでの70%という恐ろしい死亡率をなんとかしようと苦労していた。死因は主に呼吸器系の問題と感染症だった。医師や看護師の数が足りず、保育器も不十分だった。サナブリア博士は母親たちに、未熟児の体温を保ち、赤ん坊が必要なときに母乳を飲めるよう、毎日多くの時間、子供と肌を触れ合わせるよう促した。典型的な体勢は向かい合って胸と胸を触れ合わせる形で、これはカンガルーの母親が袋の中で子供と触れ合うやり方にならったものだった。このように、カンガルーケアが始められたいちばんの理由は、触覚的刺激ではなかった。しかし、このやり方の大きな恩恵として触覚的刺激があることが分かってきた。

カンガルーケアの開始以降、サナブリア博士のICUの死亡率は10%にまで急減した。費用もかからず、効果も大きなカンガルーケアは各地に広まり、世界中の新生児ケアを改善した[22]（図1－6）。

生後14日間、毎日カンガルーケアを受けた未熟児のグループと、標準的な保育器でケアを受けた未熟児のグループの追跡調査が最近行われた。その結果、なんと10歳になっても、生後すぐに肌の触れ合いを経験したことの好影響は明らかに見て取れた。カンガルーケアを受けた子供のほうがそうでない子供よりもストレス反応が弱く、睡眠のパターンと認知制御、母子関係が良好だった[23]。

触れるだけで伝わる感情

身体的接触は、人を支えたい、従いたい、感謝したい、支配したい、注意を引きたい、性的に関心がある、遊びたい、仲間に入りたい、といったさまざまな気持ちを相手に伝えるために、ほかの感覚を使う合図と合わせて利用できることを、私たちは社会的経験を通じて知っている。被験者に、誰かに触れたり触れられたりした直後に、そのときの気持ちをメモしてくださいと指示すると、右のような気持ちが報告される[24]。自己報告式の調査には、現実に生活が行われている実世界で生じる行動を分析できるという利点がある一方、現実世界が持つ多層的な感覚の状況の複雑さゆえに、ある相互関係における触覚の役割だけを正確にすくい取る

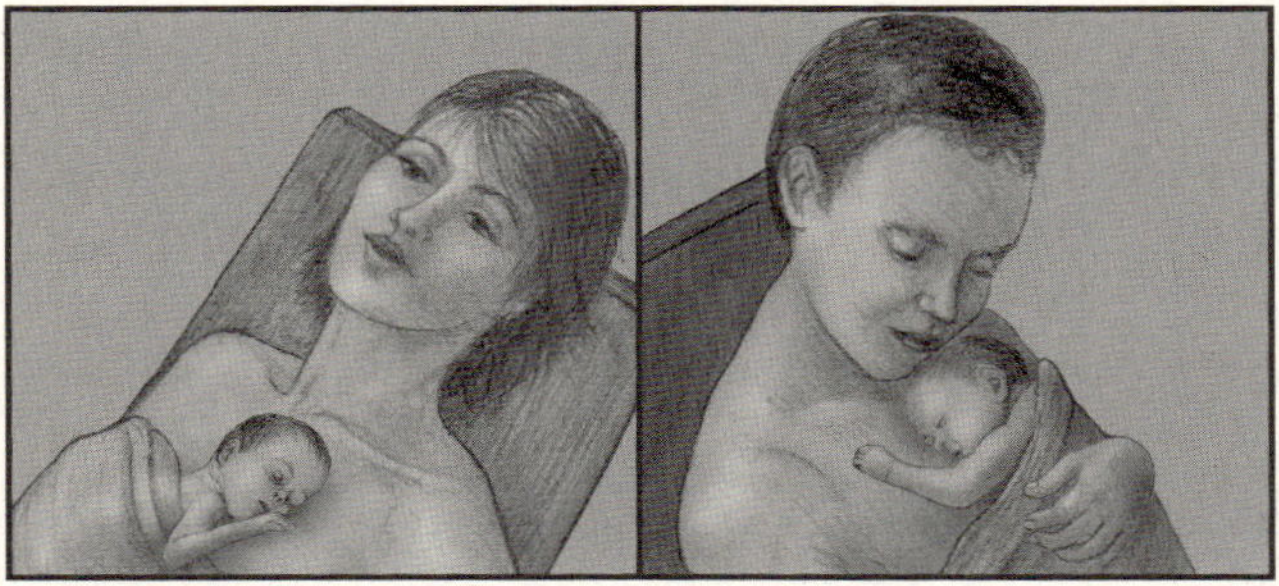

図1-6　未熟児へのカンガルーケア
肌と肌ができるだけ触れ合うよう、赤ん坊はおむつだけ（ときには帽子も）身に付ける。ほとんどの場合母親が行うが、父親も協力できる。今日ではアメリカの新生児ICUの80％でカンガルーケアが導入されている。この普及には、ケース・ウェスタン・リザーブ大学小児看護学科のスーザン・ルディントン教授による効果的な活動が大きく貢献している。

ことが難しいという欠点もある。

もう少し詳しく説明しよう。私たちは身体的接触で特定の感情を伝えることができるだろうか。それとも、接触は単にほかの感覚、たとえば聴覚や視覚で最初に伝えられた感情を強めるだけなのだろうか。あるいは、その答えはどこかその中間に存在するのだろうか。たとえば、接触は感情を伝えるかもしれないが、伝わるのはごく一般的な感情で、「温かさ／親密さ／信頼」か、「苦痛／不快／攻撃」かといった基本的なトーンを示唆するだけ、といったことなのだろうか。

デポー大学のマシュー・ハーテンスタインらが、感情伝達における対人接触の役割を調べる興味深い実験を始めている[25]。ひとつの実験はこのようなものだ。カリフォルニアの大学の学生を集め、2人ずつ、テーブルを挟んで向かい合って座ってもらう。2人の間は黒いカーテンで遮られている。お互いの姿を見たり、話をしたりすることは禁止だ。伝達者の役を割り当てた側に、感情を表す12の単語リスト（怒り、嫌悪、恐怖、幸せ、悲しみ、驚き、同情、困惑、愛情、嫉妬、誇り、感謝）の中からランダムにひとつを見せる。伝達者にはしばらく考える時間を与えたうえで、もうひとり（解読者）の前腕の肌に、その感情を伝えるために適切と思われる触れ方で5秒間触れてもらう。腕はカーテンの下から伝達者側に出ているため、解読者は、相手が自分の腕に触れているところを見ることはできない。解読者は、1回ごとに、相手の伝えようとした気持ちがどれだったかを、感情の単語リストから選ぶ。解読者が見る12の単語リストはランダムな順番で並び、

「これらのいずれでもない」という項目も付け加えられている。試行はすべて録画し、後に別の被験者を使い、伝えられた感情を推測させた。

この実験を106組の被験者で実施し、結果を分析したところ、困惑、嫉妬、誇りという内向きの感情はうまく伝わらないことが分かった。外向きの感情である愛情、感謝、同情は、偶然によるよりもはるかに高い確率で解読された（愛情は、多くの場合、腕を撫で、指を絡ませる動作で、感謝は握手で、同情は軽く叩いたり撫でたりする動作で伝えられた）。ほかの研究[26]から顔の表情による伝達が容易であることが分かっている感情群では、怒り、恐怖、嫌悪は接触でもうまく伝わったが（怒りは叩いたりつねったりする動作で、恐怖は震えとつねりで、嫌悪は押しやる動作で伝えられた）、幸せと悲しみと驚きは伝わらなかった。

この録画を後に別の被験者群に見せ、実験時と同じ12の単語リストに「これらのいずれでもない」を加えた表を使って、伝達された感情を選ばせた。こちらの被験者には、最初の被験者たちが何の感情を伝えようとしたか／受け取ったかを教えていない。この場合も、愛情、感謝、同情、怒り、恐怖、嫌悪は高率で解読できた。この結果を受けて研究者は、身体的接触による感情の伝達は可能であると結論づけ、したがって、「触覚は、主にほかの感覚を介して伝達される感情を強めたりニュアンスを付け加えたりするだけ」ではないと主張した。

しかし、問題は常に細部に潜んでいる。

言うまでもないが、触れ合いに関わる考え方や、そこに期待するものは、文化により異なる。男女間の具体的な触れ合いや、特定の状況における考え方や期待はさまざまで、こうした文化的な変数が接触による伝達に影響することはありうる。

隠れた相手の腕に触れる実験をスペインで実施したところ、結果はカリフォルニアとほぼ同じだった。しかし、ハーテンスタインらが数年後にカリフォルニアでの実験データを検討し直したところ、興味深い男女差が見えてきた。(27) 女性が男性に怒りを伝えようとしても男性はその意図を正しく解読できず、男性が女性に思いやりを伝えようとしても女性はそのメッセージを解釈できなかったのだ。

研究室におけるこのような匿名接触実験は、周囲から隔絶された環境で身体的接触が何を伝えられるか、その限界をはっきりさせるには有用なものだったが、もちろん、現実生活で何かを伝えるときに、この実験のような接触を利用する人はいない。

第一に、見知らぬ人間同士のコミュニケーションで身体的接触が用いられることはあまりない。触れ合いは、たいていはもっと親密な関係で用いられる。第二に、現実世界での身体的接触には、必ず文脈が伴う。私たちは経験上、同じ身体的接触が感情的にまるで異なる意味を持つことがあるのを知っている。触れる側、触れられる側が男か女か、両者の力関係、個人的経験、文化的文脈により、意味合いは変わってくる。肩に腕を回すしぐさは、仲間意識や共感を示すこともあれば、性的関心や、社会的な優位性の意識を伝えることもある。(28)

社会的接触、とくに公共の場での身体的接触に関して、文化的な影響が大きいことは言うまでもない。1960年代に心理学者のシドニー・ジュラードが、世界中のコーヒーショップで会話をする人々を観察した[29]。それぞれの場所で、きちんと同じ数のペアを同じ時間だけ観察したのだ。その結果、プエルトリコのサンファンでは2人の間の身体的接触が1時間に平均180回と最も多く、パリでは110回、フロリダ州ゲインズヴィルでは2回、ロンドンでは0回だった[30]。アメリカ西海岸の国際空港の出発ラウンジで、26の国の人々の身体的接触を数えた調査でも、同様の結果が得られている[31]。アメリカ合衆国、ラテンアメリカ、カリブ海諸国、ヨーロッパで生まれた人々は、別れのあいさつとして触れ合うのが一般的だが、北東アジア生まれの人々ではそれほど一般的ではない。

触れられた感覚は既に感情に満ちている

人と人との接触をどう知覚するかには、文化、性別、社会的状況が大きく影響する。この事実から、次のような重大な疑問が湧く。同じ圧力、同じ動きで与えられるまったく同じ感覚刺激（たとえば肩に腕を回して短時間力を込める）により、皮膚と筋肉から完全に同じ信号が脳に送られているのに、どうしてこれほど異なる知覚が生じるのだろうか。

重要なのは、「こうした感覚は、経験している時点では誰にも同じように感じられているが、後でそれに対して異なる解釈が与えられる」のではない、という点である。そうではなく、その接触が意識的に感知された時点で、すでに違って感じられているのだ。高圧的な上司が肩に腕を回してきたときの触覚知覚と、親友が同じことをしてきたときの知覚は根本的に違うものとして感じられている。相手が恋人であれば、それはまた別物として感じられる。

生の触覚感覚が、私たちに刷り込まれた経験と結びついて、最終的に非常に感情に満ちた対人接触の知覚を生み出しているに違いない。ここで経験とは、子宮の中から始まり現時点に至るまでに通り抜けてきた文化や性役割などの個人史をすべて含む。過去の経験と現在の感覚とのこうした結びつきは、ほんの一瞬のうちに起こっているはずである。

次章では、社会的動物としての人間の生活において重要な役割を果たしているこの統合的側面を支える、皮膚と神経と脳の生物学的な基盤を探っていこう。

第2章　コインを指先で選り分けるとき

大哲学者といえども悩むことはある。アリストテレスは、人間の認知の優位性という問題にひどく苦しんでいた。鷹は人間よりも鋭い目を持っている。犬は嗅覚に優れ、猫は正確に音を聞き分ける。ではなぜ人間のほうが賢いと言えるのか(1)。アリストテレスはこのジレンマに悩んだ末に、人間は触覚が異常に鋭敏であるがゆえに、ほかの動物よりも知性が高いのだと考えるに至った。

人間は多くの動物よりも劣っているが、触覚に関しては動物をはるかに凌駕する正確性を有している。これこそが、人間が大半の動物よりも知的な理由である。その徴は人間のあいだにも見られる。生まれつき知性に恵まれているか否かは、ほかならぬ触覚器官により決まっているのである。厚い皮膚を持つ者は生まれつき思考能力が低く、柔らかい皮膚を持つ者は思考能力が高いのであるから(2)。

生物学的な触覚研究は、アリストテレスの議論を裏づけるものではないし、その推論を支持するものでもない。実際、人間の触覚の知覚は、動物の中でもとくに敏感とは言えない。また、人間同士の比較でも、知性と、皮膚の柔らかさや微妙な接触知覚の正確さとは、明らかに比例しない。

アリストテレスはなぜこのような大間違いを犯したのか。おそらくこの哲学者の頭の中には、社会階級に基づく指針があったのだろう。奴隷など、肉体労働により手の皮膚が荒れている者が、哲学者や貴族など柔らかい肌をしたエリート層ほど賢くないことは自明のことだとアリストテレスは考えたのである。

アリストテレスが知らなかったことがひとつある。人間の（ほかの動物も同じだが）皮膚には、多くの種類の感覚センサーがあるということだ。それぞれが、進化により見事に形成された専門的微小機械であり、触覚の世界のさまざまな情報を抽出する能力を持っている。これらの感覚センサーから脊髄へと情報を伝達する神経線維は、たいていひとつの種類の感覚を伝える専用線となっている。肌触りを伝えるもの、震動を伝えるもの、引っ張られた感覚を伝えるものなどだ。バイオリンを弾くとき、セックスをするとき、コーヒーをすするとき、私たちは触覚情報を利用しているが、皮膚のさまざまなセンサーについてそのつど考える必要はない。各センサーからの情報の流れは脳で混ざり合い、処理されて、私たちが情報を意識するときには既に、統一された利用可能な知覚になっているのだ。しかも、その触覚情報は無意識の段階で視覚や聴覚、固有受容覚

（身体各部が空間的にどこにあるかという感覚。筋肉や関節にある神経端末からの情報）などの入力と結びつき、感情を伴う豊かな知覚となっている。

毛のある皮膚と毛のない皮膚

皮膚は身体と外界とのインターフェースであり、その空間的な位置の特性上、触覚が発生する場となっている。皮膚は、接触の情報を身体に送ると同時に、外界に存在する危険な物質を閉め出しておく役割を果たさなければならない。寄生虫や微生物、物理的あるいは化学的な傷害原因となるものや紫外線など、有害なストレス因子をはね除ける障壁とならなければならないのだ。そのため皮膚は、特殊な免疫系を持ち、独自のホルモンを分泌している。(3) ひとりの人間の皮膚は驚くほど大きい。仮に、古典的なスプラッター映画によくあるように、私が狡猾な殺人鬼の犠牲になり、殺されて皮をはがれたとしよう。その皮は、だいたいボウリングのボールくらいの重さがある（約7キロ）。皮膚は、身体で最も大きな器官なのである。総面積は、気持ちの悪いたとえをするなら、ファミリーサイズのピザのデリバリーボックスを縦横3つずつ並べた程度だ。(4)

皮膚には基本的に有毛と無毛の2種類がある。無毛皮膚というと、(5) 読者はすべすべの肌を思い浮かべるかもしれない。たとえば女優のキーラ・ナイトレイの頬のような。けれども、キーラの愛らしい顔の柔らかい皮膚を注意深く観察したなら、実際には細く短い、色の薄い毛に覆われているのが分かるはずだ。軟毛（産毛《うぶげ》）と呼ばれる毛だ。一見

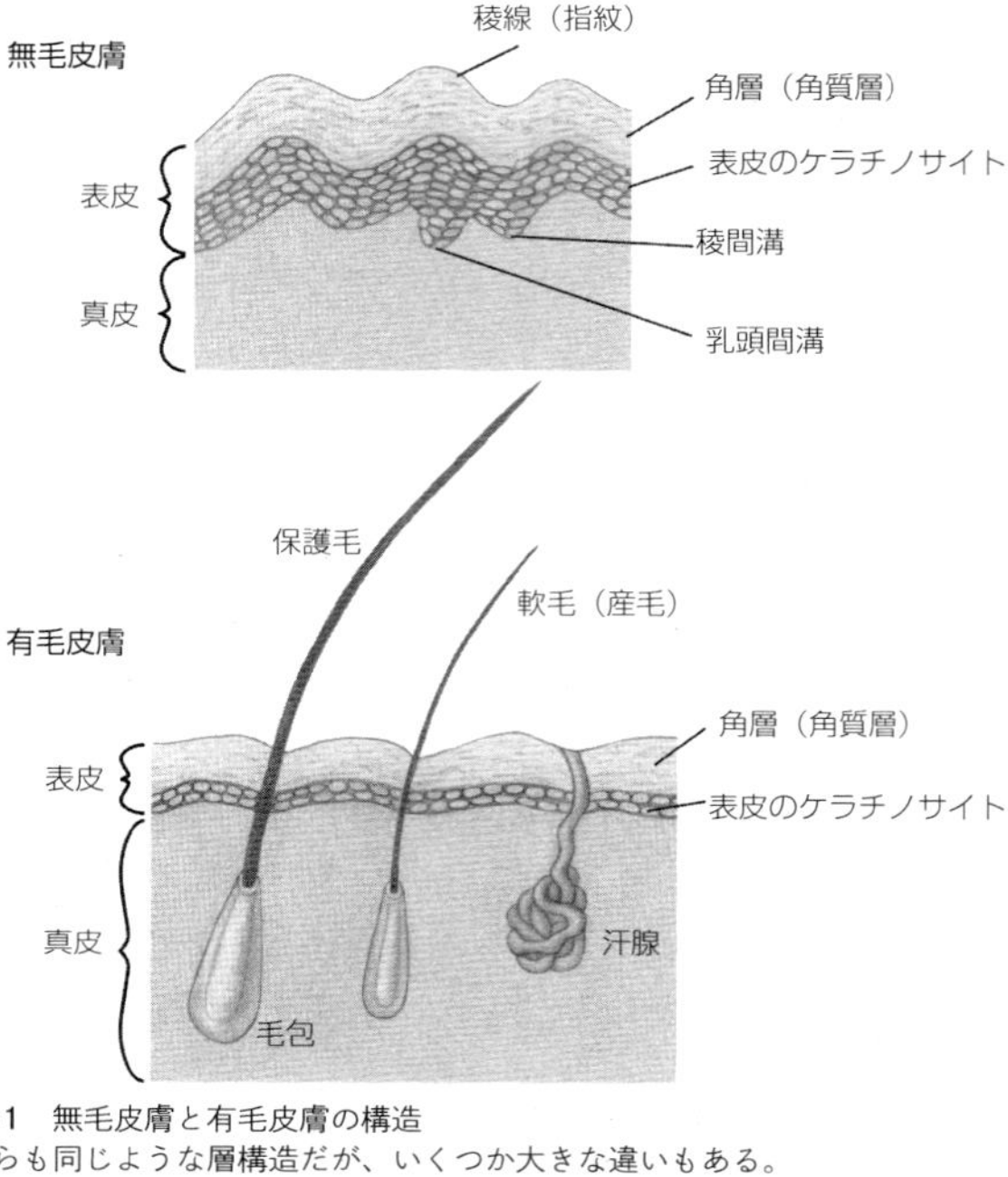

図 2-1　無毛皮膚と有毛皮膚の構造
どちらも同じような層構造だが、いくつか大きな違いもある。

したところ毛がなさそうな上腕の内側や太ももの内側にも軟毛は生えている。この軟毛は、基本的に毛管作用で水分を運ぶ役割を負っている。汗を皮膚表面から引き上げ、効率的に蒸発させて皮膚の冷却を助ける。

本当の無毛皮膚は、手のひら（指の内側を含む）と足の裏、唇、乳首、生殖器の一部にのみ見られる。(6) 女性の場合、小陰唇とクリトリスが無毛で、大陰唇の皮膚は有毛である。男性では、包皮と亀頭は無毛だが、陰茎の皮膚は有毛である（ポルノ男優のそれは化学的に脱毛され、輝いているが）。

有毛皮膚も無毛皮膚も、基本構造は同じである。二層構造のケーキを思い浮かべてほしい。上層は表皮で、さらに薄いいくつかの下位層に分かれている（図2－1）。どちらの皮膚も、表皮の最上層は角層（角質層）と呼ばれる死んで扁平になった皮膚細胞の層で、その下に3つの薄い層（顆粒層、有刺層、基底層）がある。それぞれの層は、ケラチノサイト、ランゲルハンス細胞（免疫系で役割を果たす）、メラノサイトなど、数種類の生きた細胞が混じり合ってできている。メラノサイトは、肌の色を決める要因であるメラニンという粒状の色素を形成する。この4つの層が表皮を構成する。表皮の細胞は常に新しい細胞と入れ替わっているが、その新しい細胞は、この4つのいちばん下の基底層で、細胞分裂により生み出されている。その細胞が、徐々に表面近くに持ち上がっていく。細胞は移動中に平たくなり、内部構造が壊れ、角層にいたる頃には固いパンケーキのような細胞の殻だけになって、最終的に表皮からはがれ落ちていく。こうして表皮の細胞は、50日ほどですっかり入れ替わる。

表皮の下には、神経や血管、汗腺、弾性の線維などを含む真皮の層がある。

指紋の謎

無毛皮膚と有毛皮膚の構造的な違いを図2－1に示す。有毛皮膚には細く色の薄い軟毛と、長くて太く、見えやすい保護毛が生えている。無毛皮膚の表皮は、有毛皮膚の表皮よりも総じて厚い(7)。また、形態にも違いがあり、有毛よりも無毛の皮膚のほうが大きく波うっている。ご存じのように、無毛皮膚の表面には指紋という稜線がある（手足の指のほか、手のひら＝掌紋＝、足の裏＝足紋＝にもある）。そして、稜線をもつ表皮の内側、真皮との境には、乳頭間溝と稜間溝と呼ばれる、表面の凹凸と半ば対になるような構造がある。いわば内向きの指紋である。

指紋は、ひとつの象徴として、感情や精神に深く響くものを持っている。ここには興味深い側面がある。隠された芸術的な暗号の形で個人の身体的な印となっているのだ。胎児の指紋は26週前後で形成され始め、出生時にはすでに成人後と同じ指紋の形を持っている。

アメリカ先住民のディネの人々（ナバホ族としても知られる）の伝承によれば、指紋からは一種の生命の力である「霊の風」が吹き出してくるという。

私たちの手の指先には渦巻きがある。足の指も同様だ。私たちの柔らかい場所、渦のあるこの場所には「颪」が存在する。……この颪が足のつま先の渦巻きから飛び出し、私たちを大地に結びつけている。手の指先から飛び出す渦巻きは私たちを空に結びつけている。これがあるから私たちは動き回っても倒れずにいられるのだ。[8]

心を揺り動かすような見事な説明ではないか。だが、生物学的には、指紋（掌紋、足紋）にはどのような機能があるのだろうか。古くからある仮説は、木に登ったりものをつかんだりするときに役立つというものだ。しかし異論もある。乾いた滑らかな面と指先との摩擦を調べてみると、予想に反して、指紋があるほうがつかむ効率は30％も下がるのだ。しかし、つかむ面が濡れていたりざらざらだったりすると、指紋があるほうが摩擦が増し、握る力は安定する。この点は自動車のタイヤに似ている。平らで乾いたサーキットしか走らないレースカーは、路面との接触面をできるだけ大きくするため凹凸のないタイヤを履く。こうすることでグリップが最大になるのだ。これに対して、でこぼこの濡れた道を走ることも多い普通の乗用車では、接触面から水を逃す溝のあるタイヤのほうが優れている。

指紋は人間に特有のものではない。ゴリラやチンパンジーにもある。霊長類以外の哺乳類にもときおり見られる。オーストラリアのコアラには指紋がある（図2－2）。だが、近縁のケバナウォンバットにはないし、やはり有袋類のキノボリカンガルーにもない。[9]

北米に生息するイタチの中に魚を捕る種があるが、このイタチには指紋がある。しかし、イタチ科で指紋のない種もある。現時点では、ものをつかむ行動と指紋の存在とのあいだに関連性があるかどうかは確かめられていない。これほど象徴的な意味を持ちながら、指紋の目的についてはなお、本当のところは分かっていないのである。

「そんなに長くお風呂に入っていると、人間プルーンになっちゃうわよ」という母の声は、今でも耳に残っている。手足を長く水に浸していると指の腹がしわしわになるが、これは水が角層の死んだ皮膚細胞に徐々に浸み込むせいだと思っている人が多い。しかし、これが誤りであることはすでに1936年に確認されている[10]。それを決定的に裏づけたのは、神経の切断や、神経信号を妨げる薬などにより脊髄から皮膚へ

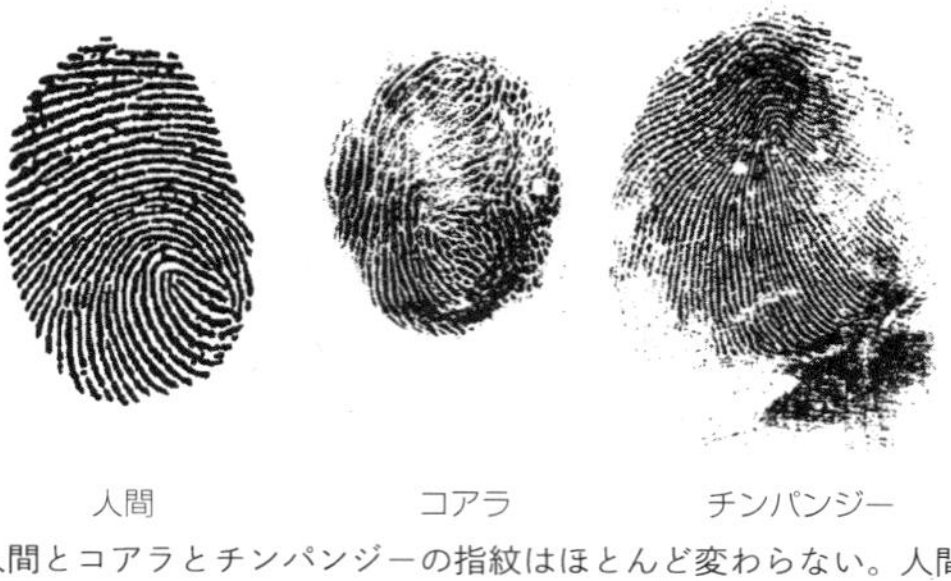

人間　　コアラ　　チンパンジー

図2-2　人間とコアラとチンパンジーの指紋はほとんど変わらない。人間とコアラの祖先は、遅くとも7000万年前には進化の道筋が分かれた。しかし、人間にもコアラにも指紋があり、コアラの近縁種にはない。M. J. Henneberg, K. M. Lambert, and C. M. Leigh, “Fingerprint homoplasy: koalas and humans,” *NaturalScience* 1, article 4 (1997) より。Heron Publishingの許可を得て転載。豪アデレード大学のMaciej Henneberg博士に感謝する。

の信号伝達が妨げられている場合には、手足の指がしわしわにならないことだった。こうした条件は角層とは関係がない。しわが寄るために必要なのは、交感神経（無意識に働く自律神経）がそこに達していることなのだ。[11]

では、指先にしわが寄ることに何か意味はあるのか。あるとしたら何のためなのか。2AI研究所のマーク・チャンギージーらは、指紋と同じように、濡れたものに触れる際に、タイヤの溝のように保持力を高めるためではないかと推測する。チャンギージーらによると、マカクやチンパンジーでも指先にしわが寄る反応が見られるため、これは霊長類が濡れて滑りやすい環境に適応する際に生じたものではないかという。[12]ニューカッスル大学のキリアコス・カレクラスらは、この仮説への傍証として、容器に入った小さなボールを別の容器に移す実験を行った。指先にしわが寄った被験者は、しわのない被験者よりも、濡れたボールを速く移すことができた。しかしボールが乾いていると差は生じなかった。[13]

皮膚には4種類のセンサーが埋め込まれている

触覚の専用感覚器は皮膚内にどのように配置され、それは私たちの触覚経験にどのように影響しているのだろうか。これは意外に難しい問題なのである。これを探るため、生活の中に見られるごく普通の手作業をひとつひとつの要素に分解してみよう。

あなたは映画に遅れそうになっていて、映画館の近くの混み合った道路脇に空いてい

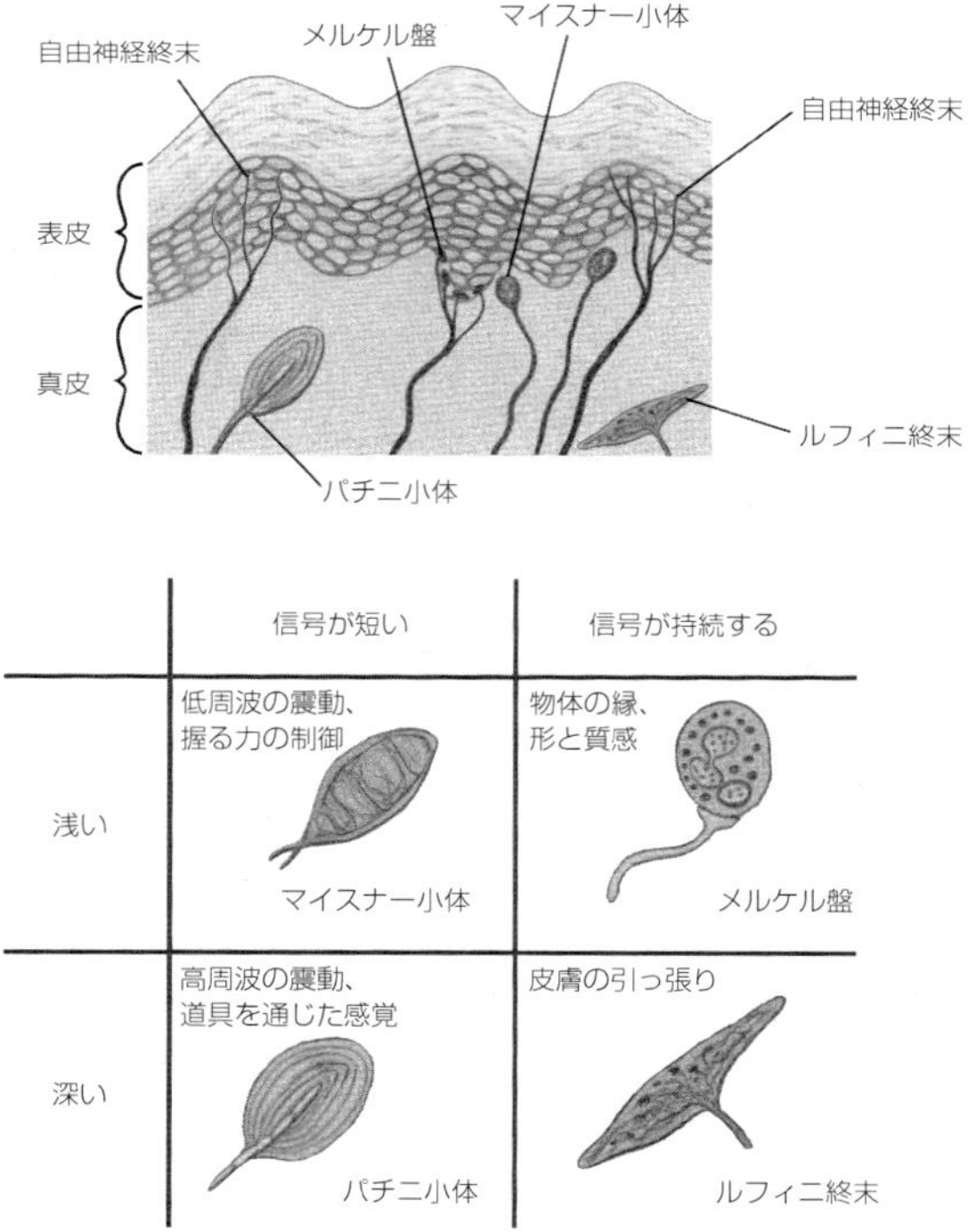

図2-3　機械的刺激を受け取る無毛皮膚の４種類の受容器。メルケル盤は表皮のいちばん深いところにある。乳頭間溝の真皮との境界部である。マイスナー小体はこの境界を挟んだ真皮の最も浅いところ、乳頭間溝の間にある。これに対してパチニ小体とルフィニ終末は真皮の深いところにある。マイスナー小体とパチニ小体から信号を受け取る神経線維は、身体的接触が持続する場合でも、接触の開始と終了の瞬間だけ脳に信号を送る。一方、ルフィニ終末とメルケル盤から信号を受け取る神経線維は、接触刺激が続いている間ずっと脳に信号を送り続ける。図には自由神経終末も描かれているが、これはある種の化学物質や温度、痛み、痒みのセンサーとなる。これらについては後の章で考察する。

るパーキングメーターを見つけ、ほっとしている。パーキングメーターは旧式で、25セント玉しか使えない。小銭やらゴミやらを突っ込んであるポケットを探り、25セント玉を引っ張り出して投入口に入れ、ハンドルをつかんでひねる。すると、機械の歯止めが動く手応えがあり、硬貨がカチャンと落ちていく震動が感じられ、最後にハンドルが元の位置に戻ろうとする力が伝わってくる。

この日常的な作業を私たちはほとんど考えることなくほぼ機械的に行う。それでも、今日の最先端のロボットが現実の状況でこれと同じ操作を行うことはまずできないだろう。このようにごく単純な作業でさえ、触覚を手掛かりとするときには、内容豊富な情報の流れ（および、身体や物体の動きに関する予測）をいかに必要とするかということである。パーキングメーターに硬貨を投入するとき、私たちは主に4種類の感覚センサー（受容器）を頼りにしている。それぞれのセンサーは、指先の無毛の皮膚に埋め込まれた神経線維につながっている（**図2‐3**）。

ポケットに（あるいはサイフやバックパックに）手を入れて触感だけで25セント玉を選り分けようとすると、指先にはいろいろなものが触れてくる。USBスティック、鎮痛薬の錠剤ふたつ、10セント玉ひとつ、1セント玉ふたつ、5セント玉ひとつ、そしてようやく25セント玉だ。大きさと浮き彫りの感じと縁のぎざぎざで分かる。この過程で主に4つの触感センサーが活動しているが、いちばん重要なのはメルケル細胞と呼ばれる受容器で、これが物体の縁と、局所的な湾曲と、ざらざらの質感を検出している。この受容器の名称は、1875年にこの細胞を調べたドイツの解剖学者フリードリッヒ・メルケルに由来する。メルケルはこの細胞を「タストツェレン」つまり「触覚細胞」と呼んでいた。この特殊な細胞はメルケル盤という円盤を形成している。メルケル盤は表皮と真皮の境目にある乳頭間溝にまとまって存在する（図2－3）。

質感を識別するメルケル盤

メルケル盤はそれぞれ1本の神経線維につながり、そこから脊髄へ、そして最終的に脳の触覚野へと情報が伝達される。この電気的情報は、約1000分の1秒持続するスパイクと呼ばれる電位変化の形で伝わる。[14] 皮膚の変形という機械的エネルギーが、どのようにして神経端末で電気的信号に変換されるのかということは、長年の謎だった。現在考えられている最良の仮説は、神経端末の細胞膜に埋め込まれた伸展活性化イオンチャネルと呼ばれる分子が働いているとするものだ。この分子は、動きがないときには閉じているが、細胞が引き伸ばされると穴が空く構造になっている。そのためナトリウムイオンやカルシウムイオンが神経細胞内に流れ込み、電気的なスパイクが生じるという仕組みだ。[15]

メルケル盤は唇と指先の皮膚に非常に高密度で存在する。その他の無毛皮膚ではそれほど多くなく、有毛皮膚ではごくまばらだ。メルケル盤はごく小さな力にも敏感で、皮膚が0・05ミリほど押し込まれただけで反応する。さらに、力が強まるのに比例して強く反応し(スパイクの発火頻度が上がり)、皮膚が約1・5ミリ押し込まれた段階で発火が最大になる。メルケル盤からの信号を伝える神経線維1本の電気的活動を記録してみると、皮膚が押されている間はずっとスパイクを発火し続けていることが分かる。[16] メルケル盤に発し上腕部を通る神経線維の1本に人為的に電気刺激を与えると、「柔らかい絵筆で肌を軽くくすぐられている」ような感じがするという。[17]

25セント玉のぎざぎざの縁のような物体表面の特徴は、指先のメルケル盤のおかげで識別できる。重要なのは、質感を識別するメルケル盤の力は、その特殊な構造と、位置と、神経とのつながり方により生まれているということだ。

メルケル盤は皮膚の比較的浅い層に存在するため、物体表面が皮膚に作るごくわずかなへこみにも反応する。指先にはメルケル盤が密集しているため、物体表面でわずか0・7ミリの間隔を識別する解像能を有する。[18]

握る力を調整するマイスナー小体

こうしてポケットの25セント玉の区別はついた。次は親指と人差し指で硬貨をつまんでパーキングメーターの投入口まで持っていかなければならない。この「つまむ」動きを実現する力加減は、どのようにして決められるのか。手でつかむものすべてを力一杯に握りしめて潰したくはない。硬貨をつまむのに不適当なだけでなく、卵を手に取ったり子供の手を握ったりするときにも悲劇が起こってしまう。逆に、力が弱すぎて硬貨を落としてしまうのも困る。硬貨をしっかりと保持するのに必要最低限の力を使うのが望ましい。

この仕事には、マイスナー小体と呼ばれる受容体がおもに働く（図2－3）。マイスナー小体もメルケル盤と同じく表皮と真皮の境界近くに位置する。[19] こちらは境界のすぐ真皮側に存在するが、乳頭内、つまり表皮が最も薄くなっている場所にある。

マイスナー小体は、神経線維の終末がぐるぐると巻いたところにシュワン細胞という神経ではない細胞の層が絡み合った構造をしている。全体として球根状の形で、コラーゲンというタンパク質の構造的線維で近くの皮膚細胞とつながっている。[20] 皮膚に何かが当たってへこんだり戻ったりするとき、マイスナー小体はコラーゲン線維に引っ張られ、物理的に変形する。

指先のマイスナー小体は、メルケル盤よりも高密度に分布する。また、メルケル盤よりも皮膚表面に近い。そのため、マイスナー小体は物体の微妙な肌触りや細かい形や曲がり方などの情報を得るためにあると想像されるかもしれない。しかし、マイスナー小体につながる神経線維の電気的活動を記録してみると、まるで異なる反応が見られる。

第1に、皮膚をしばらく押し続けてみると、マイスナー小体は、押し始めと押し終わり、つまり小体の外殻が最初に変形したときと、それが元に戻るときにしか発火しない。メルケル盤とは異なり、皮膚を一定の力で押し続けている間は反応せず、小体の外殻を押したり元に戻したりする低周波の震動により最も強く活性化する。

第2に、マイスナー小体につながる神経線維は、1本で多数の小体（約10平方ミリの範囲）からの信号を担う。マイスナー小体は指先の密度が高いが、電気的信号を記録してみると、物体表面の細かい特徴を識別してはいない。多数の信号を集めるマイスナー小体のシステムは、皮膚の細かく速い動きには非常に敏感だが、その動きの位置についてはそれほど厳密に感知しない。

こうした特徴は、25セント玉をつまむこととどう関係するのだろうか。ものをつかんで動かすと、その物体が皮膚の上で顕微鏡的レベルの小さな滑りを起こすことが分かっている。マイスナー小体はこの小さな滑りを検出し、電気的信号を脊髄に送る。この信号が指の筋肉を収縮させ、滑りが止まるまで握る力を強める。おかげで、今必要な最低限の力で物体を細かく扱うことができるのである。マイスナー小体を使う力のコントロールは脊髄反射であるため、意識にのぼることはない。硬貨をポケットから投入口まで持っていくときに、もっと強く握ろう、などと考える必要はなく、ただ自然に動作ができるのはそのためである。

指先におけるマイスナー小体の配列の解剖学的、生理学的特徴が、どのように握る力を精密にコントロールしているかをもう少し深く理解するために、少々SF的な仮定をしてみよう。人間のマイスナー小体の信号が、皮膚の凹みの最初と最後だけでなく、凹んでいる間ずっと出続ける仕組みになっていたとする。この場合、マイスナー小体が指の表面にある以上、持続的な力を感知せざるをえない。このような世界では、その大きな力にマイスナー小体が反応し続け、その反応が、局部的な微小震動が生み出すささやかな信号をかき消してしまうだろう。力を効率的に使うのに有用な信号がノイズの海に埋もれてしまい、握る力の細かい調整は利かなくなる。力の調整が利かない世界では、道具の利用法を発展させることができず、人類の文化は今のような形になっていなかったことだろう。このように、生物学には、ごくささいな目立たないことがらが、後から見ると運命を左右するカギを握っていたということがときおりある。

震動に敏感なパチニ小体

さて、パーキングメーターの投入口に硬貨を入れるところまできた。硬貨を差し込むと、投入口の内部に硬貨がぶつかる感触が伝わってくる。あなたはこのフィードバックを無意識に利用しながら腕と手と指の動きを調整し、硬貨をスムーズに挿入する。この場面で中心になって働いているのがパチニ小体だ。(21)

パチニ小体は奇妙にかわいらしい見かけをしている（図2－3）。1本の神経線維終末を同心円的な層状の支持細胞が包み、隙間に液体が満たされているという形だ。輪切りにすると、タマネギのようにも見える。あるいは、高校の工学発明コンテストの参加作品で、卵を屋上から落としても割れないように設計した軽量ケースといった感じだろうか。(22)

1本の指には350個のパチニ小体がある。真皮の比較的深い部分だ。電気的反応を記録してみると、マイスナー小体と同じように持続的な力には反応し続けず、皮膚が押されたときと離されたときだけに反応する。物体表面の特徴を検出する解像能は高くないが、微小な震動にきわめて敏感である。位置の識別はほとんどできない。つまり、指先の奥深くに何層もの細胞に包まれてある1個のパチニ小体は、指のどの部分が震えても活性化してしまう。ある意味で、マイスナー小体の特質（微小震動には敏感だが、持続的な力や細かい位置には鈍感）が、パチニ小体ではもっと極端な形をとっている。パチニ小体は、200〜300ヘルツの高周波の震動を最もよく感じ取る。この周波数なら、皮膚が0・00001ミリ（小さな軟毛の太さの200分の1だ）動いただけでも感知できる。

私は子供の頃、地元ロサンゼルスにあるグリフィス天文台の地震計を眺めているのが好きだった。針の先に付いたペンが記録紙にくねくねとした線を描いていく。この素晴らしく敏感な計器は、太平洋を横切って伝わってくる日本の地震の震動を検知できた。あるいは何百キロも離れたネバダ砂漠での核実験の震動もだ。しかし、30人のやんちゃな小学生が地震計のあるこの部屋の中で一斉に飛び跳ねても、やはり針は動くのだ（本当にやってみたのだから間違いない）。

しかし、グリフィス天文台の地震計は、ほかの場所に設置された別の地震計の情報と照らし合わせない限り、どんな出来事がどの震動を生み出しているか判別できない。パチニ小体も、大まかに言えばこの地震計と同じ工学的長所と欠点を併せ持っている。震動には非常に敏感だが、それと引き換えに、位置に鈍感なのである[23]。

　パチニ小体の受容器としてのもうひとつの特長は、つかんだ物体が手に伝える震動の一瞬の刺激を、きわめて正確な神経像にすることである。例としては25セント玉でもかまわないが、道具や探針のほうがこの特長が重要な意味を持つ。たとえばシャベルなどを使うとき、私たちはその道具の先端に自分の指があるかのような触感を得ることができる。シャベルで砂利を掘るところと、柔らかい土を掘るところを想像してみてほしい。あなたの手は、シャベルと地面の接触箇所からずいぶん離れているにもかかわらず、砂利と土の違いはすぐに分かるはずだ。しかも、離れたものの触覚情報を解釈する力は練習を積むほど向上する。その結果、バイオリニストの弓や、外科医のメスや、機械工のレンチや、彫刻家のノミは、事実上、身体の感覚器の延長となる。

　単純な道具に限らない。クルマ好きなドライバーは「路面感覚」にこだわる。道路の表面から一連の機械的なパーツ（タイヤ、ホイール、タイロッド、ステアリングコラム、ハンドドル）を経てドライバーの手に伝わってくる触覚情報が、忠実に伝達されることにこだわるのだ。この路面感覚が、技術の進歩により得られるほかの性能の犠牲となることにクルマ好きは怒っている。2013年に『ニューヨーク・タイムズ』紙[24]にローレンス・ウルリッヒが書いたポルシェ・ボクスターのレビュー記事を見てみよう。

　今回ポルシェは、燃費向上に汲々とするほかのメーカーと同じように、伝統的な油圧パワステを捨て、電動ユニットを搭載した。油圧パワステと電動パワステの感覚の違いは、ひと言では説明しにくい。これまでのポルシェのハンドルを握るのは、目を閉じて手のひらで人の顔を撫でるようなものだった。しわや、無精ひげや、ちょっとしたくぼみが、ひとつひとつ指先に触れる。同じように、道路の姿が明瞭になるのだ。ボクスターの電動パワステからは、もっと抑えられた感覚が伝わってくる。

次に油圧パワステの古いポルシェに乗る機会があったら、微妙な路面感覚を味わいつつ、あなたのその経験がいかにパチニ小体によって形づくられているかに思いを馳せてほしい。

もうひとつ付け加えると、もしアクセルを踏みすぎて怖くなり、ハンドルをぎゅっと握りしめたとしても、細かい路面感覚はやはり伝わってくる。これは、パチニ小体が、ハンドルを伝わってくる高周波の震動だけを捉え、指が白くなるほどハンドルを握りしめている一定の力は無視するからだ。

引っ張りを感知するルフィニ終末

話をパーキングメーターに戻そう。25セント玉がメーターの中に落ちたら、ハンドルを握ってひねる。この動作は、これまでに説明した3種類の触覚センサーすべてを働かせる。メルケル盤がハンドルの縁と湾曲の情報をもたらすと同時に、回転に抵抗する一定の力についても伝えてくる。マイスナー小体は、低周波の微小な滑りの信号をもたらし、あなたはそれをフィードバックとして利用しながらハンドルを握る力を調整する。そしてパチニ小体はメーター内部の機械的なメカニズムから生じる高周波の震動を伝えてくる。

ここで、4番目の仕組みとしてルフィニ終末が登場する。皮膚の横方向の引っ張りの感知に関わる仕組みだ。ルフィニ終末は真皮の深い部分にある細長い包みで、その中で神経線維終末が皮膚のコラーゲン線維と絡まり合っている[25]（図2－3）。ルフィニ終末の軸は、たいてい皮膚表面と並行に位置している。横方向の引っ張りに敏感で、皮膚を垂直に押す力にはそれほど反応しないのはそのせいだろう。ルフィニ終末は、ほかの3つのセンサーに比べて手の皮膚内の密度がかなり低い。そのため位置的な解像能はあまりない。ルフィニ終末の神経線維の活動を記録してみると、引っ張り刺激が続いている間はずっと発火し続けていることが分かる。震動に対してはさほど敏感ではない。1本のルフィニ終末神経線維を刺激するだけでも、皮膚が引っ張られているという感覚が生じることもある。

ルフィニ終末からの情報を脳がどのように利用しているかは、あまりよく分かっていない。皮膚表面に沿って物体が動くときに皮膚が局所的に引っ張られるため、そうした動きの検出に役立っているのかもしれない。もっと面白い考え方として、ルフィニ終末は皮膚の引っ張り信号を通じて手や指の形態についての情報を脳に届けている可能性がある。つまり、指を伸ばすと、指の腹と手のひらの側の皮膚が伸びるというわけだ[26]。手足の位置についても同じような働きがあるとの示唆もある。たとえば、ひじを曲げるとひじの外側の有毛の皮膚が伸びるため、脳に、腕の状態と、どのような運動が可能かについての情報が伝わるというのである。

ここまで無毛皮膚に備わった4種の触覚センサー（図2－3）について見てきたが、その機能には見事な対称性があった。2つは皮膚の浅いところに、2つは深いところにある。2つは瞬間的な信号を、2つは持続的な信号を発する。こうして、起こりうるすべての事態をカバーしている。4種の情報の流れは、脊髄まで別々に運ばれる。1本の神経線維は1種類の受容器にしかつながっていない。たとえばルフィニ終末とパチニ小体の両方につながる神経というものはない。つまり、それぞれの神経線維は、脊髄や脳幹に向かう1種類の信号だけを伝える専用線なのである[27]。

ここで考察している4種の触覚受容器は、機械受容器と呼ばれるタイプに分類される。皮膚に加わった機械的なエネルギーを電気信号に変えるという共通の性質を持っている。皮膚には、このほかに機械的でない刺激に反応するセンサーもある。有毛皮膚にも無毛皮膚にも、表皮にまで達する自由神経終末があり（図2－3、2－4）、これが痛みや痒み、ある種の化学物質、炎症、温度などの感知に関係している。これらの皮膚感覚については、後の章であらためて考察する。

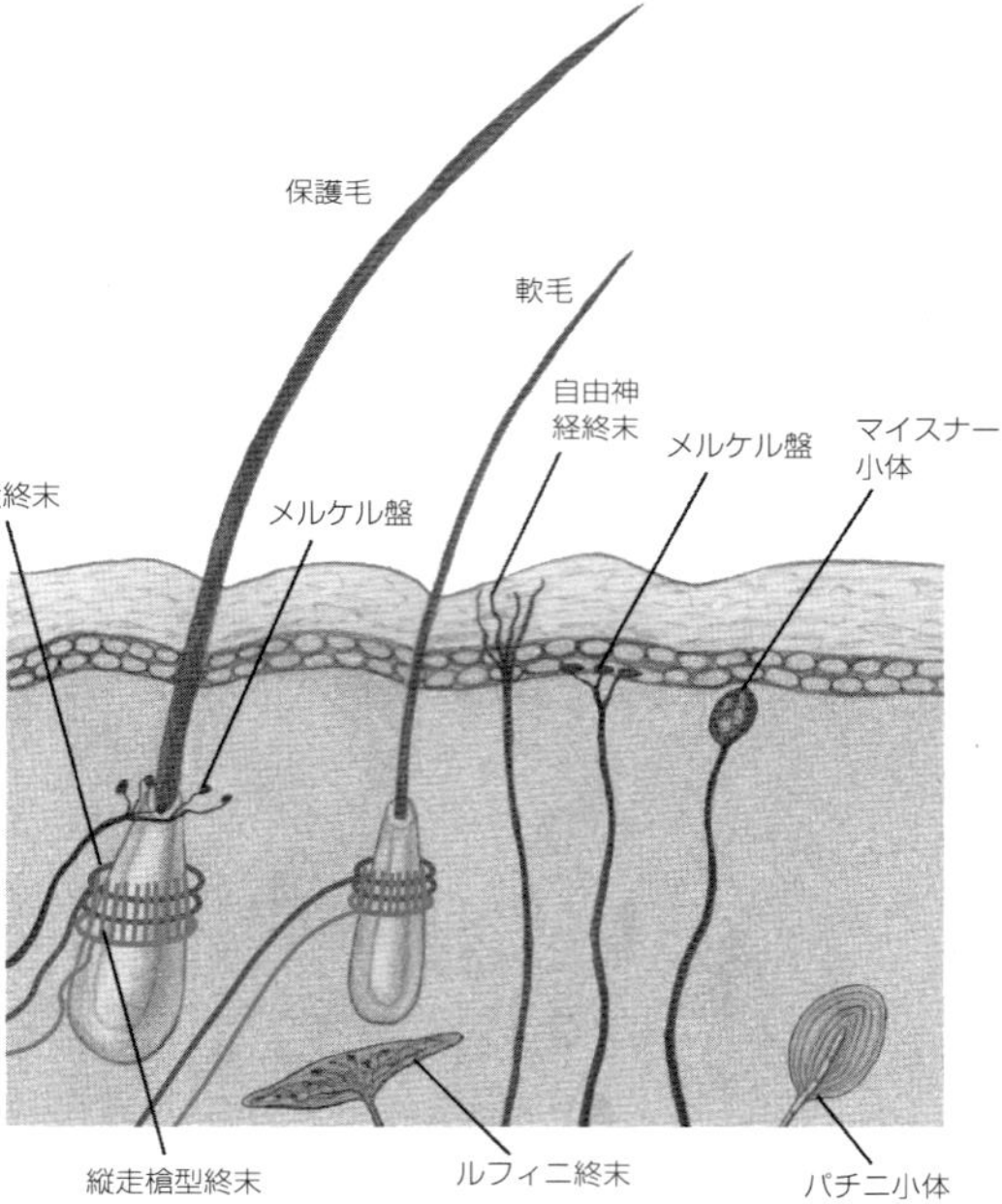

図 2-4　有毛皮膚の神経。保護毛の毛包を取り囲む最外層にメルケル盤の固まりがある。縦走槍型終末と輪状終末は保護毛にも軟毛にもある。図には槍型終末を１種類しか描いていないが、実際には少なくとも３種類あり、それぞれが毛の動きに対してわずかに異なる信号を発する。無毛皮膚と有毛皮膚の触覚センサーを比べると、共通点も多く、発生上関連しているとはいえ、本質的には別種の器官であり、それぞれが異なる種類の触覚刺激を検出できるよう進化してきたことが明らかである。

有毛皮膚の受容器

大学時代にチャックという筋肉隆々の競泳選手の友人がいた。チャックは定期的に腕や脚や胸の毛を剃っていた。つるつるの体のほうが速く泳げると信じていたのだ。私は、彼が毛を剃る動機が純粋に水力学的なものだけなのか、少しばかり疑っていた。その点を突いてみると、チャックは目をきらりと光らせ、それからゆったりとした低音で打ち明けてくれた。「正直、泳ぎが速くなるかどうかは分からない。でも、ベッドに潜り込むときのシーツの感触がたまらなくいいんだな」

毛が生えている部分の皮膚の触覚については、無毛皮膚ほど徹底的に調べられていないのが実情だ。有毛皮膚にも、無毛皮膚に見られる4種の古典的機械受容器が存在するが、分布密度は基本的に無毛皮膚よりかなり低い。チャックが気づいたように、有毛皮膚の感覚は、体毛と周囲の組織との絡みで生じることが多い。メルケル細胞と神経線維からなるメルケル盤は、有毛皮膚では粗毛（軟毛の外側の上毛）の毛根部にある毛包の基部周辺に固まっている。毛が曲がるとメルケル盤が変形し、持続的な信号を発する。しかし、毛の動きから生じる主要な信号は、毛包の基部を刑務所の鉄格子のように取り囲む特殊な裸の神経線維が送り出す短い信号だ（図2－4）。これらは縦走槍型終末と呼ばれ、ごくわずかな毛の動きも検出できる。

ペットのネコも同じだが、私たち自身も、毛の流れの方向に撫でられるのと逆向きに撫でられるのでは感じ方が違うということを知っている。これは、縦走槍型終末が、毛が生えている方向への動きと逆方向への動きで異なる反応を示すところから来ている。[28] 毛根には、輪状の神経終末も分布している。こちらは毛の引っ張りにとくに敏感だ。[29] おかげで世界中の男の子の楽しみが増えている。

点字の触覚

ルイ・ブライユは、1809年にパリの東40キロほどのクプヴレという小さな町で、4人きょうだいの末っ子として生まれた。父親のシモン・ルネ・ブライユは皮革業者として成功を収めていた。ルイは、幼い頃から父親の工房で遊ぶのが好きだった。3歳のとき、錐で遊んでいたルイは皮に穴の開くところをよく見ようと作業台に頭を乗せ、皮の切れっ端に穴を開けようとした。すると恐ろしいことに、錐の鋭い先が固い皮を突き抜けてルイの目に突き刺さってしまった。傷ついた目が感染症に冒され、それがもう片方の目にも広がって、ルイは5歳のときには両目ともまったく見えなくなっていた（抗生物質が開発されるよりもずっと昔の話だ）。

父親は息子が世界と関わりを保ち続けられるようにと、ルイのために杖を用意し、ルイはほどなく町を歩き回れるようになった。地元の学校の教師はルイの知性と熱意にうたれ、10歳のときに、パリに設立されたばかりの全寮制の国立盲学校への入学を勧めた。当時は世界でも珍しい存在だったこの盲学校は、慈善家のヴァランタン・アユイが設立した施設で、アユイが校長を務めていた。生徒にはアユイ自身が考案したシステムを使った文字の読み方が教えられた。それは、銅線で作った文字の型に厚紙を押しつけて文字を浮き上がらせ、それを指で「読む」という方法である。アユイのシステムは役には立ったが、欠点もあった。ひとつの文字を識別するために指先であれこれ探る必要があったため、文章を読むのにひどく時間がかかるのだ。また、文字自体に大きさが必要だったため、1ページに盛り込める文章の数がかなり限られた。さらに、この方式の本の製作には時間と費用がかかった（ルイが入学した当時、この学校にはこの種の本が3タイトルしかなかった）。もちろん、生徒がこの方式で文章を書くことはできなかった。そのためには特殊な作業場が必要だったからだ。

しかしルイは、わずかなアユイ式の本と講義とで急速に学力を高めていった。そして、盲人がもっと楽に読み書きできる別の方法はないだろうかと考えるようになった。ルイは、12歳になった1821年に、フランス陸軍のジャック・バルビエ大佐が考案した触覚による筆記法を耳にする。戦場で声を出して話したり光で合図したりすることが敵の注意を引く危険性があることから考えられた「夜間書法」というものだ。紙に連続した点と線を浮き出させる方法で、訓練された兵士なら指先で1回なぞるだけで読み取れるところがアユイの文字よりも優れていた。しかし、やはり長い文章を読むには時間がかかりすぎるし、複雑すぎた。

ルイは、バルビエの夜間書法にヒントを得て、もっとコンパクトで効率的な触覚アルファベットを作り上げようと努力を始めた。そして、かつて自身の目を潰したのと同じ錐を使って工夫を重ね、縦3点、横2列の6点を盛り上げた簡単な形で、アルファベットの各文字に対応づける方式をまとめ上げた。目が見えなくても簡単に紙の上に文字を書けるよう、窪みを付けた板と専用ペンも考案した。驚いたことに、ルイが15歳になる頃には、現在使われている点字のシステムをほぼ完成させていたという。この点字のシステムは、彼の名を冠してブライユ点字と呼ばれている。

その後、この盲学校で教師として働くようになったルイ・ブライユは、自身が考案した点字システムや、音符に対応づけた点字コードなどを説明する本を出版した。残念なことに、ブライユ点字は、彼の存命中にはパリの盲学校でもほかの学校でも教えられることはなかった。アユイ校長は、自分の浮き出し文字の普及に努めていたのだ。アユイは目が見えた。そして、アユイ式の文字は、健常者でも読むことができたのである。

しかし、ブライユが教えた生徒たちによるアユイ式への激しい反対運動があり、パリの盲学校も、ブライユが結核のため43歳で亡くなった2年後、ついにブライユ点字を採用する。この方式はすぐに世界中のフランス語圏に広まった。だが、そのほかの言語圏で根付くには、もう少し時間が必要だった。とくにアメリカでは、ブライユ点字の正式採用は1916年まで待たなければならなかった。

今日、ブライユ点字は世界標準となっている。ローマ文字以外の文字を使う言語（ギリシャ語やロシア語など）でも、アルファベットではなく表意文字を使う言語（中国語など）でも、それぞれのブライユ点字がある。また、ブライユ点字のタイプライターや、コンピューター用のインターフェースまで存在する。

点字はメルケル盤が読む

慣れた人なら、ブライユ点字の文章を毎分平均120語読める。最も速い人で毎分200語だ[30]。このような速さで読むには、1文字当たり約20分の1秒（50ミリ秒）以下という猛烈な速さで触覚情報を処理しなければならない。ブライユは点字を考案したとき、パチニ小体やメルケル盤や感覚神経のことなど何も知らなかった。彼はひたすら自分の触覚経験を頼りに、点と点の間隔を、隣の点と紛れない程度に離れ、2×3点の1文字が指先に収まる程度にコンパクトになるよう、慎重に決めていったのだ。

点字を識別する際に働くのは、4つの機械受容器のうちのどれだろうか。この問題に取り組んだのは、ジョンズ・ホプキンズ大学医学部のケネス・ジョンソンらのチームだった。彼らは、被験者が点字を読んでいるときの1本1本の神経線維の電気的活動を記録し、4種の神経線維の活動を平面にプロットして視覚化してみせた（**図2－5A**）。

この見事な実験から、ブライユ点字のパターンを忠実に伝えているのはメルケル盤につながる神経だけであることが分かった。マイスナー小体の神経はぼんやりとした像を伝えるだけだし、皮膚の下の深いところにあるセンサー（パチニ小体とルフィニ終末）は、点字をまったく捉えられない。

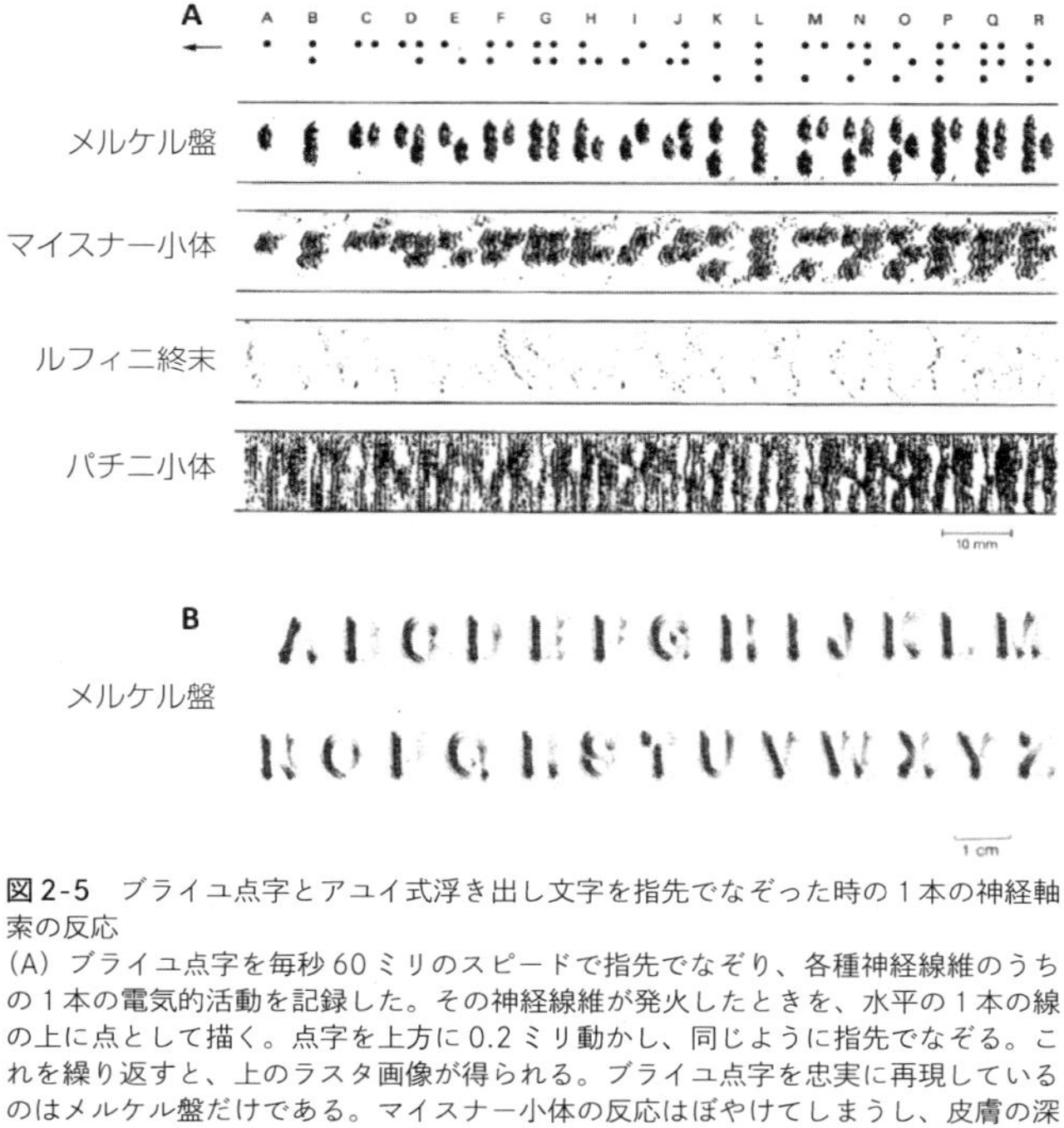

図2-5　ブライユ点字とアユイ式浮き出し文字を指先でなぞった時の１本の神経軸索の反応

(A) ブライユ点字を毎秒60ミリのスピードで指先でなぞり、各種神経線維のうちの１本の電気的活動を記録した。その神経線維が発火したときを、水平の１本の線の上に点として描く。点字を上方に0.2ミリ動かし、同じように指先でなぞる。これを繰り返すと、上のラスタ画像が得られる。ブライユ点字を忠実に再現しているのはメルケル盤だけである。マイスナー小体の反応はぼやけてしまうし、皮膚の深いところにあるパチニ小体とルフィニ終末は点字の情報を何も伝えない。J. R. Phillips, R. S. Johansson, and K. O. Johnson, "Representation of braille characters in human nerve fibers," *Experimental Brain Research* 81 (1990), 589-92より。Springerの許可を得て転載。

(B) ローマ文字に対するメルケル盤の反応。ある程度の読み取りは可能だが、読み間違いも起こりやすい。F. Vega-Bermudez, K. O. Johnson, and S. S. Hsiao, "Human tactile pattern recognition: active versus passive touch, velocity effects, and patterns of confusion," *Journal of Neurophysiology* 65 (1991), 531-46より。American Physiological Societyの許可を得て転載。

アユイ式の浮き出し文字を点字程度に縮小して同じ実験をすると、メルケル盤はやはり形を捉えているが、結果の像を見てみると、アユイのシステムに内在する曖昧さが分かる。図2−5Bから、神経の反応上、一部の文字が紛らわしいことが見て取れる。C、G、O、Qはほとんど同じだし、RはHに、PはFに似ている。実際、被験者に文字を推測してもらうと、これらの文字の誤答率が高かった。[31]

股間で点字が読めるか

私はお酒を飲みながらマニアックな話をするのが大好きだ。そんなとき人は常識から解き放たれ、一見馬鹿げてはいるけれども実はとても重要なことがらを考察するものだ。何年か前のこと、科学には縁のない女性の友人Qと触覚について話しているとき、彼女が思いも寄らないことを言い出した。目が見えなくて指先もなくしてしまったら、ほかの敏感なところで点字を読めるかしら。たとえば生殖器とか。だって、あれって軽く触られただけですごく強く感じるでしょ？

私はとりあえず、生殖器（男性、女性ともに、無毛部分も有毛部分も含めて）は、ちょっとした皮膚の変形も検出できるという意味では敏感だけれども、皮膚に加わる力の正確な位置や対象物の質感や形状を区別できないという意味では優れた識別能はもたない、と答えた。そうした部分には、皮膚表面の浅いところの触覚センサー、とくにメルケル盤があまり多く分布していないからだ。

Qは私の説明を疑わしげに聞いたあと、識別能を測定する実験方法をしつこく尋ね、自分で調べてみると言った。彼女は、針の先を丸めたコンパスと、アイマスクと、協力者（夫）を揃えて実験にとりかかった。夫の役割は、コンパスの幅を1ミリから20ミリまでさまざまに変えながらそっとQの小陰唇に当て、彼女がその刺激をひとつの点と感じるかふたつの点と感じるかを記録していくことだ。これは2点識別（弁別）閾検査と呼ばれる標準的な技法である。次に役割を交代し、Qが夫のペニスに対して同じ検査を行った(32)。

この奇妙な実験の結果は以下の通り。Qの小陰唇の2点識別閾は約7ミリ。夫のペニスは、亀頭の無毛皮膚で5ミリ、陰茎の有毛皮膚で12ミリだった。ちなみに指先の通常の2点識別閾は1ミリだ。結論として、股間で点字は読めないことがはっきりした。

しかし、性感をもたらす部位がすべて2点識別能に劣るわけではない。唇や舌にはメルケル盤が高密度で分布しているため識別能が高く、点字の読み取りに利用可能だろう(33)。

皮膚から脳への信号経路

通常の神経細胞には細胞体がある。そこにはDNAの詰まった核と、その他の細胞器官が含まれる。細胞体からは2種類の線維が伸びている。樹状突起と軸索だ。樹状突起は枝分かれした線維で、ここで信号を受け取る。電気的な信号は樹状突起を通って細胞体に届き、そこから軸索へと流れる。軸索からほかの細胞に信号が伝わる。

軸索の基部には特殊な部分があり、ここでスパイクと呼ばれる0か1かの信号の引き金が引かれる。スパイクは次々と新しいスパイクを生み出すような形で長距離を伝わっていく（導火線の火が隣の部分を点火しながら次々と伝わっていくようなもの）。スパイクが軸索の終端に達すると一連の化学的反応が起こり、神経伝達物質と呼ばれる化学物質が、隣の神経細胞の樹状突起との間の液体が満たされた狭い隙間へと放出される。この神経伝達物質が隣の細胞の樹状突起にある受容体を活性化する。この神経細胞同士の接続部をシナプスと呼ぶ。電気信号が化学的信号に変換され、それを受け取った側の神経細胞で再び電気信号に変換されるプロセスを、シナプス伝達という。

ところが、触覚情報を皮膚から脊髄へ、そして脳へと伝達する神経細胞は、このような普通の樹状突起－細胞体－軸索という信号伝達の形を取らない。この種の細胞は、皮膚の感覚が生じる場所から脊髄にまで達する1本の軸索を持ち、細胞体は軸索の脇に小さな出っ張りとして付属している。各感覚神経の細胞体は、脊髄の脇の後根神経節と呼ばれる構造の中に集まっている（図2－6）。後根神経節は脊髄の左右でいくつもの対をなし、脊柱を形成するひとつひとつの脊椎骨につながる。[34]

電気信号の流れと言うと、パソコンやiPodの中を流れる信号のようなものを思い浮かべるかもしれない。これらの信号の速度は、秒速30万キロの光速よりやや遅い程度だ。神経系を伝わる電気的スパイクの速度ははるかに遅い。皮膚の機械受容器からスパイクが軸索を伝わる速度は秒速約70メートル。神経系にはもう少し速い軸索もあるが、それ

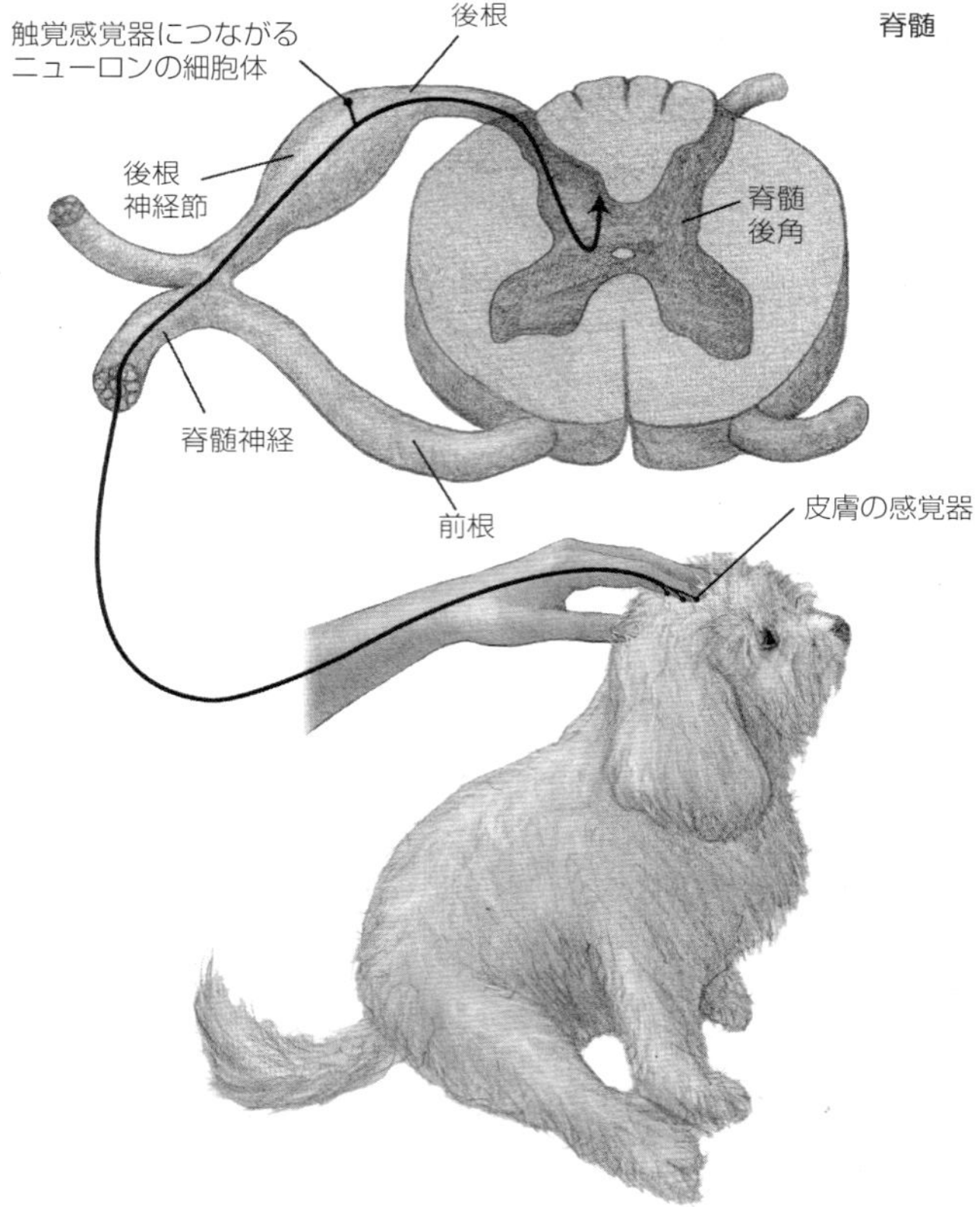

図2-6　皮膚のセンサーで生じた電気信号は、脊髄へ、そしてそこから脳へと伝えられる（図の上向き矢印）。電気信号が伝わる軸索の細胞体は、後根神経節にある。
© 2013 Joan M.K.Tycko

でも電子機器の信号の400万分の1程度の速さである。たとえば、巨人が地球に寝そべっているとしよう。頭がアメリカのボルティモアにあり、つま先は南アフリカのケープタウン沖の海に浸かっている。さて、月曜のお昼頃に海藻が巨人の大きな足の指をくすぐり、皮膚の機械受容器を刺激したとすると、その信号が脳の新皮質に届いて巨人がくすぐったいと感じるのは水曜の午後、そして足をもぞもぞと動かせるのは土曜日の午前中になる。[35]

巨人の例はともかくとして、この話のポイントは、皮膚で生じた信号がそれを知覚する脳まで伝わるには時間がかかるという点である。つま先のような脳から遠い部分の信号は、顔など近い部分からの信号よりも伝達に時間がかかる。

下着型感覚麻痺

20世紀初頭、ヨーロッパやアメリカの主に女性たちが医者のところにやって来て、身体の一部の感覚がなくなったと訴えた。その身体部分ではただ、ぼんやりと奇妙にちくちくした感じがするというのである。この症状に神経学的な説明を付けられるだろうか。

私たちは、皮膚から脊髄へ、そして脳へと通じる神経が触覚信号を伝えることを知っている。そこで、こうした異常では、特定の感覚神経が押さえつけられるか感染にやられて機能に障害が出て、それが局部的な感覚麻痺につながったと考えたらどうだろうか。

図2－7は、各椎骨の左右の後根神経節につながる皮膚の領域を示すものである。た

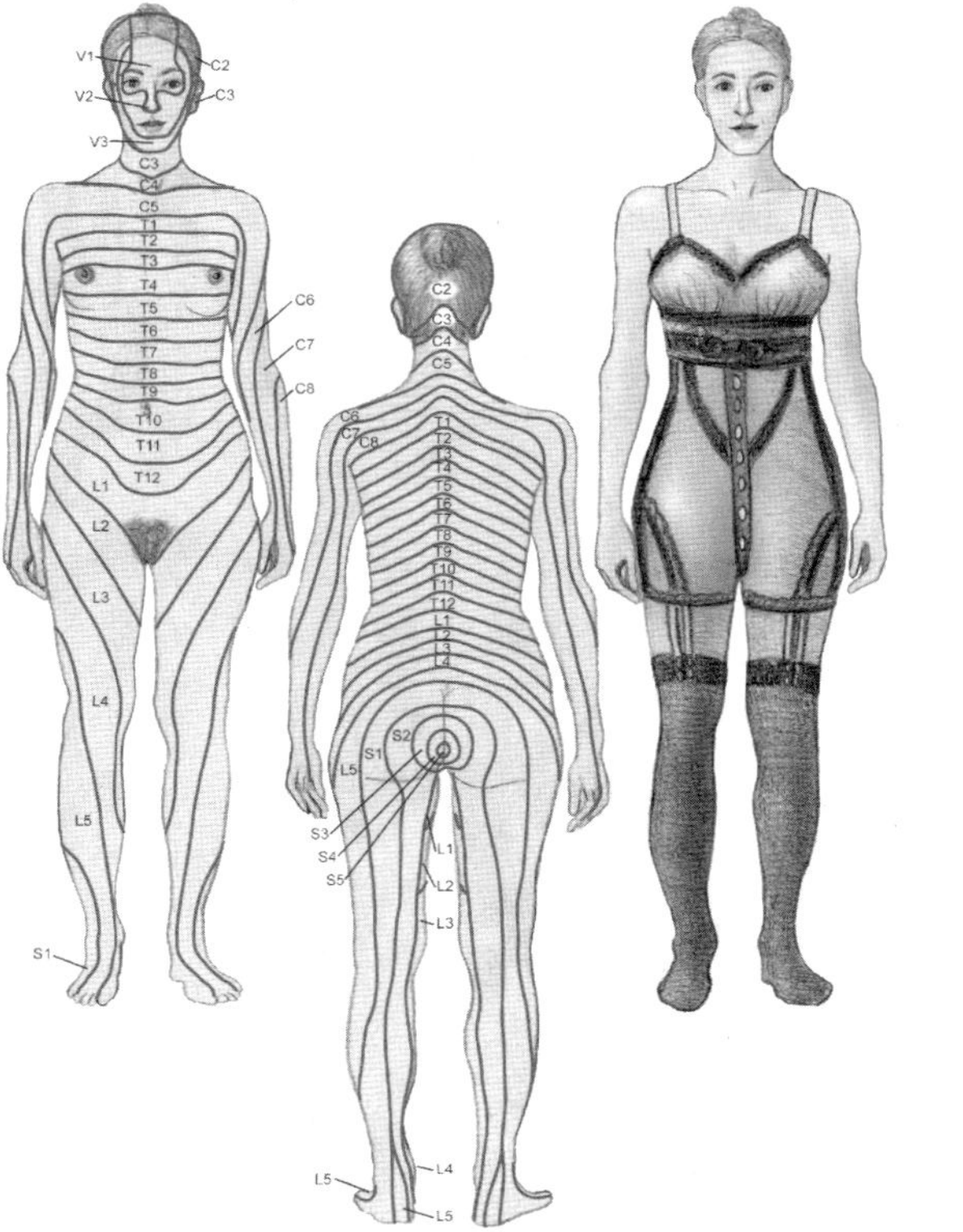

図2-7　各脊髄神経および三叉神経につながるデルマトーム（皮膚知覚帯）。左と中央の分布図は、20世紀初頭に多くの女性が知覚麻痺を訴えた下着の形の範囲とは一致しない。記号のS、L、T、Cは、椎骨のグループを示す。下から上へ仙椎(sacral)、腰椎（lumbar)、胸椎（thoracic)、頸椎（cervical）である。Vは三叉神経。三叉神経は脳幹に発する神経で、第5脳神経であるため、ローマ数字のVをあてる。© 2013 Joan M. K. Tycko

とえば、第4胸椎（T4）の後根神経節は、乳首の高さの胴体を水平にぐるりと取り囲む帯状の皮膚の感覚を受け持っている。脊柱の下の方の第一仙骨（S1）の神経節が受け持つ皮膚は、ふくらはぎの外側から足首、足へと伸びる縦の帯だ。一対の後根神経節につながるこうした皮膚領域を、デルマトーム（皮膚知覚帯）と呼ぶ。

もし感覚神経や後根神経節が損傷してちくちくする症状が生じているとしたら、感覚麻痺の範囲はひとつかふたつのデルマトームの形をしていると考えられる。しかし当時の医師たちが感覚の失われた範囲をきちんと調べてみたところ、どうやら違ったようだ。麻痺の範囲はデルマトームの形ではなく、当時の下着であるコルセットやズロースやブルマーやガーターやストッキングなどの形に対応していることが多かったのだ。

そのため当時の医師たちの多くは、これらの症状は感覚神経の損傷によるものではないと結論づけた。その中にはジークムント・フロイトもいた。彼らは、心理的、社会的因子により、脳に起因する下着型麻痺の知覚が生じたと考えたのである。今日、下着型麻痺という症状はあまり一般的ではない（実際、ビキニ型に麻痺するというのは考えにくい）。

受容器から脳までの神経路

神経細胞もほかの細胞のように顕微鏡サイズだと考えることは、ある意味では正しい。後根神経節に含まれる感覚神経の細胞体の直径は0・01～0・05ミリだ（最も大きな細胞体で粗毛の直径と同程度)。しかし、神経細胞が触覚信号を伝えるために必要とする長さは驚くほどだ。かかとの機械受容器からつながる神経細胞の軸索の長さを考えてみてほしい。かかとから脚を通り抜け、骨盤に入り、第1仙椎の後根神経節から脊髄に入る。それから脊柱の中を上り、最後は脳幹の薄束核というところでシナプスを形成する。普通の人で、この神経の長さは150センチほどになる(もちろん、キリンだともっと長い)。このような神経細胞は、人体のあらゆる細胞の中でも最も長いものだ。

薄束核は触覚信号の終点ではない。ここは最初の中継点で、薄束核の神経細胞はさらに脳の逆の半球に向かい、視床と呼ばれる別の中枢に電気信号を伝える。さらに次の神経線維が、脳の表面を形成する巨大な外皮である皮質へと至る[36]。

視床からの軸索が到達する皮質領域は、1次体性感覚野と呼ばれる(「1次」というのは、触覚情報を受け取るいくつかの皮質領域の中で最初に情報を受け取るところだから)。脳の前頭葉とそれ以外を分ける中心溝のすぐ後ろの帯状の領域だ(**図2-8**の左中段)。触覚を伝える軸索は、皮質に到達する途中で左右が入れ替わるため、右半球の皮質は左半身からの接触情報に反応し、左半球の皮質は右半身からの情報に反応する[37]。

ペンフィールドの脳地図

1930年代にモントリオール神経学研究所で働いていたワイルダー・ペンフィールドとハーバート・ジャスパーらは、てんかん患者の脳手術中に脳の一部を電極で刺激す

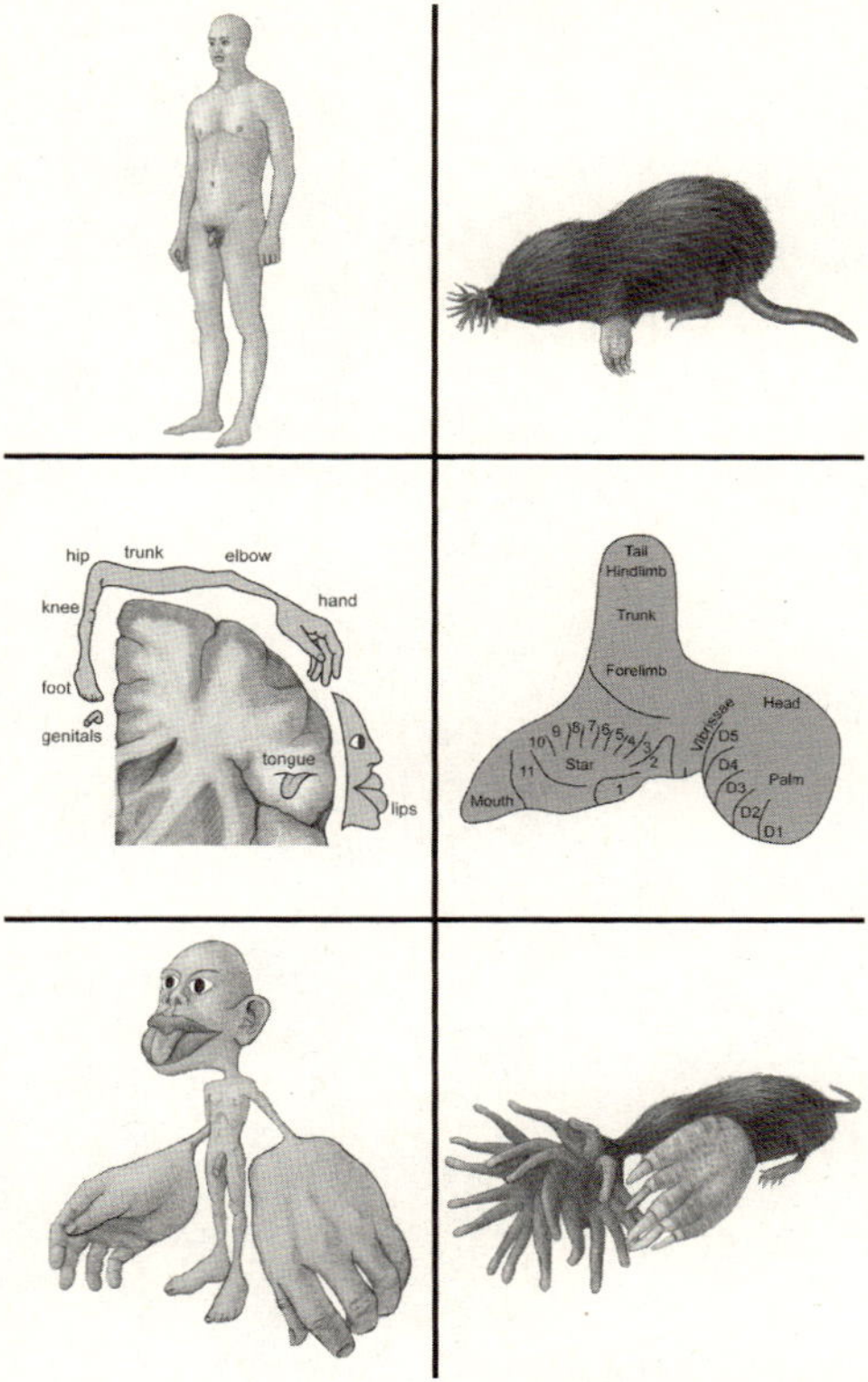

図2-8　ヒトとホシバナモグラの大脳皮質１次体性感覚野に表れる触覚地図。
左　上：ヒトの成人男性。中：ヒトの１次体性感覚野の触覚地図。下：身体の各部の大きさを皮質の地図の面積比率に合わせた姿。手と唇と舌が大きい。
右　上：ホシバナモグラの成体。中：ホシバナモグラの１次体性感覚野の触覚地図（ヒトとは異なる表現法を用いた）。下：身体の各部の大きさを皮質の地図の面積比率に合わせた姿。付属肢と前脚が大きい。Illustration by Joan M. K. Tycko. 左上と左中の図はDavid J. Linden, *The Accidental Mind: How Brain Evolution Has Given Us Love, Memory, Dreams and God*（Cambridge, MA.: Harvard/Belknap Press, 2007）85より、出版社の許可を得て転載。

るという研究を行った。目的は、発作を引き起こす脳領域、いわゆる「てんかん病巣」を正確に特定し、その部分を摘出する際に、周囲の健常な脳組織への損傷を最低限に抑えることだった。脳には、てんかんの元となる決まった場所というものはないため、てんかん病巣の特定は患者ごとに行う必要があった。

患者の髪の毛を剃り、頭を固定して、頭皮に切り込みを入れ、左右に引っ張って開く。そして小さなのこぎりで頭蓋骨をテニスボール大に丸く切り取る。この骨片は取っておき、あとで再びはめ込む。脳組織には痛みのセンサーや機械受容器はないため、麻酔は頭皮と、骨と、脳を包む膜を麻痺させるだけの局部麻酔だ。したがって患者は意識を保っている。

ペンフィールドは電動歯ブラシのような形の電極を手にしている。先端が金属の針で、反対側のコードは弱い電気ショックを発生させる器具につながっている。先端の電極で、神経細胞を人工的に刺激しようというのだ。

ペンフィールドは、露出した患者の脳表面に端から順番に電極を当てていく。そして、場所ごとに「今何を感じていますか」と患者に尋ねるのだ。患者は「左の手首がちくちくします」とか「焦げたトーストの匂いがします」「子供の頃に聞いただけの音楽の断片が聞こえます」といった答えを返す。

中心溝のすぐ前の部分を刺激すると、脚が跳ね上がったり、手を握りしめたり、舌が突き出たりといった単純な動きが引き起こされる。中心溝の後ろの1次体性感覚野を刺激すると、刺激している脳半球と左右反対側の身体のさまざまな部分がざわついたりちくちくしたりする感覚が生じる。患者の報告によると、脳をこのように刺激することで生じる感覚は自然な接触とは感じられず、通常の感覚経験と間違えることはないという。粗雑なニセモノという感じで、何か本質的な豊かさ、あるいは文脈のようなものが欠けているというのである。

ペンフィールドの助手は、患者のすべての動きや言葉を番号と共に記録した。そして、刺激し終わった脳の箇所に番号を書いた小さな旗を付けたピンを刺して、刺激箇所と記録との対応を付けた。しばらくすると、脳の表面は奇妙なミニゴルフ場のようになった。脳のしわや溝がハザードだ[38]。この旗を写真に撮り、1次体性感覚野全体で反応を分析すると、見事なパターンが明らかになった。1次体性感覚野の中に身体表面の地図が存在していたのだ。皮膚からの触覚信号は、脳幹から視床を経由して皮質に届くあいだにごちゃごちゃにはならず、皮膚の隣り合った領域につながる軸索は、一部の例外を除いて、皮質に至るまでずっと隣り合ったまま通じているということだ。こうして皮質に触覚の地図ができあがる[39]。

しかし、皮質の触覚地図で表される身体には少々奇妙なところがある（図2－8左中段）。部分部分が切り分けられて再構成されているのだ。たとえば額が親指とつながり、生殖器は男女とも足のつま先のさらに先にある（生殖器の脳地図については第4章で詳しく考察する）。また、この地図上では、身体の特定の部分が極端に大きくなっている。

手と唇と舌だ。足はやや大きく、それ以外の脚部や、背、胸、腹、それに生殖器は比較的小さい。もちろん、この構成の理由は明らかだ。脳地図で大きな範囲を占めるのは、皮膚の機械受容器の密度が高い部分なのだ。とくに細かい識別的触覚を得るメルケル盤の密度が関係する。

皮膚の一部が脳地図で肥大するのは、手や唇がとくに敏感な霊長類に独特の現象なのだろうか。この疑問を解くには、身体のほかの部分で細かい識別を行う動物を調べればよい。有名な研究が、北アメリカに生息するホシバナモグラ（図2－8右上段）という半水生哺乳類で行われた。マウスの2倍ほどの大きさで、ほとんど目が見えないこの小型動物は、小川や池の周囲に力強い前脚でトンネルを掘る。土中を掘り進むことも、水中を泳ぐこともできる。

ホシバナモグラを見た人の反応は両極端に分かれる傾向がある。かわいいと見る人もいれば（私もそのひとりだ）、ひどく落ち着かない気分になる人もいる。[40]鼻の周りに星形に広がる11対の肉質の付属肢がある。その1本1本にメルケル盤とパチニ小体と自由神経終末が集まった特殊な器官があり、きわめて敏感な触覚器官となっている。おそらく哺乳類で最も敏感な器官だろう。

ホシバナモグラはこの器官を常に動かし、毎秒10～15カ所を探り続ける。ミミズやカタツムリや小魚などの獲物に接触すると、即座に捕食する。接触から飲み込むまで120ミリ秒しかかからない。予想されるとおり、ホシバナモグラの1次体性感覚野では、身体や尾や後脚が犠牲になるほど付属肢の領域が大きくなっている（図2－8右の中段と下段）。こうした脳地図の原則は多くの種にあてはまる。機械受容器の密度が高い皮膚領域は、脳の1次体性感覚野の地図上で拡大されるということである。[41]

もう少し深く掘り下げてみよう。実際には、体性感覚を扱う皮質領域には、いくつかの触覚地図が並んでいる。霊長類の1次体性感覚野は4つの小領域に分かれ、それぞれが奇妙に歪んだ図になっているわけだが、これらは視床から直接情報を受け取るだけでなく、互いに密接につながりあっている。そしてさらに、隣接する領域にも情報を伝達しているのだ。高次体性感覚野とよばれる後者の領域は、視床とは直接つながっていない。現時点では、霊長類の脳の体性感覚野には10個の身体地図が見つかっている（1次野に4つ、高次野に6つ）。まだほかにもあるかもしれない。

さて、このように絡み合う多くの脳地図のどこで触覚という奇跡が生じているのだろうか。この豊かで深い、微妙な感覚は、信じがたいほど奇妙な脳というこの器官の中で、どのように立ち上がってくるのだろうか。

大脳皮質の特定の神経細胞が活動すると、私たちは皮膚のある部分に接触が起こったと意識する。皮膚への刺激で自然にそう知覚する場合もあれば、ペンフィールドが行ったような脳への直接刺激で知覚が生じる場合もある。だがそれは、説明の最初の一歩にすぎない。脳が触覚体験全体をどのように作り上げているかを理解するには、まだまだ知るべきことが残っている。触覚を処理する皮質のさまざまな細胞や領域内外の複雑な絡み合いをここで詳述することは控えるが、知っておくべき大原則をいくつか挙げておこう。

「皮膚から脳へ、情報は収斂する」

1次体性感覚野の各ニューロンは、詰まるところ、皮膚の各所につながる多くの神経線維からの情報をまとめて受け取っている。具体的に言うと、指先のメルケル盤の情報を腕から脊髄へと伝えるある1本の神経線維は、指先の直径1ミリほどのごく小さな範囲の刺激に反応している[42]が、その信号は収斂していくため、1次体性感覚野の地図上で指先に相当する位置にあるメルケル盤対応の1本のニューロンは、指先の直径5ミリほどの範囲の刺激に反応することになる。重要なのは、この収斂はランダムに起こるものではないという点だ。つまり、単なる解像度の低下ではない。

メルケル盤につながる特定の神経線維群を1本の皮質ニューロンにつなぐことで、たとえば指先に細い棒を一定の角度で当てるといった特定の刺激に対して1本の皮質ニューロンが反応するという形を構成することができる。

受容器の密度が低い皮膚では、信号の収斂はもっと大きい。脳の触覚地図で背中にあたる箇所の1本のニューロンは、背中の50平方センチほどの皮膚の刺激に反応する。

1次体性感覚野では、収斂によって情報が混じり合うということはほとんど起こらない。4種の機械受容器に発するそれぞれの信号は、完全にではないが、基本的に分離されたまま受け取られる。皮質のニューロンは円柱状のグループを構成しているが、一部のグループはメルケル盤によく反応し、一部はマイスナー小体に、あるいはパチニ小体によく反応する、といった具合だ。たとえば、皮質組織の直径0・6ミリほどの1個の円柱に着目すると、そこは左足親指の腹のマイスナー小体からの信号を受け取っており、別の円柱を見ると、下唇の右側のメルケル細胞からの信号を受け取っている、といった形になる。[43]

「脳は情報を順番に処理し、それに伴い触覚情報は複雑化していく」

触覚情報を処理する皮質領域のニューロンのつながり方を調べてみると、一見スパゲッティーのようにごちゃごちゃなようだが、細かく見ていくと、いくつかのパターンが浮かび上がってくる（図2－9）。先に述べたように、1次体性感覚野には4つの小領域があり、すべて視床からの軸索が直接届いている。ただし、その多くは3b野という領域に集中している。これに対して2野には、視床からの直接情報はあまり届かないが、ほかの3つの1次野、3a、3b、1野からの信号によっても活性化する。

皮膚を刺激しながら3b野のニューロンの活動を記録すると、指先に一定の角度で棒を当てるといった比較的単純な刺激が最も大きな反応を引き起こすことが分かる。しかし、同様の単純な刺激は2野のニューロンをあまり反応させない。こちらはもっと複雑な、たとえば2次元や3次元の形の刺激（手でボールを握るなど）にのみ強く反応する。

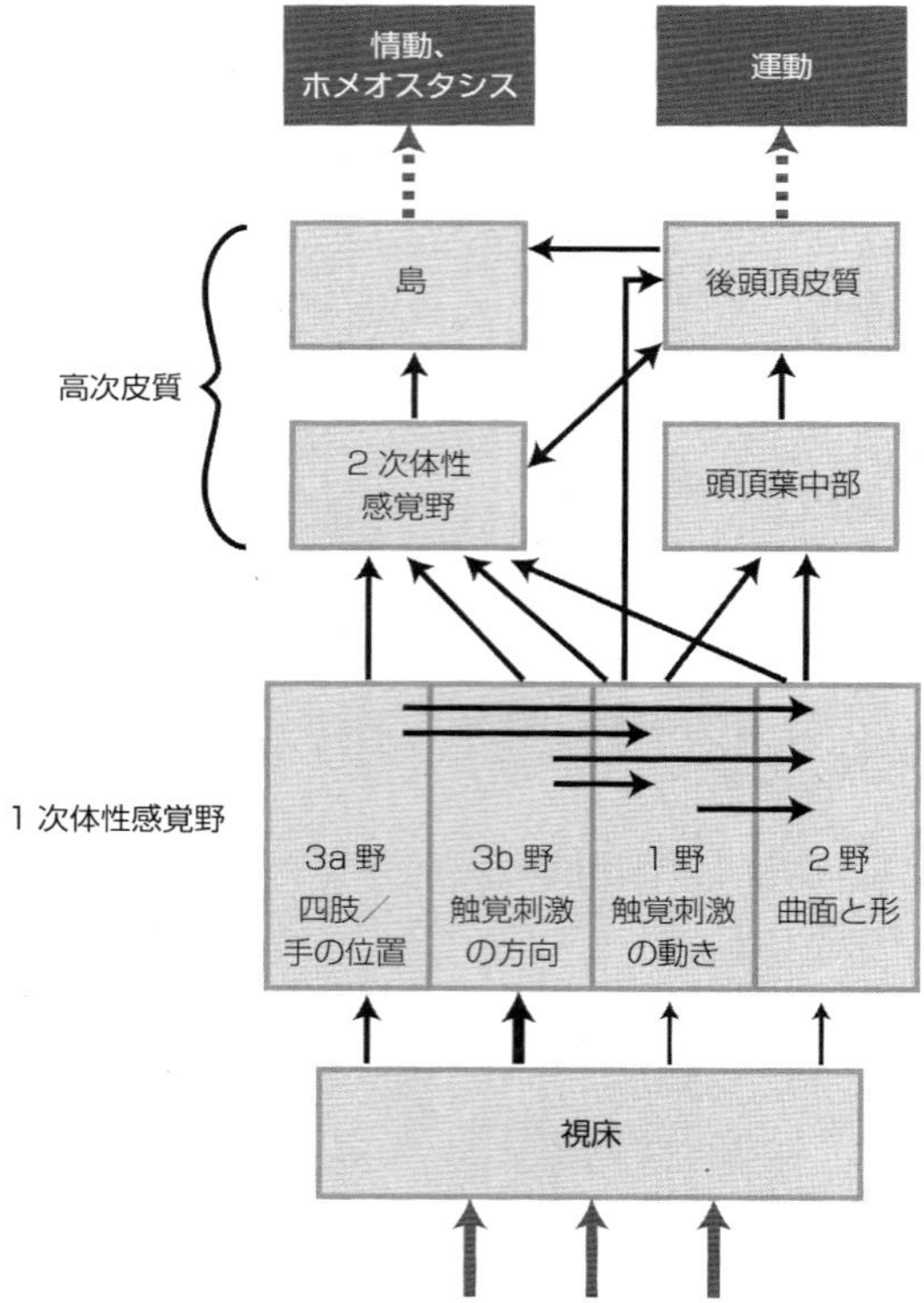

図 2-9　触覚を処理する脳領域の配線の概略図

1 次体性感覚野は視床から直接情報を受け取り、多くの場合、一連の処理を経てさまざまな触覚的特徴を抽出し、その情報を高次の体性感覚野に送る。2 次体性感覚野は物体の認識に重要な役割を果たす。さらに情報は、情動やホメオスタシスに関わる領域（島）や、運動の初期計画に関わる領域（後頭頂皮質）に送られる。Steven Hsiao 教授（Johns Hopkins University School of Medicine）の許可を得て転載。

実験動物の３a野を傷つけると、大きな影響が現れる。その動物は接触に鈍感になる。接触の質や、ときには接触刺激があったことにさえ気づかないほどだ。一方、２野を傷つけた動物はそれほどの影響を受けない。触れたものの質感を感じ取ることもできる。ただし、触覚だけで物体を認識する能力は失われる。

触覚情報を処理する脳領域の配線図を見ると、この結果が理解できる。３a野は、ほとんど処理されていない基本的情報を受け取る。その結果、この脳領域のニューロンは単純な刺激に反応する。機械受容器の信号を伝達する軸索がそのまま収斂した場合に予測されるとおりである。３b野は触覚情報の流れの急所であり、ここが損傷を受けると、ここから下流の処理ユニットの大半に重要なデータが流れなくなり、大きな問題が生じる。

２野は視床からの直接の信号だけでなく、ほかの１次野からも、それらの領域がすでに行った処理や計算を反映させた情報を受け取る立場にある。その結果、２野は触覚刺激から、対象物の運動や湾曲具合、３次元的な形態など複雑な特徴を抽出する。２野はいくつかある高次領野への情報経路のひとつにすぎないため、ここが損傷を受けても触感への影響は比較的小さい。

連続的に処理が加わるにつれ複雑さが増すというこの原則は、２次体性感覚野でも同じだ。２次体性感覚野のニューロンは、もっと広い範囲（手全体、足全体など）の信号を統合する。身体の左右どちらの部分からの信号にも反応する。２次体性感覚野は、対象物を撫で回すなどして確認する際に重要な役割を果たす。ここが損傷を受けた際に生じる障害は微妙なものだ。たとえば、複雑な物体を片手で確認して、反対の手でそれを扱うといった行動の学習能力が失われる[44]。

　連続的な処理で複雑さを増すという点は、脳の感覚野全般に共通するようだ。たとえば視覚では、顔のような複雑な対象の認識を、最初は点や線といった単純な特徴から組み上げている。

「複雑な触覚情報は、並列処理で行動への別の流れに分岐する」

　脳の中の触覚の世界というのは、詰まるところ、ある特殊な結果を導くために働いている。すなわち、判断をすること、記憶を形成すること、あるいは行為を始めることである。高次体性感覚野で複雑に処理され、流れ出た情報は2つに分岐する。ひとつは脳の中の島《とう》と呼ばれる領域を通り、情動反応やホメオスタシスなどの機能に情報を伝える。島は、自己の知覚に重要な役割を果たす。もうひとつの流れは後頭頂皮質と呼ばれる領域を通り、主に触覚データとほかの感覚とを統合し、計画、実行や、物体の操作など動きの微調整を行えるようにする[45]。

　1次体性感覚野は触覚情報に対してたいていは確実かつ典型的に反応するが、高次の触覚中枢は、注意や文脈や動機、予期などの認知的因子に強く影響される。この点については、後の章で触覚の高次の側面を考察する際に再び触れる。

脳地図は変化する

指や唇や足など身体の一部を表す脳の地図領域が大きいのは、これら特定の領域の皮膚に触覚器が密集していることの反映だということは既に述べた。しかし、ここにはもうひとつ重要な要素がある。脳の触覚地図は生涯を通じて固定されているものではなく、ひとりひとりの感覚経験により変化しうるということである。

プロやセミプロの弦楽器奏者で、週に少なくとも12時間はバイオリンやビオラやチェロを弾いている人を見れば、そのことはよく分かる。このような楽器では、左手の指は常に弦を押さえ、ビブラートを生み出している。触覚刺激は強く、非常な敏捷さが求められる動作だ。これに対して弓を持つ右手は、個々の指の動きも、触覚的フィードバックも、左手ほど大きくない。

このような弦楽器奏者の脳をスキャンして1次体性感覚野の手に対応する部分の面積を測定してみると、左手の指が右手の指に比べて約1・8倍あることが分かった（対照のため、音楽家でない同年代の人々を調べたところ、右手と左手の触覚地図はほぼ同じ大きさだった）。同様の研究が3つの異なる研究所で異なる方法で行われ、基本的に同じ結果が得られているため、この現象は間違いなく生じているものと思われる(46)。

しかし、現象の解釈はそれほど簡単ではない。最も単純な説明は、バイオリンやチェロの練習を長年続けたために、脳地図の左手の領域が広がったというものだ。もうひとつの説明は、左手の脳領域がたまたま生まれつき異常に大きかったり、幼い段階で大きくなったりした人のほうが、弦楽器奏者として成功する確率が高い、というものだ。子供たちが、自分に合ったスポーツを選ぶ傾向があるのと同じように、こうした人々も自身の生まれ持った感覚ー運動能力について感じていることに基づいて楽器を選んでいるのかもしれない。

この仮説を検証するためには、楽器の練習をする前と後の脳の触覚地図を測定する必要がある。言うまでもなく、熟練の演奏者になるには何年もかかるため、このようなビフォーアフターの調査は難しい。では、もっとスピーディーに触覚地図が変化するような触覚経験はないだろうか。

話を人間に限定しなければ、母親になりたてのラットの子育てに見られる効果が好例だろう。実験室で育つラットは、一回の出産で8〜12匹の子を産む。出産後数日間、母親は8割方の時間を授乳をして過ごす。母親の乳首は腹側に6対並んでいる。出産から12〜19日後に、授乳を行った母親の1次体性感覚野の地図を測定してみると、対照群のラットに比べて腹に対応する面積が1・6倍大きかった（対照群は、子供を産んでいない同年齢のメス、または出産後すぐに子供を引き離されて授乳をしていない母親）。さらに、離乳後15〜30日経つと、授乳を行っていた母親の触覚地図は、腹に対応する部分が妊娠前と同じ大きさに縮小していた。

この結果は、感覚を強化する体験が脳の触覚地図を変えられることを示唆している。

しかも、少なくとも一部の事例では、その変化は年単位でなく、ほんの数日の間に起こりうるのである。(47)

加齢による変化

トム・ウェイツ〔訳注：アメリカのシンガーソングライター。独特な歌詞で知られ「酔いどれ詩人」と呼ばれる。〕が歌ったように、「よいことは大きな文字で書いてあるが、小さな文字で悪いことも書かれている」。触覚地図は経験により変化するが、必ずしもよい方向に変化するとは限らない。触覚経験が減ると、地図が縮むこともある。

成体のラットの前脚の片方に小さなギプスをつけて動かなくすると、1次体性感覚野のその前脚の領域が7日間で50％縮小した。動く方の前脚に対応する領域に変化はなかった。さらに7日後にギプスを外して脳の触覚地図を再び測定したが、この時点でも動かなかった前脚の領域は縮んだままだった。時間が経てば徐々に元の大きさに戻った可能性はあるが、それを確認する実験は行われなかった。(48)

人は誰でも成人の期間を通じて、ゆっくりと接触の喪失を経験する。というのは、20歳から80歳にかけて、メルケル盤とマイスナー小体の密度が3分の1に減っていくからだ（図2－10）。接触位置に対する皮膚の鋭敏さも同程度に低下する。加齢による鋭敏さの低下は、皮膚の浅い部分にあるこれらの機械受容器の減少だけで説明できるだろうか。おそらくそうではない。

ひとつの手掛かりは、身体の部分により位置の識別能の低下度合いが違うということだ。指先の鋭敏さは２・５分の１程度だが、足の裏とつま先では４分の１になる[49]。鋭敏さの低下は、加齢による神経の信号伝播速度の低下によるものとも考えられる。メルケル盤とマイスナー小体から神経線維を伝って脳に送られるスパイクの速度は、若い頃は時速２４０キロほどだが、歳を取ると時速１８０キロほどに落ちる。信号の速度が遅くなると、つま先のように脳から遠い部位の情報は、手や唇など比較的近い部位よりも、質が低下している可能性がある。足の裏やつま先からの触感の劣化は、高齢者が立ったり歩いたりする際の安定性を損なう大きな原因となる。そのため、つまずいて転び、大ごとになることも少なくない。

当然、脳も変わらずにいるわけではない。

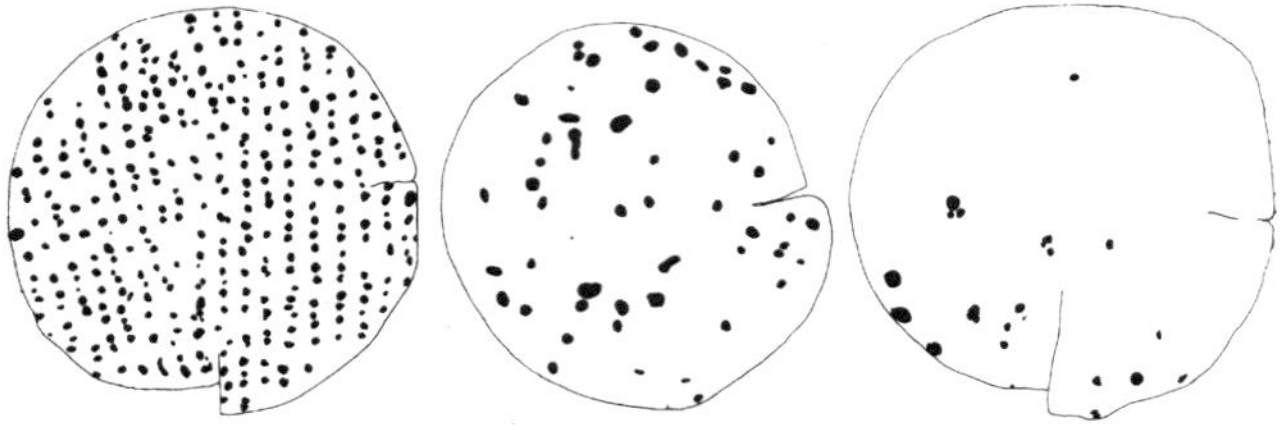

4歳男子　　43歳男性　　76歳女性

図2-10　加齢と共に減少する足の親指の腹の無毛皮膚におけるマイスナー小体の密度。この図は、直径3ミリの皮膚の生検標本から作成したもの。これらの標本では、1平方ミリあたりのマイスナー小体の数が、歳が進むにつれ47個、7個、3個と減少している。C. F. Bolton, R. K. Winkelmann, and P. J. Dyck, “A quantitative study of Meissner’s corpuscles in man,” *Neurology* 16（1966）: 1-9. Wolters Kluwer Health の許可を得て転載。

経験により脳が変化する可塑性は、加齢と共に若干は低下するだろうが、可塑性が消えることはない。脳は生涯を通じて経験により変わり続ける。

機械受容器の密度が徐々に低下する中で、大脳皮質の1次体性感覚野や高次体性感覚野がどのように変化し、どのように適応していくかについて、現時点では分かっていない。加齢に対応して脳に変化する力があるとして、それがよい方向に変化すると決めてかかってはならない。触覚情報の変化に対応して皮質が変化しうるという性質は、問題を悪化させる可能性もある。回路が微妙に不正確に組み変わることで、触覚の精度は低下するかもしれないのである。

指は小さいほど鋭敏

女性の手で優しく触れられると、とても繊細で、とても細やかな感じがする。男性のごつい手でまさぐられるのと大違いだ。

女性の指先の触覚は細かいところまで敏感にできているからなのだろうか。2つの研究から、最初はその通りだと考えられた。2本の溝を彫った面を指先にゆっくりと押しつけ、溝を識別できるかどうか調べる実験で、成人女性は男性よりも有意に成績がよかった。女性は男性よりも平均0・2ミリ狭い間隔の溝を識別できた(50)。女性の指先の皮膚のほうが柔らかく、くぼみやすいからだろうか。そうではない。皮膚の変形度は男性と変わらなかった。脳の体性感覚野や課題への集中度に何らかの性差があったのだろうか。

その可能性はある。しかし、その仮説を裏づける証拠も否定する証拠も見つかっていない。

カナダのオンタリオ州にあるマクマスター大学のダニエル・ゴールドライクらは、女性のほうが平均して触覚の識別能が高いのは、指が小さいからかもしれないという単純な仮説を立てた。繊細な識別に働くメルケル盤が、大きな指先でも小さな指先でも同じ数だけ分布しているとしたら、小さな指のほうが密度が高くなる。スマホのカメラが5メガではなく10メガピクセルの画素を持つようなものだ。

この仮説を検証するため、男女50人ずつ、１００人の学生を集め、溝を彫った面による識別検査をすると同時に、課題で用いたそれぞれの人差し指の腹の面積を慎重に測定した。先に紹介した実験と同じく、女性のほうが平均約０・２ミリ鋭敏だった。そして、指先の面積と触覚の鋭敏さの関係をグラフ化してみると、指先の面積は識別能の高さの優れた予測因子となることが分かった。これは男女に限らずである。逆に言えば、指先の面積が同程度の男性と女性は、触覚の鋭敏さも同程度なのだ（図2－11）。

メルケル盤の密度を直接測定するには生検で皮膚を採取しなければならず、これには痛みが伴う。しかし、メルケル盤は無毛皮膚の汗孔の基部に固まって存在するため、汗孔の密度を調べればメルケル盤の密度の指標となる。汗孔は、指先に水溶性の絵の具を付け、普通の光学スキャナーに押しつければ数えることができる。

実際、汗孔の密度は小さな指のほうが有意に高いことが分かった。ゴールドライクら

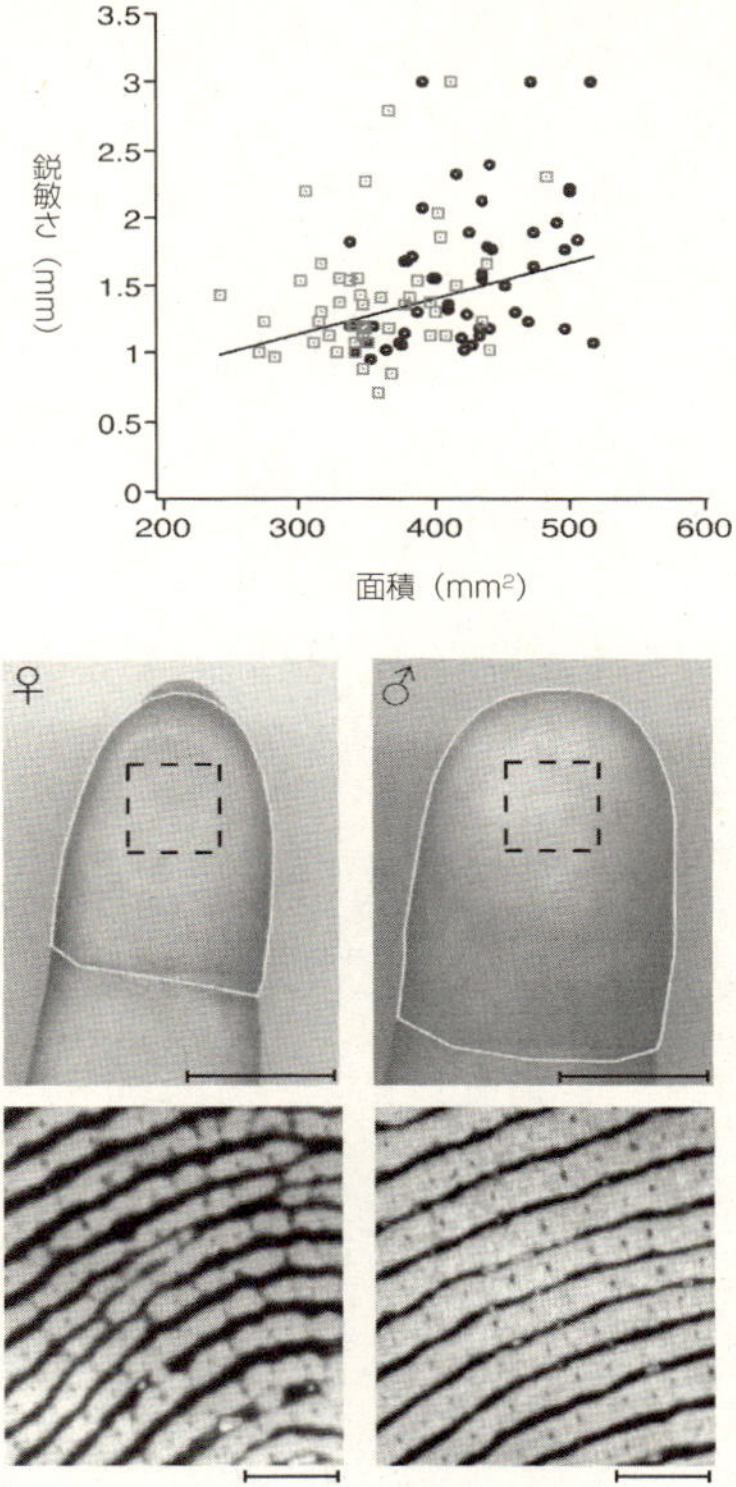

図2-11　触覚の鋭敏さは男性でも女性でも指先の面積により決まる。
上：指先の面積と触覚の鋭敏さを関係づけたグラフ。指先が小さいほど識別能が高いことを示す。点はひとりの被験者を表す。四角は女性、丸は男性である。
下：女性の小さな指先（左）と男性の大きな指先（右）の高解像度スキャン画像。小さな指の方が汗孔の密度が、したがっておそらくメルケル盤の密度が高いことが分かる。指先の画像のスケールバーは1センチ、スキャン画像のスケールバーは1ミリ。R. M. Peters, E. Hackeman, and D. Goldreich, “Diminutive digits discern delicate details: fingertip size and the sex difference in tactile spatial acuity,” *Journal of Neuroscience* 29（2009）：15756-61. Society for Neuroscience の許可を得て転載。

は、性別とは無関係に指の大きさが触覚の鋭敏さの予測因子となり、この違いは小さな指のほうがメルケル盤の密度が高いことによると結論づけた[51]。

この、あきれるほど簡潔な説明からは、さまざまな疑問が生じてくる。人により大きさが異なるほかの身体部分の機械受容器の数はどうなのだろうか。脚の、乳房の、ペニスの機械受容器の数は決まっているのだろうか[52]。

＊　＊　＊

ここまでで、触覚についての基本的な観念をご理解いただけたことと思う。皮膚には種類の異なるセンサーがあり、それぞれが触覚の中でも異なる種類の情報を抽出できるようになっている。その情報は脳に送られる。脳では、一連の並列的な経路を通じて、個々の触覚センサーから送られてきた単純な情報が蓄えられ、結び合わされて、さらに複雑な触感、たとえば物体の3次元的な形や、微妙な手触りや、手に持った道具の先端の感覚などが抽出される。

しかし、これまで見てきた無毛皮膚の機械的接触センサーがすべてだと誤解しないでいただきたい。次章以下で見るように、これらは私たちの多岐にわたる触覚体験のごく一部にすぎないのである。

第3章　愛撫のセンサー

ボルティモア、1996年

陪審員控え室は蒸し暑かった。配管がカタカタと音を立て、埃が舞っている。陪審員たちのコロンの匂い、腋の臭い、服に染みついたタバコの臭いが混じり合い、息が詰まるほどだ。

何かの手続きが奇妙に滞り、私たち陪審員はもう何時間も公判の再開を待たされていた。雑誌も読み終え、これまでの証言をぼんやりと思い起こしていると、私の心の中に、触覚にまつわる神経生物学上の長年の謎のひとつが浮かび上がってきた。それはつまり、いったい何が「下手くそなハンドジョブ」を成り立たせるのか、ということだ。

奇妙な訴え

ボルティモアという街で暮らしていると、市高裁の陪審員を務める機会がよくある。最高に楽しい市民の義務だ。毎年役所から貧相な緑色の封筒が届き、その都度、裁判所で1日退屈して過ごす覚悟を決める。実際に陪審員に選ばれることはあまりないが〔訳

注：米国の多くの州の陪審制度では、裁判所に集めた陪審候補者団の中から実際の陪審員を選任するという2段階の手続きを踏む。」、あるとき、私は陪審員席に座ることになった。被告は、背が低く、がっしりした体つきの19歳の夜間警備員。弁護士費用をケチったのか、弁護士と揉めるのが嫌だったのか、本人自ら弁論に立った。この被告は、陪審員の選定に異議を申し立てられることを知らなかったようだ。そんなわけで、私は陪審員4番として法廷の陪審員席に座った。

検察官が事件の説明を始めた。ある日、かわいらしく陽気な被告のガールフレンド（16歳）が、救命救急センターにやって来た。衰弱し、青あざを作り、脱水症状を呈していた。最初は詳しい話をしようとしなかったが、少しずつ事情が分かってきた。数日前の午後、彼女とボーイフレンド（被告）は被告の部屋のベッドの上でいちゃついていた。被告は「ハンドジョブ」を求め、彼女は承諾して忠実に努力を始めた。やり方が間違っている、と被告が文句を言ったため、彼女は頑張ってテクニックを変え、卑猥な言葉も付け加えた。しかしその努力も十分な効果を現さなかった。「しごき方が速すぎるか、遅すぎるか、どっちかだったんです」と被告は述べた。

被告は突然怒りを募らせ、自制を失った。彼女の顔や胸を何度も殴り、ベッドの枠に手錠でつなぎ止め、2日間監禁した。その間繰り返し彼女を犯した。医学的所見も彼女の証言を裏づけた。

それでも彼女は、2人の今後を心配していた。まだ彼を愛しているんです、と。

次は被告自身による弁護の番だ。被告は法廷の中にテレビとビデオデッキを運び込み、ビデオカセットをセットした。事件の何週間か後のパーティーの様子を撮映した映像だった。10代の男女が、ラップミュージックが鳴り響く中、ビールを飲み、大麻を吸っている。中に被告のガールフレンドがいた。明らかに酩酊《めいてい》し、言葉が不明瞭で、ふらついている。大きな目がうるみ、焦点が合っていない。

被告（カメラの後ろから）「いいか、あの夜、俺はおまえを殴ってない。だろ?」

ガールフレンド「ええ、楽しんでるわよ!」

被告「聞けよ。俺はおまえを縛ったりもしてないし、殴ってもいない。だろ?」

ガールフレンド「何の話?」

被告「俺がレイプしたっておまえが言ってるときの話さ。あれは嘘だな?」

ガールフレンド「何でもいいわよ。カメラなんか置いて、楽しみましょうよ」

評決が下ったとき、被告は唖然としていた。あのビデオで無罪になると信じていたようだ。私たち陪審団は、レイプ、暴行、不法監禁と、起訴されたすべての罪状で有罪を認めた。判事が量刑を言い渡す前の最後の陳述で、被告は悔い改めているそぶりを見せようとしたが、うまくごまかせたとは言いがたい。「やったことは申し訳なかったと思ってます。かんしゃくを起こしてしまいました。それは認めます。でも信じてください。ホントにひどいハンドジョブだったんです」

時速400キロの神経と3・2キロの神経

　さて、想像してみよう。クエンティン・タランティーノばりの復讐劇だ。このガールフレンドが特別な許可を得て、義憤に燃えながら被告の暴力レイプ野郎を法廷の裏の通路に引きずり込み、痛み止めもせずに無理やり腓腹神経の生検を受けさせる。腓腹神経は、ふくらはぎの筋肉の裏を通り、足先の外側に通じている。その神経を切断し、断面を引っ張り出して顕微鏡で覗くと、さまざまな種類の感覚神経の軸索が混じり合っているのが分かる[1]（図3－1）。

　太い軸索がA線維で、ミエリンというタンパク質の鞘に覆われている。この鞘のおかげで信号の伝達速度が速くなる。A線維にはいくつかの種類があり、それぞれ別の機能を果たしている。Aα《アルファ》線維は、筋肉、関節、腱に埋め込まれた特殊なセンサーから、非常に高速に信号を伝達する。この信号で、自分の身体の各部が空間の中のどこにあるかという心像が形成される。これを「固有受容覚」と呼ぶ。目を閉じて、何にも触れていなくても、自分の腕がどこにあって、どう動いているかを感じられるのは、この種の神経による。

　Aβ《ベータ》線維は、第2章で説明したメルケル盤、マイスナー小体、ルフィニ終末、パチニ小体といった皮膚の機械受容器からの信号を高速で運ぶ。これで、細かい触覚が識別できる。また体毛の動きも高速で伝達する。

3番目のAδ《デルタ》線維はやや細く、ミエリン鞘の層も薄い。そのため、信号の伝達も中速になる。Aδ線維の中には、痛みと温度の感覚の一部を担うものが含まれる。たとえば鋭く刺すような痛みや、危険なほどの熱さ、冷たさなどだ。これについて詳しくは後述する。

腓腹神経には、もっと細いC線維もある。C線維にはミエリン鞘がない。その構造上、C線維を伝わる電気信号は遅い。時速3・2キロほどだから、人がぶらぶらと歩く程度だ。これに対してAβ線維の機械受容器からの信号は時速約240キロ、Aα線維の固有受容覚信号は時速約400キロのスピードで伝わる(2)。

伝達速度により、伝えられる情報の種類は限られてくる。速い線維が必要になるのは、対象の形、質感、震動や、道具を使った触感が急激に変化し、細かい差異が伴う場合——機械受容器で信号化され、微妙な触覚経験の識別を可能にするような繊細な触

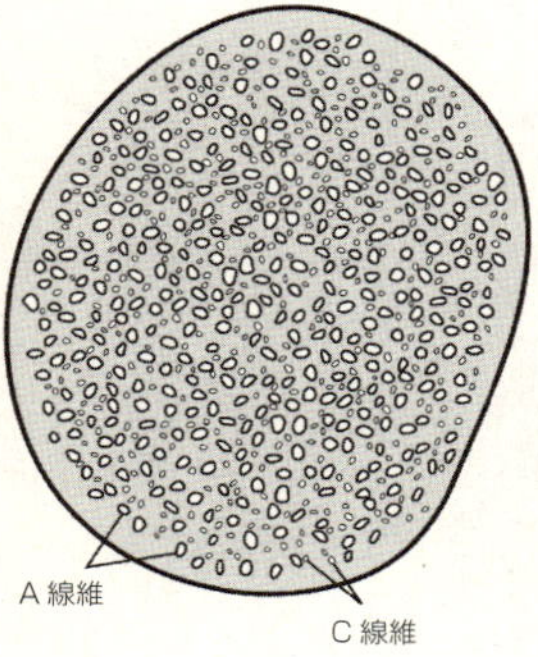

図3-1　腓腹神経の断面　人間の普通の神経は、ミエリン鞘を持つ太いA線維とミエリン鞘のない細いC線維が混ざり合っている。図は腓腹神経の神経束（ケーブルのように線維が束になって走っている）のひとつ。腓腹神経は通常、複数の神経束からなる。

覚情報である。点字に触れたときに、遅いC線維で情報が伝わったのではなかなか読み取れない。この場合A線維が必要だ。

これに対してC線維は、A線維のように識別的で事実に関わる触覚を処理する脳領域につながる神経ではない。C線維は、時間をかけて情報を統合し、ある接触の感情的なトーン(お望みなら「雰囲気」と言ってもいい)を判別するために働く。

C線維は長い間、痛みと温度と炎症の情報だけを伝える神経だと考えられてきた(痛みといっても、鋭く刺すような位置のはっきりした痛みではなく、ひりひり、ずきずきするといった、気持ちにのしかかるような鈍い痛みだ)。しかし最近、一部のC線維がある特別な触覚情報を伝達していることがはっきりしてきた。C触覚線維と呼ばれるその神経は、人と人との接触に特化した、いわば愛撫のセンサーなのである。

C触覚線維の終末は有毛皮膚にしか存在しない。その終末は毛包を取り囲み、毛の動きに反応するようになっている。人間の皮膚のC触覚線維については今でもよく分かっていないが、ジョンズ・ホプキンズ大学医学部のデイヴィッド・ギンティらは、遺伝子操作によりマウスのさまざまな感覚神経細胞群に蛍光分子を導入することに成功した。この研究で、ある種の毛包(ジグザグタイプの毛と錐状/オーヘンタイプと呼ばれる毛を生やすもの)にはC触覚線維が接続していることが明らかになった。このタイプのマウスの毛は、人間で言えば軟毛に相当するようだ。面白いことに、これらの毛包にはAδ線維とAβ線維も接続していて、縦走槍型終末が交互に並び、柵のようなきれいなパターンを描いている（図２－４）。

マウスの毛皮は、軟毛がまばらに生えるだけの人間の皮膚とはたしかにいくぶん構造が異なるが、この発見は、たとえ1種類の毛が動くだけでも複数の感覚が生じうることを示している。A線維が高速で伝達する識別的で感情を伴わない信号と、C触覚線維がゆっくりと伝達する広汎で心地よい信号の両方が伝わるのである[3]。

このためC触覚線維の役割の研究は難しくなっている。有毛皮膚を撫でればA線維も反応してしまい、C触覚線維だけで伝えられる知覚を測定することが、行動試験であれ脳スキャンであれ不可能だからである。この問題のせいで、撫でられることの感知についての私たちの理解は長い間進まなかった。

優しく撫でられたときだけ働くC触覚線維

G・Lという患者は32歳で触覚を失った。鼻から下は何も感じず、目を閉じると自分の腕や脚がどこにあるのかも分からないという。G・Lの神経障害はきわめて限定的なものだった。知性に優れ、認知や気分にも明白な問題はなかった。筋肉の収縮能力も正常、したがって身体の動きも正常だった。しかし、固有受容覚が欠けているため、手足の位置は主に視覚で確認する必要があった。その結果、動きは緩慢になり、身体の連携はうまくいかず、移動には車椅子が必要だった。長期にわたる理学療法の末、G・Lはひとり暮らしができるまでになり、65歳の現在までずっとカナダのケベック州にある自宅で生活している。

G・Lの腓腹神経の生検から、触覚喪失の原因が分かった。ミエリン鞘を持つ太い神経、すなわち固有受容覚情報を運ぶAα線維と、皮膚の機械受容器からの信号を伝えるAβ線維が失われていたのだ（**図3－2**）。Aδ線維とC線維は無事に残っていたため、痛みと温度は正常に感じられる。世界でもあまり例のないこの症候群は、急性感覚神経細胞障害と呼ばれている[4]。

この病気の患者の中には、自分の身体が他人の身体のように感じられると言う人がいる[5]。自分はその身体の中にいるけれども、身体は完全には自分のものではないと言うのだ。身体について意識過剰になる患者もいる。おそらく、わずかに残っている弱い触感を探り出そうと、身体に注意を強く向けるためだろう。

G・Lは研究に非常に協力的で、多くの検

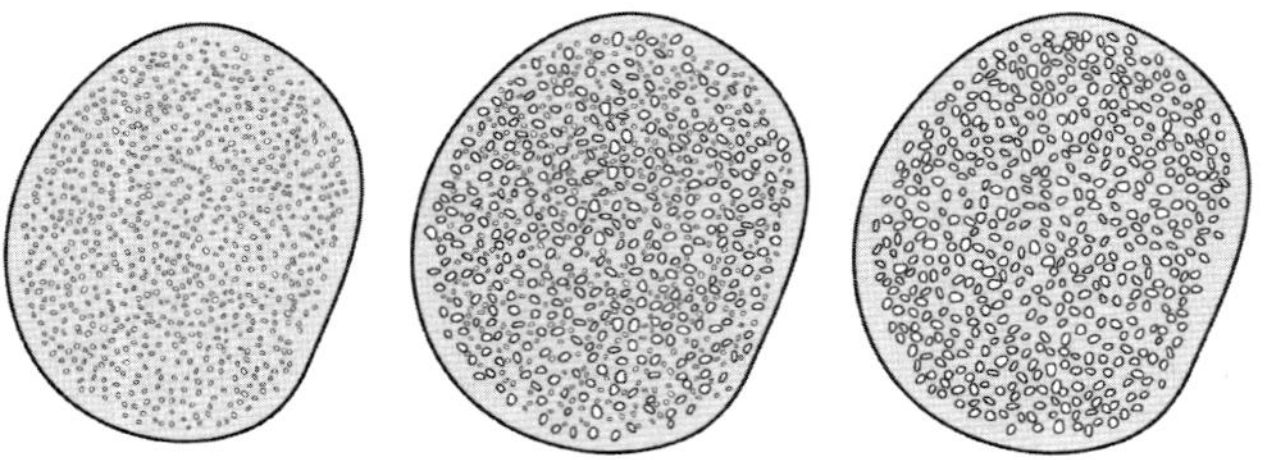

図3-2 生検をしたG・Lの腓腹神経　G・Lの腓腹神経ではミエリン鞘のある太いA線維が見当たらず、ミエリン鞘のない細いC線維が残っている。比較のため、健常な神経の断面を示す。ノルボッテン症候群（先天性無痛症、HSAN V型）の患者の神経はG・Lの逆で、太いA線維があるが、AδとC線維がほとんどなくなっている。

査に時間を割いてくれた。日常生活では一切の触感を失ったと話したが、研究室の中で興味深い例外事象が見つかった。柔らかい筆や指先で前腕の有毛皮膚を優しく撫で、集中してもらうと、ぼんやりとした快感を感じるというのだ。痛みや熱や痒みやくすぐったさの感覚は伴わなかった。注意を集中すれば、どちらの腕に触れられているかは分かった。だが、触れられている正確な箇所までは識別できなかった。決定的な点は、手のひらの無毛皮膚を同じように撫でても、何も感じられなかったということだ。この、「触れられている箇所は分からないが心地よい」という感覚は、生き残っているC触覚線維により運ばれているのだ。C触覚線維は有毛皮膚にはつながっているが、無毛皮膚にはつながっていない。つまり、G・Lのような患者は、感情を伴わず、情報に富み、高速で伝わる触感は失っているが、安心感を伴う心地よい漠然とした触感をゆっくりと伝える専用のシステムは維持していると考えられる⑥。

しかも、G・LのC触覚線維は、隣接するA線維の消失に伴って性質が変化することなく、健常者と同じ機能を維持しているようだった。健常者の腕の神経線維の電気的活動を1本ずつ調べてみると、有毛皮膚を単に押したり震わせたりしても反応しないが撫でると反応するC触覚線維を特定することができる（手のひらの無毛皮膚には、どんな触れ方をしてもC触覚線維は活動しない）。

第2章で紹介したさまざまな機械受容器（メルケル盤、パチニ小体など）の活動に対応するAβ線維の活動を記録してみると、C触覚線維とは反応のしかたが異なることが分かる。Aβ線維は、前腕を撫でても、模様のある面や角や震動で接触刺激を与えても、どちらでも反応する。もちろん、手のひらや指の無毛皮膚でも反応は起こる。C触覚線維と比較して最も重要で顕著な違いは、強い刺激ほど効率的に活性化するという点である。撫でる速度が速いほど、反応も強くなる。Aβ線維は触覚刺激のさまざまな性質を弁別できる。

これに対してC触覚システムは、特定のタイプの接触、すなわち、一定の範囲の速度で軽く撫でられた場合のみを感知するようだ。最適な速度に合わせるこの性質は、知覚にとって決定的に重要な要素となる。健常者の前腕や大腿を速度を変えて撫でる実験で、被験者が最も心地よいと報告した速度は、毎秒3～10センチの範囲だった。この範囲は、C触覚線維が最も強く活動する範囲と正確に一致している[7]。

健常者の脳画像を撮影してみると、前腕を撫でられると1次、2次の体性感覚野（Aβ線維由来の情報により、細かい形や質感を識別する）とともに、感覚処理の感情的側面に関わる島皮質後部が活動することが分かる。これに対してG・Lの脳では、前腕を撫でると島皮質後部は活動するが、1次、2次体性感覚野は活動しない。つまり、C触覚線維は島皮質は強く活性化するが、体性感覚野は活性化しないと考えられる（図3－3）。それだけではない。C触覚線維を最も強く活性化し、最も心地よいと報告されるほどよい速度の撫で方は、やはり島皮質後部を最も強く活性化していた。これはG・Lでも健常者でも同じ結果だった[8]。

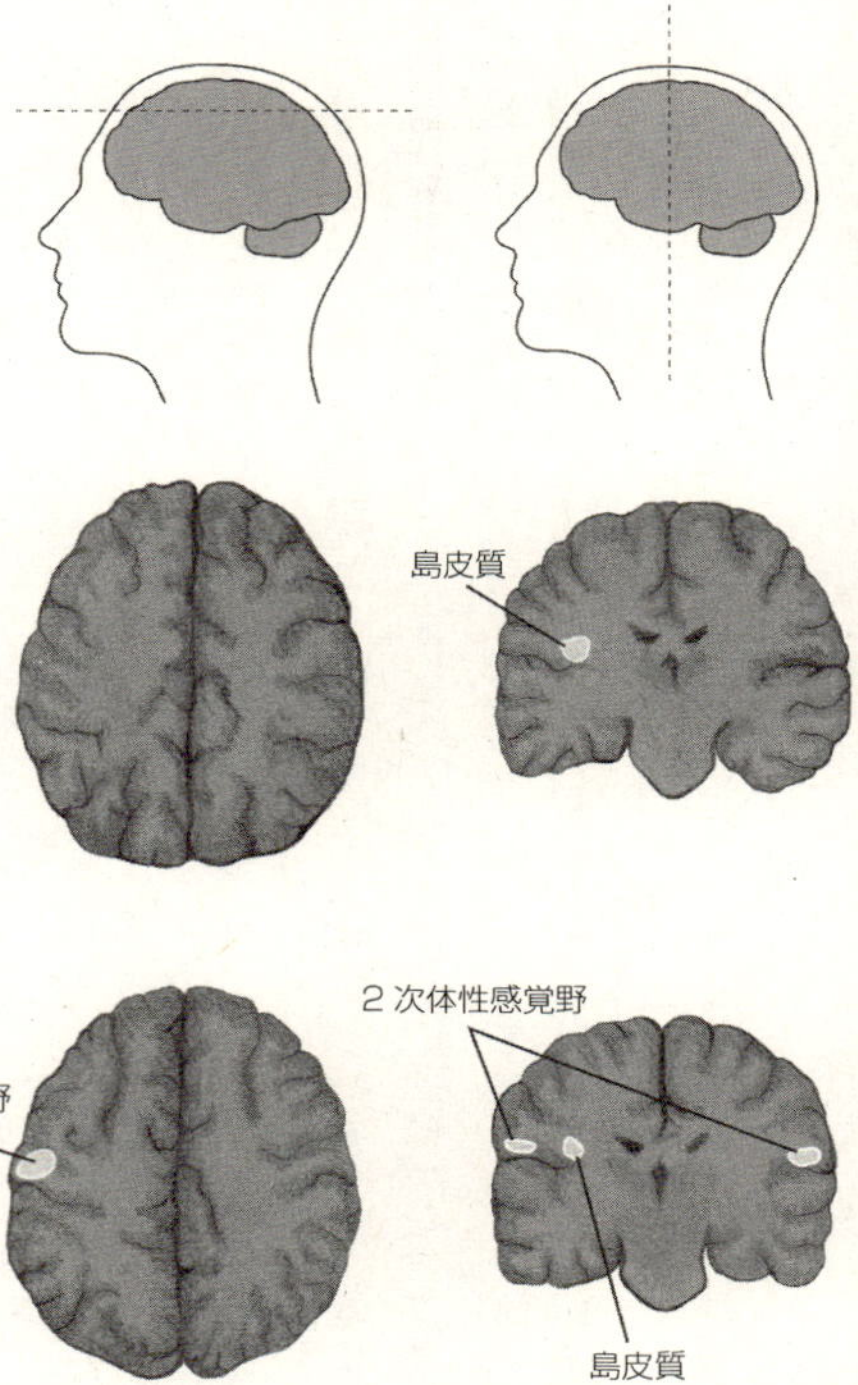

図3-3　ミエリン鞘のある太い感覚神経を失ったG・Lと、障害のない健常な被験者はともに、右前腕を軽く撫でると左の島皮質後部が活性化する。接触刺激の位置などを細かく識別するのに必要な1次と2次の体性感覚野は、G・Lでは活性化しない。第2章で説明したように、右前腕の刺激は左半球の1次体性感覚野を活性化するが、健常者の2次体性感覚野は右半球も左半球も活性化する。図のデータはH. Olausson,Y. Lamarre,H. Backlund,C. Morin,B. G. Wallin, G. Starck, S. Ekholm, I. Strigo, K. Worsley, Å. B. Vallbo, and M. C. Bushnell, "Unmyelinated tactile afferents signal touch and project to insular cortex," *Nature Neuroscience* 5（2002）, 900-4. Nature Publishing Group の許可を得て転載。

これらの実験をまとめると、C触覚線維は有毛皮膚に接続して愛撫の感知器として働き、信号を島皮質後部に伝え、そこで漠然とした快感がゆっくりと生まれるということだ。この経路はG・Lのような感覚神経を冒された患者だけでなく、すべての人に共通する。つまり、あの裁判の19歳の被告も含まれる。亀頭の皮膚は無毛だが陰茎の皮膚は有毛であり、したがってC触覚線維の神経が接続している。おそらく、速すぎるか遅すぎるかどちらかだと彼を怒らせたハンドジョブは、彼の陰茎の有毛皮膚につながるC触覚線維のセンサーを強く活性化する速度の範囲から外れていたと考えられる。

痛みを感じない人々

スウェーデン北部の北極圏内に、ノルボッテンという広大な地域がある。この地域にまばらに散らばって暮らす人々に聞くと、問題は17世紀から、ひょっとするとそれ以前から始まっていたと教えてくれる。ここには痛みを感じない人がいるのだ。痛みを感じないため、頻繁にけがをする。けがの程度は擦り傷から骨折、関節の損傷までさまざまだ。この性質は遺伝的に受け継がれる。(9) ノルボッテンの人々は、いとこやはとこと結婚することが少なくなく、これが、今日にまで続く無痛症の遺伝確率を高めている。

ノルボッテンの無痛症患者の間でも、症状の程度はさまざまだ。しかし、痛み（表面のものと深部のものを含む）と温感が損なわれるという点ではほぼ共通する。認知は正常。細かい触覚は損なわれていない。固有受容覚も、運動協調能力もある。

遺伝子を調べてみると、ノルボッテンの患者には、神経成長因子β（NGFβ）というタンパク質をコードする遺伝子に変異があることが分かった。NGFβは細い感覚神経の存続に必要なタンパク質だ。患者の生検でC線維とAδ線維が消え、ミエリン鞘のある太いAαとAβ線維が残っていたこともうなずける[10]（図3－2）。

ノルボッテンの感覚神経症候群は、C線維とAδ線維だけが残っていたG・Lの正反対と言える。無痛症ばかりが注目されるノルボッテンの患者だが、C線維が失われているということは、優しく撫でられる触覚を伝えるC触覚線維も損なわれているということでもある。ノルボッテンの患者の脳をスキャンしてみると、前腕を最適な速度で撫でても島皮質後部があまり活性化しないことが分かる。撫でられて心地よいかどうかを尋ねても、年齢、性別を被験者と揃えた対照群と比べて有意に快感が低かった[11]。

C線維が残るG・Lのような患者と、C触覚線維を欠くノルボッテンの患者の両者から得られた実験結果をすべて合わせて考えると、C触覚線維は愛撫の検出のために脳に備わった特別なシステムであると考えられる[12]。

なぜ愛撫専用の触覚系ができたのか

つまり、私たちの皮膚には並行して働く2つの触覚系がある。両者は触覚について根本的に異なる別々の側面を受け持っている（図3－4）。

伝達速度の速いAβ線維は、空間的時間的解像度の高い触覚情報を伝え、これにより

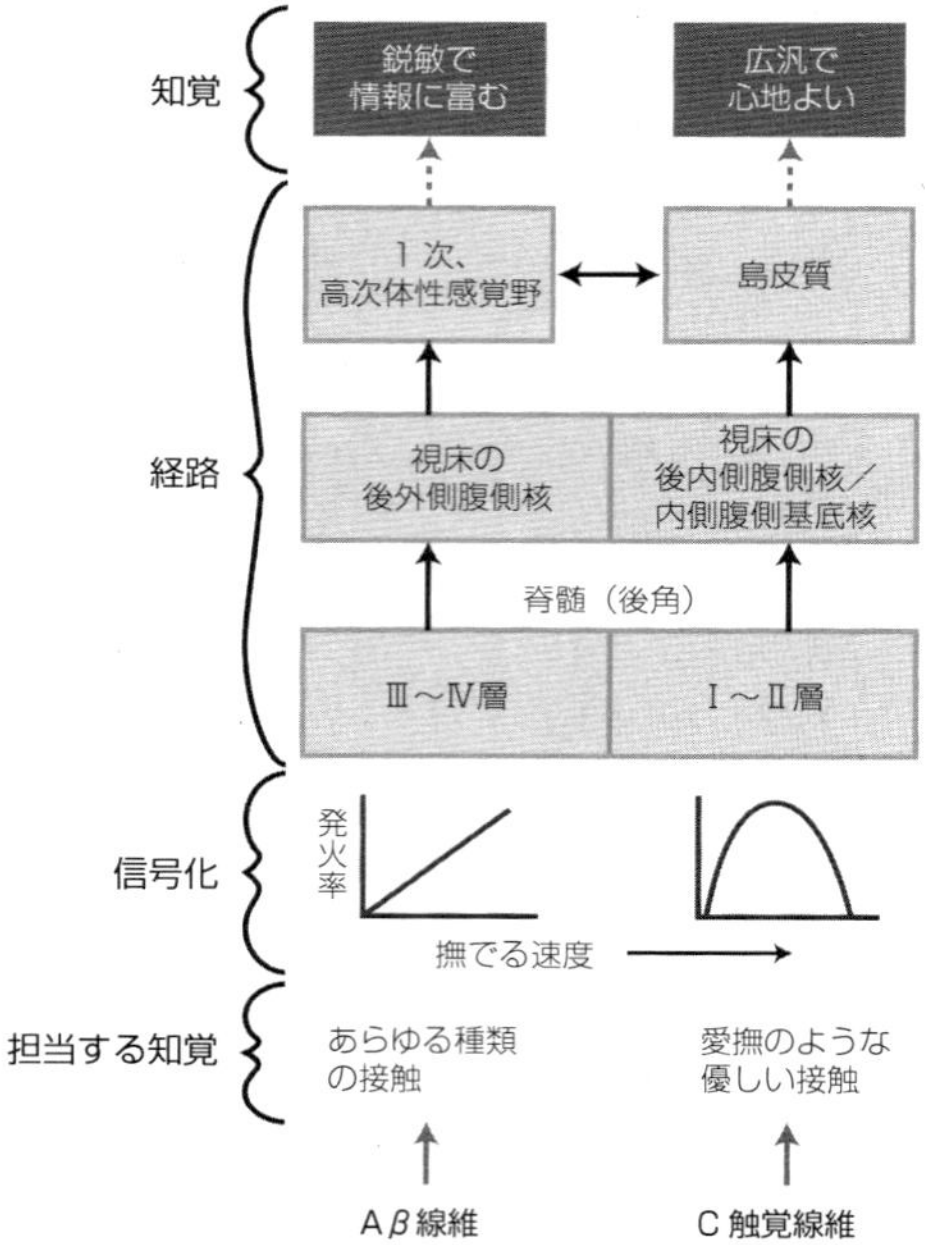

図 3-4　有毛皮膚から脳への 2 系統の情報の流れ。多くの情報を運ぶ高速の系統と、広範囲にわたる優しい接触を感知する低速の系統がある。

Aβ系は、どのような接触に対しても線形の反応を示す。つまり、接触が速く強いほど、ミエリン鞘のある高速軸索を伝わる電気信号も強くなる（発火のスパイクが増える）。Aβ線維は脊髄の後角のⅢ～Ⅳ層という深い層を上行し、脳幹でのシナプス接続を経て、正中線を横切り、視床の後外側腹側核を活性化する。視床のこの部分のニューロンは、軸索を 1 次体性感覚野と高次体性感覚野に伸ばしている。ここで、繊細な触覚の識別を可能にする連続的な処理が行われる。

これに対して C 触覚系は、中ぐらいの速さで軽く撫でられることに特化しており、触覚情報の強力な 1 次フィルターとなっている。信号伝達速度の遅い C 触覚線維は、脊髄後角の比較的表面に近いⅠ～Ⅱ層のニューロンに接続し、そこで正中線を越え、脊髄視床路という経路を通って視床の別の場所、後内側腹側核と内側腹側基底核に至る。ここから軸索は島皮質後部に達する。ここで心地よい広汎な感覚が知覚される。図は I. Morrison, L. S. Löken, and H. Olausson, “The skin as a social organ,” *Experimental Brain Research* 204（2010）：305-14 より、Springer の許可を得て転載。

私たちは身体のどこであっても刺激のわずかな違いを識別できる。これは事実に関する問題だ。一方C線維のシステムは、有毛皮膚上の漠とした心地よい感覚を生み出す。こちらは感情的なものを伴う。これがもたらす社会的情報は、新生児の情緒の適切な発達に欠かせないものであり、このシステムが形成する社会的接触は、成長後に信頼関係や協調関係を築くために重要な役割を果たす。これは人間であれほかの動物であれ同じである[13]。

しかし、そもそもなぜ、速度が遅く識別性の低いC触覚線維のシステムが必要なのだろうか。C触覚線維が運ぶ情報は、Aβ線維がすでに伝えた情報の一部にすぎないのではないだろうか。愛撫も、Aβ線維と迅速な機械受容器で検出すればよいではないか。

考えられるひとつの答えは、社会的接触が持つ感情的な情報が撫でる速度により決定されるとしたら、C触覚線維のような低速専用の感知器を持つほうが簡単だということだ。Aβ線維につながるセンサーのように守備範囲が広い感知器の場合、感情的意味を伝える情報は、感情的意味を持たないほかの触覚情報の中に埋め込まれ、抽出が難しくなる。では、撫でられる最適の速度に合わせた高速Aβ線維を持てばよいのでは？　そうすれば愛撫を選択的に感知できると同時に高速の情報伝達を維持できて、両方満足できるのに。

この問いに対する明確な回答は見つかっていない。低速の信号があることで時間的に統合を行う必要が生じ、そのほうが感情的接触に基づく判断をするのに都合がよいのかもしれない。あるいは、長時間の触覚刺激に基づいて意識的に判断するほうがよい場合があるのかもしれない。たとえば、偶然触れられただけなのに、社会的な意図のある愛撫と誤解するようなことは避けたいだろう。

単純に、Aβ線維を使うのはもったいないということかもしれない。A線維を働かせるには大量のエネルギーが必要だし、ミエリン鞘は太さの面で場所を取る。速度を必要としないのなら、生物学的な代償を支払うことなく安価な低速線維を使うほうがいい、という理由だ。ひょっとすると、ただ単にC線維のほうが先に進化して、その後の進化が滞っただけかもしれない。

ひとつ注意しなければならないのは、緩急2つの触覚システムは、完全に分離しているわけではないという点だ。C触覚愛撫系の中枢である島皮質後部と、Aβ線維から入力される識別的触覚を処理する1次および高次の体性感覚野との間には、双方向の情報交換がある（**図3－4**）。互いに影響を及ぼし合うことができるし、このシステム全体が、五感を合わせつつ状況や社会的文脈に関連して感情を調整する強力な機能の支配下にある。まったく同じ最適の速さで撫でられるとしても、他人に撫でられるのと恋人に撫でられるのではまるで違うだろう。あるいは、同じ恋人に撫でられるのでも、愛し合っているときと喧嘩中とでは違う。

最適な速さでの愛撫が島皮質後部を最も強く活性化することは分かっていたが、最近の研究から、1次体性感覚野もまた、たとえば撫でられる相手の性別の知覚など、社会的認知的因子により活性度が調整されていることが分かった。これらの情報は、脳の体性感覚野以外の領域からやって来る[14]。

映画を見ても反応するC触覚系

第1章で、赤ん坊から大人まで、同僚から恋人同士まで、さまざまな関係において社会的接触が信頼と協調の発達と強化に重要な役割を果たしていることを見た。優しく撫でる触れ合いは、安全を伝える。撫でてくれる相手は信頼できる。ちょうど、人生で最初に撫でてくれる母親を信頼するように。その相手は脅威ではない。この種のコミュニケーションではC触覚系が中心的な役割を果たしている。

撫でられると活性化するのは島皮質と体性感覚野だけではない。多種多様な感覚・運動情報を統合するほかの領域も活動する。社会的認知に関わる上側頭溝、内側前頭前皮質、前帯状皮質などである[15]。

言うまでもなく、こうした領域に関する研究はG・Lのような患者ではなく、健常な被験者で行われているため、これら社会的認知に関わる中枢は高速のAβ信号も受け取る。しかし、この中枢においても最適な速度より速く撫でられると活動は大きく下がることが分かっている。社会的認知の中枢を働かせる際には、つまり社会的絆においては、やはりおそらくC触覚系が重要な役割を果たしているということである。

社会的認知にさまざまな障害を持つ自閉症スペクトラムの人は、他人の社会的意図を認識するのに苦労している。このような人は特定の種類の社会的接触を忌避する傾向があり、適切な速さで撫でられても、条件を揃えた対照群と比べて感じる快感が小さい。しかも、その快感知覚の低減は、自閉症の重症度と正の相関を持つ。最も重度の患者は、撫でられることに対して最も低い評価を下したのである。自閉症患者の脳画像からは、同様の相関が見て取れる。最も重度の患者では、適切な速度で腕を撫でたときの社会的認知中枢の一部（内側前頭前皮質および上側頭溝）の活動が最も低かった。[16]

この研究は、興味深いものではあるが、不明点も多い。撫でられた感覚の処理がうまくいかないのは、具体的にどこに欠陥があるのか。C触覚線維は正常なのか、それとも皮膚と感覚神経の働きに問題があるのか。島皮質後部の反応は正常か。そして、おそらく最も重要な点として、因果関係はどうなのか。撫でられる感覚に障害があり、そのせいで自閉症の人は社会的接触を避けるのか。それゆえに他人の社会的意図の識別がいっそう難しくなっているのか。C触覚線維を欠くノルボッテンの無痛症患者を思い出してほしい。彼らの認知は健常で、自閉症の徴候は見られない（もっともこの点はとくに念入りに調査されているわけではない）。

逆に、撫でられることを求めたり、それで心地よく感じたりする感覚を発達させるには、一定量の経験が必要なのかもしれない。自閉症の人々は、触覚とは無関係な理由により社会生活を制限されているために、幼少期にそうした経験ができないのかもしれない。

私は13歳のとき、母に連れられてリナ・ウェルトミューラー監督の『流されて…』という映画を見た。性的にきわどい描写のある、しかしひねりが効いて、政治的な含みもある映画だ。たいていの人は同じだと思うが、13歳ではまだそれほどロマンティックな経験をしたことがなかった。主役のジャンカルロ・ジャンニーニとマリアンジェラ・メラートが演じるカップルの愛撫は、私にとってあまりに強烈で、直接的に感じられ、ほとんど耐えがたいほどだった。私は役者を見ていただけではなかった。自分の肌で彼らの感覚を感じていた。あのときの感覚は、40年近く経った今でも鮮明に思い出すことができる。

スクリーン上の役者の触れ合いの演技を見て、まるで自分の肌が撫でられているかのように反応することができるという事態は、脳の島皮質後部が受け取る信号によるものだ。島皮質後部は愛撫によって活性化する中心的な領野であり、情動の中枢でもある。島皮質後部には、C触覚線維からの信号だけでなく、高度に処理された視覚情報も送られてくる。驚くべきことに、島皮質後部は、誰かの腕が撫でられている映像を見るだけで、自分の腕が実際に撫でられたときと同じように活動する。さらに驚愕すべき事実は、実際に撫でられる場合と同じように、映像で見る場合にも、速すぎもせず遅すぎもしない、適切な速さで腕を撫でられる映像を見たときに、島皮質後部は最も強く活動するということである。映像を見た人が報告する心地よさも、適切な速さの映像のときが最も強かった。C触覚線維を欠くノルボッテンの無痛症患者にこの映像を見せると、対照群の被験者に比べて感じる快感が有意に低く、撫でる速さもほとんど評価に関係しなかった[17]。つまり、健常な被験者も無痛症患者も、映像を見たときの快感の評価は、実際に撫でられた場合と同じ形だったということだ。

私たち人間は、実際に触れられる経験をする場合だけでなく、他人が触れられているのを見るときにも、触覚の感情的な面において重要な役割を果たしている機能を利用しているのである。人間は、他人同士の間に交わされる信号に、非常に敏感にできている。これは社会的認知において重要な特性であり、社会集団の中での協力関係や立場の変化を捉える役に立つ。どうしても他人の噂をしてしまうのは、このせいなのだ。「あの娘の奴の腕への触り方を見たかい?」と。

第4章　セクシュアル・タッチ

Bと付き合い始めてまだ間がない頃だった。一緒に夜を過ごしたのは何度目かで、お互いの身体や性的な好みについて多くの発見をしていた時期だ。すてきな夜のあと、そのまま眠り込み、カーテンの隙間から無粋な明るい光が差し込んできてようやくぼんやりと目が覚めた。半分眠ったまま顔を寄せ合い、幸せを感じていた。昨夜の行為でベッドはかなりにおっていたが、そのにおいと目が覚めきる前のおぼろげな意識とが重なって、夢のような不思議な感覚が漂っていた。

またキスをしながら私の手はBの腹から胸へとすべり、ふくらみを柔らかく覆った。Bは吐息を漏らし、私は親指と人差し指で優しく乳首を弄び始めた。Bは何の反応も見せなかった。昨晩はこんなふうにすると応えてくれたし、ときにはこれだけでオーガズムに達したというのに、何か奇妙な感じがした。指の間の乳首の感触もおかしかった。そのとき突然、乳首がBの胸からぽろりと外れ、私の手の中に残った。

この瞬間、わけが分からなくなった。私はなんとか状況を整理しようとした。

a：Bから切り離された乳首が私の手の中にある。
b：彼女はまるで慌てたようすがない。眠たげな顔で微笑んでいるだけだ。ただ、私が怖い顔をしているのを見て、心配そうな表情になった。
c：血が出ているようすはない。

頭の中で考えが空回りしている。雲を踏むような感じだ。なぜこんなことが起こりうるのだろうか。

クルマの衝突のようなありふれた事故は一瞬で人生を破壊するが、その出来事は情け容赦のない予測可能な物理学の法則に従っている。物体が衝突して力が浪費される。重力と摩擦が働いている。どれほど恐ろしくとも、私たちの心の中心に存在する物理の世界への確信は揺るがない。

ところがこの日、朝の太陽もかなり昇った時間に、私はベッドの上で寝転んだまま、マジシャンと観客の役割を両方担ったかのように途方に暮れた。この瞬間までの人生経験に基づけば、右の3つの条件が満たされることなど、絶対にありえないことだったのだ。

実際、どのくらいの時間そうしていたのか、今でも思い出せない。たぶん数秒のことだったのだろう。我に返った私は取れた乳首を撫で続けていた。するとそれは、温かくて柔らかく、しわの寄った馴染みのものではなく、やや大きく、ふわふわしていて、少し滑るように感じられ始めた。さらに探り続けると、当たり前のことだが、まるで乳首とは違うことに気づいた。空回りしていた頭の中も、ようやく足がかりができた。そのふわふわとしたものは耳栓だった。夜の間に外れて胸の上に落ちていたのだ。心臓はまだどきどきしていた。ひと息に安堵を吐き出した。それでもまだ、何があったかをBに説明するには時間が——その時の気持ちから言えば一生——かかりそうな気がした。

性感専用の神経終末

取れた乳首の話は、感覚と知覚について、そしてその違いについて、ある重要な点を浮かび上がらせる。感覚的な出来事の知覚は、関係する刺激の物理的パラメーター（親指と人差し指の腹にかかる10グラムの力、といったようなもの）で単純に決まるわけではない。あるいは、受容器によるそのパラメーターのフィルタリング（この場合、指の腹の皮膚にある機械受容器の反応特性）で説明されるものでもない。さらに、このデータに探査的動作による情報（手や腕の筋肉からの位置信号）を付け加えたとしても、やはり最終的な知覚を説明するには足りない。

感覚的刺激に対する私たちの知覚は、実は、私たちが何を予想しているかに決定的に左右されるのである。予想は、その時点までの人生経験により形成される[1]。乳首が簡単に取れることはないということを私たちは知っている。仮に取れたとしたら、血が流れるはず（苦痛の叫びも）と予想する。この世界には重力がある、哺乳動物の身体は温かい、といったことを、これまでに学んできたことから確信している。その予想と感覚が合致しないときは、何かおかしなことが起こっている徴候であり、その感覚の知覚は根本的に変容する。

感覚経験においては、状況も同様に重要になる。ロマンティックな状況で恋人に唇を撫でられたならうきうきと興奮するけれども、診察室で医者に唇を触られてもエロティックな感覚は生じない。[2] もちろん、状況が影響するのは触覚に限ったことではないし、性的感覚に限定されるわけでもない。紅茶だと思ってマグカップに口をつけたらコーヒーだったという場合、たとえコーヒー好きの人でもショッキングな味を感じる。公衆トイレでかすかな硫黄臭がしたら不快だが、チーズ専門店ならうれしくなる（図4－1）。

性的接触にはさまざまなものがある。唇や乳首が主役を演じることも多いが、耳や首、腕の内側、ときには肛門への軽い接触やキスに性的快感を得る人も多い。男性でも、女性でも、どちらでもなくても、ゲイでも、ストレートでも、バイセクシュアルでも関係ない。世の中には、身体のどんな部分であれ、そこで性感を感じるという人は、探せばほぼ必ずいる（信じられないとおっしゃるのなら、インターネットで「ひじフェチ」や「わきコキ」を検索してみていただきたい）。性的行動のバリエーションにはほとんど限りがない。それは人間の行動の重要な特徴なのである。

臭うチーズ

図4-1　同じ匂いでも、状況と予想のあり方により、不快と知覚されることもあれば快と知覚されることもある。これは知覚一般の特徴で、触覚にもあてはまる。マンガはJulia Wertz。許可を得て転載。

わきでも耳でも眉毛でもエロティックな役割を果たす能力があるとはいえ、やはり生殖器は特別である。適切な状況ならば、ほとんどの人はクリトリスの露出部（陰核亀頭）かペニスの亀頭に刺激を受けると性的興奮を感じる。なぜそう言えるのだろう。この部分の皮膚には何か特別な構造があるのだろうか。

クリトリスや亀頭の皮膚は唇や指先と同じように無毛であり、どんなに小さな軟毛も生えていない。毛根に関連する神経線維も存在しない。すでに見たように、唇や指先は識別的な触覚を可能にする機械受容器に富んでいるが、クリトリスや亀頭には

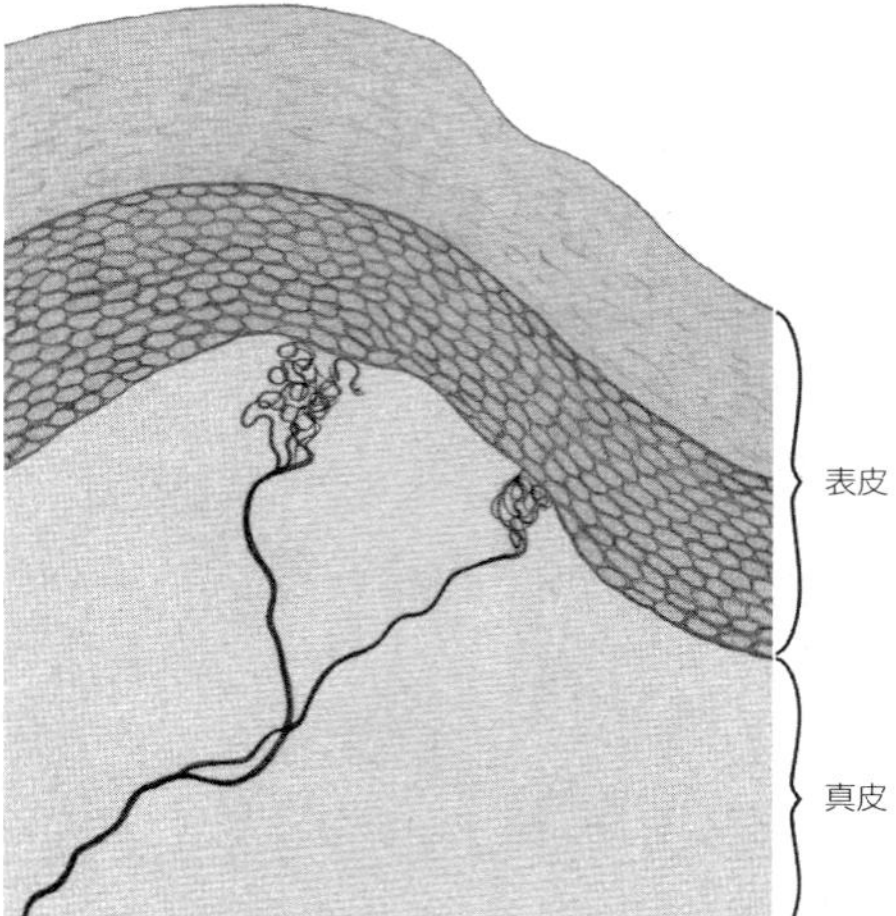

図4-2　性的接触に大切な器官？　亀頭の真皮の最も表面近くにある２つの陰部神経小体。ペニスの亀頭よりもクリトリスの亀頭に高密度に分布する。

機械受容器はほとんど存在しない。ここに多く分布するのは、熱さや冷たさ、痛み、炎症を検出する自由神経終末である。[3]それに加えて、らせん状に巻いた軸索を神経細胞ではない鞘細胞が包み込む形の特殊な神経終末がある（図4－2）。これを陰部神経小体と呼んでいる。[4]

陰部神経小体の分布については長年議論の対象となっているが、どうやら生殖器以外にも存在するようである。ほかの組織では、同じようにらせん状に巻かれて覆いを持つ神経終末は、粘膜皮膚終末器と呼ばれる。これが存在するのは、唇、乳首、肛門周囲など、性感に関連するほかの無毛皮膚である。

性感においてペニスとクリトリスのそれぞれの亀頭が主要な役割を果たすのは、単にこの種の神経終末の分布密度が高いせいだろう。最も高密度なのはクリトリスの亀頭である。ペニスの亀頭では、亀頭冠（雁首）と陰茎小帯（亀頭下面の伸縮性のある組織）に陰部神経小体が最も多く見られる。これらは性的刺激に対してとくに敏感であると言われることの多い場所でもある。[5]

しかし、粘膜皮膚終末器は本当に性感において特別な役割を果たしているのだろうか。残念なことに、それは分からない。臨床でも動物実験でも、粘膜皮膚終末器を選択的に活性化したり不活性化したりするような薬物も遺伝子操作も存在しないからだ。この終末器からの電気的信号が脊髄や脳に伝わる際に特別な経路があるのかどうかさえ分かっていない。私の知る限り、この信号だけを分離して記録した研究も存在しない。人生に

おいてこれほど重要な役割を果たしうる組織について、いかに理解が進んでいないか、驚くばかりである。(6)

性的嗜好は神経構造で決まる？

生殖器周辺からの触覚信号は、3つの神経経路を通って脊髄へ、そして最終的には脳へと到達する（図4－3）。

性感に最も重要な役割を果たしているのは陰部神経だ。女性ならクリトリス、男性ならペニスからの信号はこれによって伝達される。ペニスとクリトリスは、胚の段階では未分化の同じ組織から発生するため、共に同じ感覚神経に接続していることは驚くに当たらない（ペニスとクリトリスが最終的にそれぞれの形を取るのは、発達初期における性ホルモンの働きによる）。

重要な点は、1本の感覚神経が陰部のいくつかの箇所からの情報を運べるということである。女性では、骨盤神経が小陰唇、膣壁、肛門、直腸の触覚信号を伝達する。男性では、陰部神経が肛門と陰嚢、そしてペニスからの情報を伝える。

女性の子宮および子宮頸の感覚は、下腹神経と、迷走神経と呼ばれる脳神経が担っている。迷走神経は脳幹に直接達する神経で、脊髄を経由しない。

陰部からの触覚信号の経路がこのように分離したり融合したりしていることは、私たちの性体験に重大な影響を及ぼしている。生殖器周囲の隣接する部位からの信号が混じ

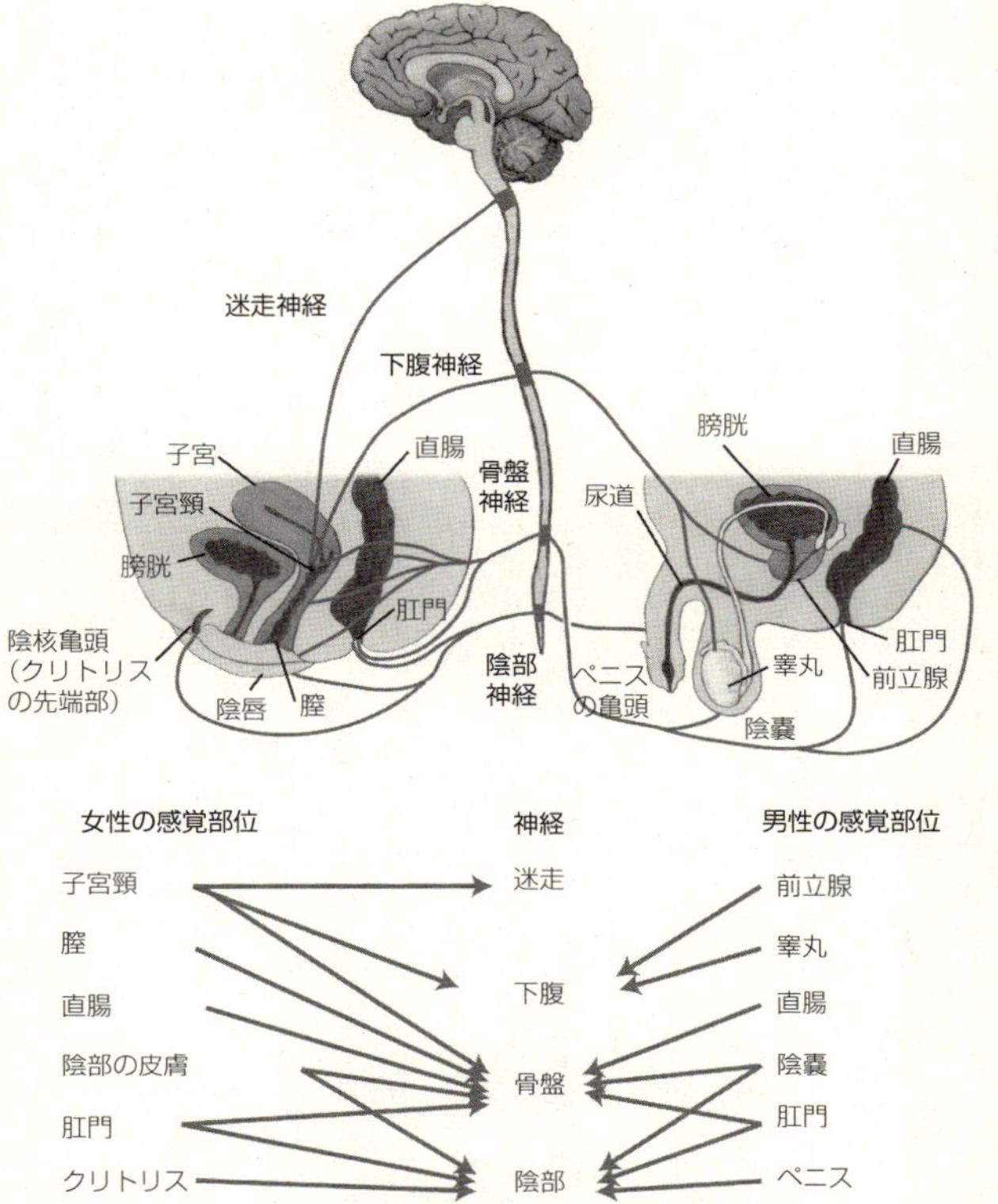

図4-3　下腹部につながる感覚神経の組織。下腹部から脳に至る感覚情報は、3対の脊髄神経（陰部神経、骨盤神経、下腹神経）を経由する。それぞれは違う位置で脊髄に入る。子宮と子宮頸の感覚は、直接脳幹に入る迷走神経という脳神経で伝わる。1本の神経でも皮膚の多くの場所からの情報を伝えうるという点は重要である。たとえば、男性の陰部神経は、ペニス、肛門、陰嚢の感覚を担っている。© 2013 Joan M. K. Tycko

り合っていることが、肛門、直腸、会陰部への刺激がときに強烈な性感を伴うことの説明になるかもしれない。性行為中にこれらの部位への刺激を楽しむ人は多いだろうが、生殖器周囲の刺激が性的状況以外でもエロティックな感覚を呼び起こしてしまう人もいる。たとえばあるオランダの男性は、排便のたびにオーガズムを感じるという(7)。

感覚神経の配線図を見れば、脊髄損傷の患者でも性的感覚が維持されるケースがある理由が分かるだろう。たとえば、脊髄が第2腰椎で完全に断裂した人は、男性ならペニスや陰嚢、女性ならクリトリスや小陰唇の感覚がなくなる。これらは陰部神経と骨盤神経で伝えられるためである。しかし、下腹神経と迷走神経は脳までの経路が無傷で残るため、女性の子宮と子宮頸、男性の睾丸と前立腺からのある種の性的感覚は保たれる。また、下腹神経が脊髄に入る位置よりもさらに上で脊髄損傷を被った女性の中には、子宮と子宮頸からの強い性的感覚があると言う人もいる。これらは迷走神経により伝えられていると考えられる(8)。

図4―3のような解剖学的な模式図を見れば、陰部の感覚を伝える神経の配線は、どんな男性でも女性でもまったく同じだと考えたくなる。大きく言えばその通りだ。つまり、陰部神経は、ほぼすべての男性でペニスの感覚を、ほぼすべての女性でクリトリスの感覚を伝えている。しかし、ひとりひとりの神経の細かい分かれ具合や神経終末の分布のようすに注目すると、個人差が見えてくる。陰部終末小体がクリトリスの亀頭には比較的少ないけれども小陰唇と肛門に多い女性もいるかもしれない。自由神経終末が前

立腺に比較的多く、陰嚢に比較的少ない男性もいるだろう。

生殖器およびその周囲の感覚神経の細かい接続のあり方は、個人の性的活動の嗜好の違いに影響しているのだろうか。この点は、解剖学者の間で昔から問題にされてきた。最近では、フェミニズムの作家ナオミ・ウルフが議論を発展させている。最近の著書『ヴァギナ』の中でウルフは、個々人の神経の違いから女性の性的嗜好の違いを説明できるとしている。

クリトリスに発する神経経路が多い女性がある。こうした女性の膣は、神経の密度が比較的低い。このような女性たちはクリトリスへの刺激を好み、挿入からはさほどの快感を得ない。膣の神経密度が高く、挿入だけで容易に絶頂に達する女性もいる。会陰部や肛門部に多くの神経終末を持ち、アナルセックスを好んで、それだけでオーガズムに達することのできる女性もいるし、神経配線が異なり、アナルセックスにはまるで感じず、場合によっては苦痛を感じる女性もいる。骨盤神経が体表に近く、容易にオーガズムに達する女性もいれば、神経が深い位置にあって、得がたい絶頂に達するために当人とパートナーの忍耐と工夫を必要とする女性もいる。文化と育ちは絶頂への達し方に間違いなく関係しているし、そこに至りやすいかどうかにも影響している可能性があるが、しかしこれらがすべてではない。文化と育ちにすべての原因があるとする言説は、多くの女性に無用の罪悪感と恥辱感を負わせてきた。あるいは逆に、その好みによっては、少々変態的な感覚を与えてきた。……ひとりの女性としてのベッドの上での好みや欲求はさまざまだろうが、どのようなものであれ、それは単に身体的な神経の配線によるものかもしれないのである。(9)

これは合理的な説である。身体のこの部分の感覚神経はたしかに性的感覚を伝達しているし、神経の細かい構造には個人差がある。したがって、下腹部の神経構成の微妙な違いが、性的経験の、ひいてはある種の好みやスタイルの少なくとも一部の個人差を生み出しているということはありうる。

しかし、注意すべき点がいくつかある。いちばん重要なのは、陰部の感覚神経の構造上、普通に見られる小さな変異が、性感や性的嗜好の違いのもとになっているということを証明する証拠が存在しないということである。ここで問題になっている解剖学的変異は、現代の医療で使われるスキャンの解像度より細かい。また、これらの感覚神経や、皮膚またはほかの組織における神経終末の細部構造について私たちが持っている知識は、遺体や生検標本の薄くスライスして顕微鏡下で観察したものから得られた知識であって、生きている健康な人に自身の性的経験について回答してもらって得られた知識ではない。(10)

性感や性的欲求には、身体（とくに生殖器）と脳との間の持続的な情報交換が必要である。個人ごとの性的経験の差異を基礎づける生物学的基盤となりうるものについて考えるときには、性的接触により活動する脳の一部の変異も考える必要がある。重要なのは、皮膚であれ脳であれ、神経の性質上、変異は構造的なものに限らないということである。個人ごとの差異の最も重要な部分は、ニューロンの電気的または化学的信号機能の結果かもしれない。こうした機能は必ずしもニューロンの形や配線図の変化に関係しない。性的接触を司る回路のニューロンの機能は、イオンチャネルや神経伝達物質の受容体の性質に大きく左右されうる。しかしこうした差異は、いかに強力な顕微鏡を使おうとも、構造的な測定から特定することはできない。

それゆえ、引用したウルフの文章の結論、「(性的な好みは)単に身体的な神経の配線によるものかもしれないのである」という部分を読むときには、「かもしれない」という言葉が重要であることを忘れてはならない。因果関係はいまだ証明されていないからである。また、「配線」という言葉も広い意味で捉える必要がある。生殖器やその周囲の神経だけでなく、それに対応する脳内のニューロンの配線も含むということである。しかも、(脳でも皮膚でも)ニューロンの配線図を一切変えることなく電気的、化学的信号を変えるような個人ごとの変異も含めて考えなければならない[11]。

脳の身体地図で生殖器は2つ

生殖器を刺激して脳の体性感覚野の活動パターンを調べることで、何が分かるのだろうか。

下腹部からの触覚信号は、感覚の様相(細かい識別的触覚、撫でられた感覚、熱冷感など）により、脊髄と脳幹の異なる経路を経由して脳に至る。身体のほかの部分からの信号と同じく、下腹部からの触覚信号も視床で中継され、新皮質の1次体性感覚野の身体地図（図2－8）に至る。これまで見てきたように、脳の身体地図の中で、生殖器が占める面積はかなり小さい。これは機械受容器の密度の低さに対応している。

ラトガーズ大学のバリー・コミサルクらは、女性に携帯型の自慰具でクリトリス、膣、子宮頸をそれぞれ刺激してもらいながら脳をスキャンする研究を行った[12]。1次体性感覚野の活動パターンを見てみると、これら3カ所はそれぞれ別の領域を活性化させたが、それらの領域は隣接しており、部分的に重なっていた（図4－4）。重要な点は、ペンフィールドの脳地図と同じように、それぞれの領域の大きさや位置にはある程度の個人差があるということだ。その領域が脳の身体地図上でどの程度の大きさを持つかは、それぞれの人の下腹部の感覚神経端末の微細な構造の違いにより決まってくるのだろうか。たとえば、膣壁の感覚神経密度がきわめて高い女性や陰嚢の神経密度が非常に高い男性は、脳地図上でそれぞれの部分に対応する領域が大きいのだろうか。また、経験の影響はどうだろう。毎日バイオリンの練習をしている人では脳の感覚地図の指が拡大しているのと同じように、アナルセックスを繰り返していると、脳地図上で肛門と直腸が拡大するのだろうか。これらの疑問はまだ解明されていない。

ペンフィールドの古典的な脳の身体地図（図2－8）で見たとおり、女性の生殖器の刺激で活性化する領域は、身体上で隣接する部分とは離れ、足のつま先の対応領域のさ

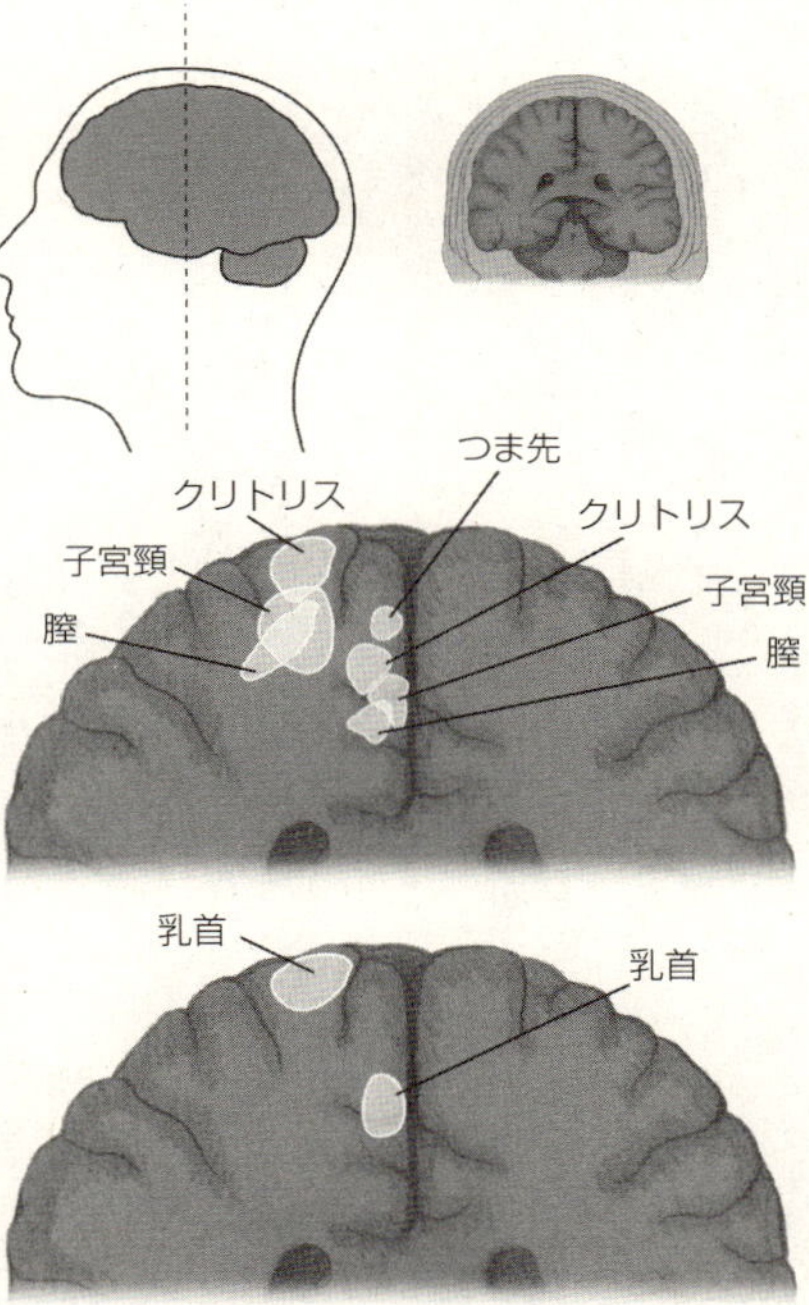

図4-4　クリトリス、膣、子宮頸、つま先、乳首に自分で刺激を与えたときに活性化した体性感覚野の領域図。乳首への刺激で活性化する部分が、子宮頸、膣、クリトリスの対応領域と重なっていることに注目。この実験は男性でも行われている。もう1つ留意すべき点は、生殖器のどの部分も、自慰具でそこだけ限定的に刺激することはできないということである。膣を刺激すればどうしても膣前壁に密着しているクリトリスの基部も刺激してしまうし、子宮頸を刺激すれば膣とクリトリスもある程度刺激してしまうことは避けられない。また、こうした刺激はいずれも小陰唇と会陰をある程度伸張させる。B. R. Komisaruk, N. Wise, E. Frangis, W.-C. Liu, K. Allen, and S. Brody, "Women's clitoris, vagina, and cervix mapped on the sensory cortex: fMRI evidence," *Journal of Sexual Medicine* 8 (2011) : 2822-30. 出版社 Wiley の許可を得て転載。

らに先にある。しかし、図4－4で分かるように、予想される通りの場所、つまり大腿部と腹部の間の鼠径部《そけいぶ》にも、半ば重なるようにして生殖器各部への刺激で活性化する領域が存在する。なぜ女性の生殖器は脳地図上で二重に表れるのだろう。実は、この現象は女性特有のものではなく、男性にも見られることが分かっている。

図4－4では二重の活性化が見て取れるが、この研究論文の著者は、足の先の離れた領域が本来の生殖刺激による活性化で、鼠径部の対応領域に見られる反応は、生殖器周辺の組織が偶然活動した結果であるとしている(13)。

興味深いことに、被験者の女性の乳首を刺激すると、脳画像上でやはり2カ所の活性化が見られた。身体地図上の胸にあたる場所と、足の先の離れた場所とである。実際、乳首刺激で活性化する領域は、クリトリス、膣、子宮頸への刺激で活性化する領域と、有意に重なっている。これが多くの女性が乳首への刺激で性的に興奮する理由かもしれない。さらに一般化して言うなら、1次体性感覚野のこの部分（中心後回《こうかい》の正中面《せいちゅうめん》）が性的接触において特別な役割を果たしているのではないかという疑問が生じる(14)。

しかし、脳のこの部分の組織を顕微鏡で調べても、とくに変わったところは見られない。身体の普通の部分から送られてくる体性感覚情報を処理する領域の組織と同じように、ニューロンとグリア細胞が層をなした構造があるだけである。この領域が快感や恐怖に関わるほかの脳領域ととくに強くつながっている可能性はあるが、現時点ではそれについての研究は行われていない。

食欲と性欲の満たされかた

小学校4年生のときのことだ。教室で隣にラルフという男の子が座っていた。10歳にしてすでに、いつかは刑務所に入るだろうと思わせるような子供だった。誰かれかまわず喧嘩をし、不潔な腕によくボールペンでバイクの絵を描いていた。いつも鼻を垂らし、鼻の下を拭こうともしなかった。そのラルフがある日、どういうわけか私に顔を寄せ、突然話しかけてきた。「女の子がどうして妊娠するか知ってるか？　まずパンツを脱いでさ（鼻をすする音）、男もパンツを脱いでさ（鼻をすする音）、それからケツ同士をこすり合わせるんだ。そうすると赤ん坊ができるのさ」

当時の私の頭の中で、セックスの詳細はまだ曖昧なものであったが、ラルフが言っていることが正しくないことは分かった。ラルフはさらに続けた。「ボッキって知ってるか？　裸の女の人のことを考えると（鼻をすする音）、ちんちんが硬くなる。それがボッキさ」

この説明も私には疑わしかった。私の知識の範囲では、勃起というのは具体的な現象であり、裸の女性であれなんであれ、それを考えるというのは霞のような捉えどころのないもので、身体的な世界とは明らかに別物だったからだ。それがどうして関係できるのだろう？　別々の世界の話なのに。ラルフの説明は神秘的というか、迷信的な感じがした。

「そんなはずないよ」と私が反論すると、ラルフは「そんなはずがあるのさ」と答えた。

＊　＊　＊

ニューヨーク、ウエストヴィレッジのウェイバリープレイスを歩いているところを想像してみよう。少し疲れたし、お腹も空いてきた。好物のファラフェルサンドを手にして通り過ぎる人がいる。少し歩くと、ファラフェルの店が見つかる。タイームという人気の小さなレストランだ。揚げたファラフェル、スパイシーなハリサ、練りごまのタヒニソースのおいしそうな香りが鼻をくすぐり、よだれが出そうだ。店に入って注文すると、数分でパリパリのファラフェルサンドにありつける。最初のひと口がとてもおいしい。もうひと口いってみる。なにしろ大きなサンドウィッチだ。しばらくするとお腹が満たされてくる。最後のひと口までおいしいとはいえ、後のほうは最初ほどの満足感はない。満腹すると、もうしばらくは何も食べなくていいかなと思えてくる。まあ、近くにおいしいシャーベット屋があれば別かもしれないが。

真のオタクの伝統に則り、食事と満足感の関係をグラフ化してみよう（快感をY軸に、時間をX軸に取る）。すると図4–5のようなものができるだろう。最初の段階では、食べ物を見たり嗅いだりすることで内的状態（空腹）との相互作用が生じ、欲求が生まれる。この時点ですでにある程度の快感を覚えている。その快感がさらに高まることを予期して、よだれが出てくる。重要な点だが、この欲求は人間としての身体的反応と、経

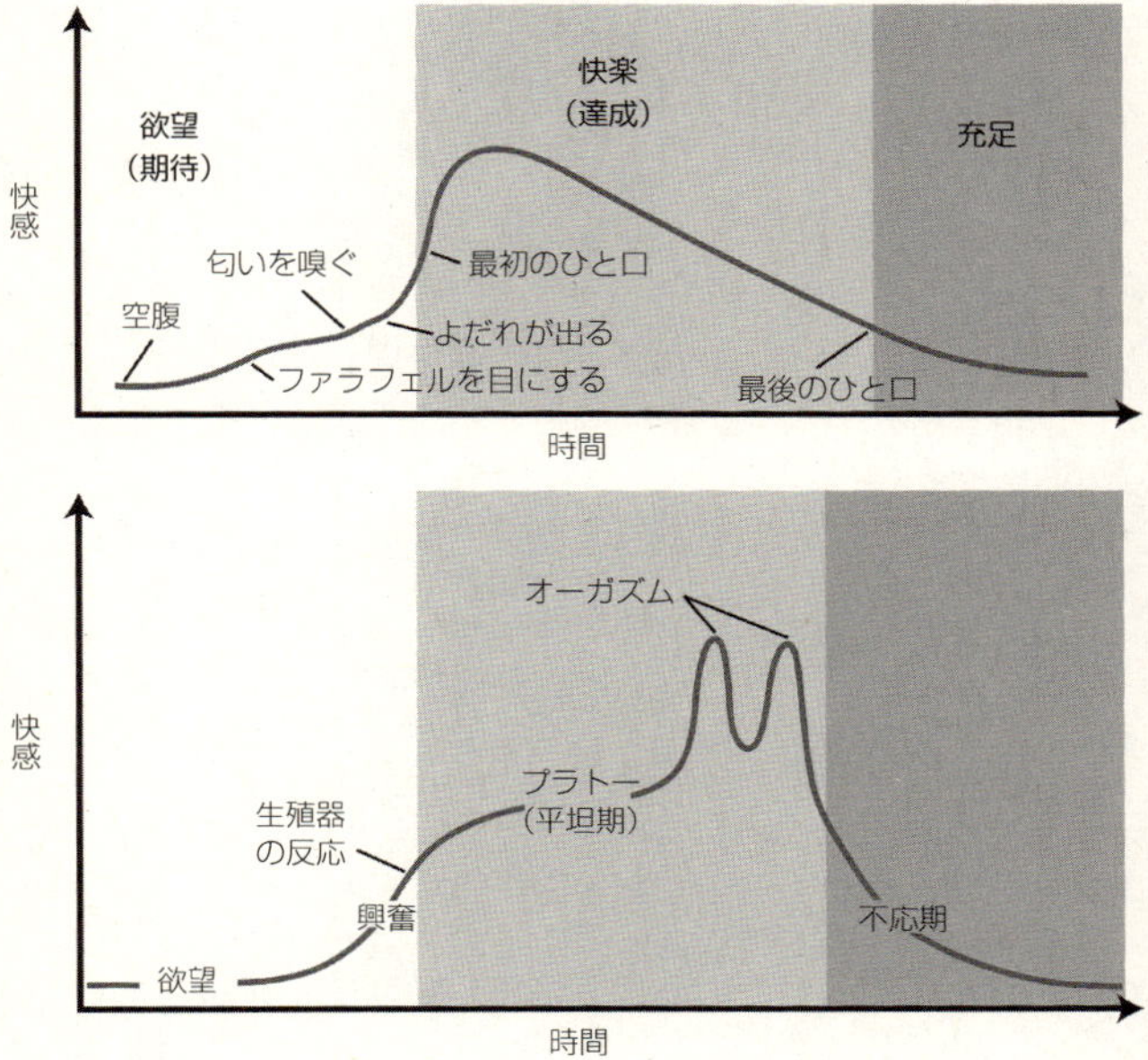

図4-5　食べることとセックスの快感グラフ。両者には共通する特徴が見られる。J. R. Georgiadis, M. L. Kringelbach, and J. G. Pfaus, "Sex for fun: a synthesis of human and animal neurobiology," *Nature Reviews Urology* 9（2012）, 486-98より、一部補足。Nature Publishing Groupの許可を得て転載。

験から学んだ反応の両方を反映している。まず、人間の身体は、ある種の食べ物の匂いに対して前向きに反応するようにできている。ファラフェルのような揚げ物の匂いが誘いになることは言うまでもない。しかも、人間の反応は経験によっても条件付けられる。あなたは自分がファラフェル好きなことを知っている。そして、このレストランには前にも来たことがあり、おいしかったことも（もし先週このファラフェルを食べて気持ちが悪くなっていたとしたら、たとえお腹が空いていたとしても、この匂いと見かけで食欲が刺激されることはまずなかったはずだ）。

次に来るのが、快感がピークに達する快楽期だ。最初のひと口で快感が一気に高まり、その後ひと口ごとに少しずつ下がっていく。食べ物の匂いや味や舌触りに慣れていくせいでもある。最初は目新しさがあるが、だんだん馴染んでいく。最後に近づくと、胃が膨らみ、血糖値が上がっているという信号が、意識レベルと無意識のレベルで混じり合って届き始め、それに反応して充足期に至る。ここではもはやこれ以上ファラフェルを食べる気にならない。しかしフルーツシャーベットなど別のものなら気を引かれるかもしれない。

突然、食べ物の話を持ち出したのは、性的活動は人間の経験の中でとくに変わったものではないという点を明確にするためだ。たしかに性的活動には特殊な側面も存在するが、多くの点で、ものを食べるといった快感を伴うほかの行動とさほど違うわけではない。

ファラフェルと同じような視点で性的活動を追ってみよう。ここでは一例として女性同士の性行為を選んだが、男か女かはあまり問題ではない。さて、あなたは生理前で、とくに性欲が高まっているとしよう。ソファに寝そべって新聞を読んでいるが、何かしたくてうずうずしている。そこへ恋人が帰ってきた。エクササイズ帰りで顔に赤みが差し、生き生きとしたいい感じだ。彼女が寄ってきてあなたにキスをする。彼女の身体と髪の香りに包まれ、柔らかな唇があなたの唇に軽く触れる。彼女が受け入れ体制にあることが分かり、あなたも興奮を覚える。膣が濡れ始め、筋肉の緊張が解けていく。キスと愛撫を続ける。服を脱ぎ、彼女の身体が見える。そこからが本当の始まりだ。キスをし、身体を撫で、あちこちに舌を這わせる。性器とその周辺を重点的に。ゆっくりと緊張が高まり、止めようのない感じが来て、オーガズムに至る。一度のこともあれば、何度もいくこともある。ことが終わり、余韻に浸っているときには、もう一度すぐに始めようという気にはならない。ただし、普通でないことがあれば別だ。たとえば恋人が、あなたがいつもしたいと思っていたけれどもしたことのない行為に誘ってきた、というような場合だ。

こうした行為の快感グラフを**図4－5**のファラフェルのグラフの下に並べた。両者に多くの類似点があることは明白だ。どちらの場合も、体内の状態（空腹、月経周期における発情期）により、魅力のある光景や匂いや音に敏感になる。そして、どちらも同じように欲望が高まっていく。これには身体的な反応と、過去の経験の両方が関係する

(前の行為の快感を思い出しているかもしれない)。欲望の高まりには、コントロールできない身体的変化が伴う(よだれ、膣分泌液)。

快楽期に入ると、両者の快感グラフに少し違いが出てくる。食べ物では普通、最初のひと口で快感が最高に達するが、最初の性的接触ではそうはならない。たいていは、快感が徐々に高まっていき、オーガズムで最も強い快感が得られる。性的な快楽期は比較的個人差が大きい。すぐにオーガズムに達する人もいれば、ゆっくりと達する人もいる。まったく達しない人もいる。[15] 行為の間のオーガズムはたいてい1回という人もいれば、何度もという人もいる。すでに触れたように性行為における好みは幅が広く、当然それは細かい触り方だけのことではない。

食べ物でもセックスでも、満足が得られることは言うまでもない。ただしその充足感は、特別な環境においては破られることがある。特別なものとしていちばんに挙げられるのは、新奇性である。[16]

頭と股間が乖離する場合

つまり、子供の頃のラルフは正しかったのだ。性的な考えを抱くだけで、生殖器は性行為の準備をする。しかし、それがすべてではない。ペニスの勃起や膣液の分泌は、性的なことを考えている脳から信号が下ってきた結果であることもあれば、陰部への直接的接触の結果であることもある。たいていの場合、行為者が2人であろうと1人であろうと、性的思考と生殖器への接触は一緒に起こり、どちらも生殖器の準備反応の原因となる。しかし、そうでない場合もある。

脊髄損傷患者では、脳から生殖器への神経経路が断たれているため、性的思考が勃起や膣液の分泌を引き起こすことはない。しかし、陰部から脊髄までの感覚神経経路が保たれていれば、脊髄の反射回路だけで、生殖器への接触が膣液分泌や勃起を引き起こすことができる。その接触情報は脳にまで到達しないため、触れられているという知覚がないにもかかわらずである(17)。

生殖器の反応については、大きな男女差がある。たいていの男性は、性的に興奮するか、生殖器が直接刺激された場合（衣服でこすれるなど、性的な状況でない場合も含む）にしか勃起しない。しかし、女性にタンポンサイズの計測器を装着して膣液を測定すると、当人が意識的には性的に興奮しないと回答する感覚刺激に対しても、しばしば反応して分泌が起こることが分かる。ある研究では、ストレートな嗜好の女性の大半が、女性同士あるいは男性同士のセックス（ボノボ同士でさえ）のビデオを見たときに分泌反応があった。意識的にはこれらのビデオに興奮しないと回答しているにもかかわらずである。同様に、大半のレズビアンは、男女のセックスや男性同士のセックスのビデオを見て、意識的には興奮しないと回答した場合でも、膣液が分泌された(18)。もちろんこれは、同性愛や、あるいはボノボのセックスに意識的に興奮するストレートの女性はいないという意味ではないし、男女や男性同士のセックス映像に意識的に興奮するレズビアンの女性はたくさんいる。

要は、男性の場合は、ゲイであれ、ストレートであれ、バイであれ、平均的に、当人が興奮を覚えると回答する刺激（や思考）にのみ反応するのに対して、女性は、ゲイであれ、ストレートであれ、バイであれ、とくに興奮しないと回答するものも含めて、幅広い性的刺激に反応して濡れるということである。

性科学者のメレディス・チヴァーズとエレン・ラーンは、さまざまな性的刺激に反応して反射的に膣液が分泌されるのは、ペニスの挿入が急激だったり、合意なしに行われたりする状況に対する適応反応であるとする仮説を提案している。膣液分泌により膣の損傷や感染の可能性を抑えるのである。チヴァーズとラーンは、そういった状況は、人類の進化してくる間の大半の時期において起こりえたのではないかと考えている。

性的欲求がないのに生殖器が反応して苦しむという状況は、男性でも女性でも起こりうる。男性器が数時間から数日間勃起したままオーガズムに達しても収まらないという症状を、勃起持続症という。この症状を伴う病気は多く、たとえば白血病や鎌形赤血球性の疾患、生殖器周囲の腫瘍などがある。薬物が関係することも多い。処方薬（ＥＤ治療薬のほか、ある種の抗うつ薬や血液の抗凝固薬）でも麻薬（コカイン、覚醒剤）でも起こりうる。勃起持続症は苦痛以外の何ものでもなく、通常、オーガズムを得るためにペニスを刺激したいという強い衝動にはつながらない。

同じように、女性にも持続性生殖器喚起障害（ＰＧＡＤ）と呼ばれる病気がある。陰部の鬱血や、それによる膣液の分泌や小陰唇、クリトリスの肥大が起こる。ＰＧＡＤは勃起持続症と異なり、接触に過敏になる。衣服が擦れたり、クルマに乗って震動が加わったりといった普通の刺激で下腹部がうずくような感覚が引き起こされ、ときにはオーガズムに至ることもある。ＰＧＡＤでいちばん困る点は、意図せずに自慰衝動（あるいはほかの方法でオーガズムを得ようとする衝動）が起こることである。性欲が高まるということではなく、むしろ、ひどい痒みが取れない感じに近い。この衝動はオーガズムを得れば収まるが、一時的だ。ＰＧＡＤの患者は、その性的感覚や衝動を決して楽しんではいない。単に困惑している程度のこともあるが（ＰＧＡＤであることを隠している人がかなりいることはほぼ間違いない）、普通の人間関係を持ったり、子供の世話をしたり、仕事を続けたりすることができなくなり、ひどく苦しむ患者もある。極端な場合、事実上引きこもりになり、家で自慰行為ばかり繰り返すという悲劇的な状況に陥ることもある。自殺する者さえいる。グレッチェン・モラネンという女性は、16年の間、絶えずＰＧＡＤに苦しめられ、39歳のときにフロリダ州スプリングヒルの自宅で自ら命を絶った。その数カ月前、モラネンは地元紙『タンパ・ベイ・タイムズ』のインタビューで自分の日常についてこのように語っていた。

　興奮が収まらないんです。消えていかないんです。弱まることもないんです。いちど高まると、すぐに恐ろしいほど強烈な衝動がやってきます。まるで次の絶頂がすぐそこに来ているみたいに。だから続けるしかないんです。正直、いちばんひどいときは一晩で50回続けてでした。休憩して水を飲むこともできません。ものすごい苦痛です。汗びっしょりで、体じゅうが痛みます。心臓がばくばくして……やりすごすのよ、グレッチェン。絶対に、今、止めるの。身体を落ち着かせるの――そんなふうに何度も何度も自分に言い聞かせて。それでなんとかバスルームまで行って、シャワーを浴びて。さあこれで収まった。身体をきれいにして、気を緩めましょうと思います。そこで鏡に映った自分の姿を見ると、また始まるんです。もう、床に倒れて泣くしかありません。男の人には分からないでしょう。何が問題かさえ分からないでしょう。すごいじゃないかって思うだけです。……男の人にこのことを話すときには、こんなふうに言うんです。「勃起したまま萎えないのを想像してみて。もうすぐいきそうっていう感覚が一日中、昼も夜も続くの。何度でも何度でも。ペニスの皮がどれほど傷んでも⑲」

PGADには明確なひとつの原因があるわけではない。陰部神経か骨盤神経（あるいはその枝神経のいずれか）が誤った信号を受けている場合もある。この場合は外科手術で治療できる。骨盤の血流に関係する血管に問題がある場合もある。PGADの女性では、中年になり後根神経節にできる仙骨嚢腫という嚢胞がよく見られることから、因果関係があるとも考えられる。神経精神科的な治療薬が引き金になるという指摘もある。

逆に、その種の薬が症状を緩和するという報告もあるが、この問題に関する文献はまとまりがなく混乱している。

ＰＧＡＤがむずむず脚症候群と同時に起こることもある。むずむず脚症候群は、痒いところを掻きたくなるのと同じように、四肢のいずれか、とくに脚を動かしたくなる衝動が生じる病気で、やはりあまり解明されていない。

ＰＧＡＤに陰部の皮膚の神経終末の変性が関係しているかどうかは、今日に至るまで分かっていない。また、患者がこの病気によりオーガズムを求める衝動を感じているときに脳の活動パターンがどうなっているかについても不明だ[20]。

オーガズムとは何か

身近なものほど説明しにくいということがある。そもそもオーガズムとは何か、ということもその一例だ。生理学的に言うなら、オーガズムとは男女を問わず、血圧の上昇、下腹部その他の不随意筋の収縮、心拍の上昇、激しい快感、それに続く充足感を包含する現象である。しかしこれではあまりに無味乾燥な分析的記述で詩的情緒に欠けるというものだ。ジョンズ・ホプキンズ大学の精神科医で性科学の草分けのひとりでもあるジョン・マネーらは、オーガズムの精神的な面と生物学的な面とを共に捉えた見事な定義を下している[21]。「男性及び女性が主観的に、官能的な恍惚、すなわちエクスタシーとして特徴づけるような性愛的経験の絶頂。脳／心と生殖器において同時に生じる[22]」。

マネーの説明は、いくつか重要な点を浮き彫りにしている。第1に、オーガズムは独特な経験だということである。単に触覚の強烈なものに過ぎないのではなく、質的に異なる経験だということだ。第2に、オーガズムに達する最も確実で典型的なあり方は、生殖器への刺激により触覚信号が感覚神経から脊髄、脳へと伝わるという形だということ。そして第3に、オーガズムは詰まるところ脳で生じるのであって、生殖器で生じるわけではないということである。

ではオーガズムは生殖器とは無関係に生じ得るのだろうか。答えは間違いなくイエスだ[23]。陰部から離れた乳首や首筋や口、あるいは表面的には性的とは見られない鼻や膝といった場所でさえ、皮膚に触れられることでオーガズムに至る人はいる[24]。さらに、言うまでもなく、男性でも女性でも肛門と直腸への刺激でオーガズムを得ることはある。ただし、すでに見たように（図4-3）これについては生殖器とその周囲との相互作用によるものである可能性は高い。

稀な事例では、身体のどこかに触れる必要すらない。何かを考えるだけで、あるいは定式化した呼吸法だけでオーガズムを得られる人がいる。そしてもちろん、眠っている間に、陰部が寝具に接触していなくてもオーガズムに達することもある。重度の脊髄損傷で下腹部の感覚がまったくない人でも、眠っている間に、あたかも陰部で起きたかのように感じられたオーガズムを報告することがある[25]。

膣オーガズム論争

男女の被験者グループに自分のオーガズムについて簡単に書いてもらい、そこから性別の手掛かりとなるような言葉（ペニスや膣など）を外し、その編集済みの記述を分析委員会（医学生、心理学者、婦人科医をメンバーとする）に読ませるという研究が行われたことがある。委員会は、それが男性が書いたものか女性が書いたものかを判別できなかった[26]。

しかし、男女のオーガズムにはいくつか重要な差異もある。直腸の不随意筋の収縮を測ってみると、女性のほうが平均してオーガズムがいくぶん長い（男性15秒に対し、女性は約25秒）。また、1回の性行為で複数回のオーガズムに達する割合も女性のほうがかなり高い。

ジークムント・フロイトは、若い女性はクリトリスへの刺激でオーガズムに達するが、成熟した女性は膣への刺激でのみオーガズムに達すると断言した。フロイトは、膣やクリトリスや、そこにつながる神経についての解剖学的、生理学的知見を根拠にしたわけではない。フロイトがこう述べた動機は、女性の性的充足に決定的に重要なのはペニスの挿入であるとする物語を構築するためであった。しかし、女性の側は、たいていの場合、年齢に関係なく、また自慰であるか相手がいるかも関係なく、クリトリスの先端（陰核亀頭）への刺激がオーガズムに至る最も確実な方法であることを知っている。これは意外なことではない。すでに見たように、クリトリスの先端には自由神経終末と陰部神経小体が集中している。このことは、クリトリスが性感に特別な役割を果たしていることと矛盾しない。

フロイトの「膣オーガズム」説に対しては、後年、激しい反駁が加えられるようになった。それが頂点に達したのが1970年、フェミニズムの科学者アン・コートが著した『膣オーガズムの神話』の出版だった。[28]このときを境に、時計の振り子は逆向きに大きく振れ始めた。コートらは、女性の性感を伝えうる、したがってオーガズムを引き起こしうる唯一の構造はクリトリスであると主張した。コートは性研究の草分けアルフレッド・キンゼーの次のような言葉を引いている。「(膣は)身体のほかのすべての内臓と同じく、触覚の末端器官に乏しい」[29]。しかし、これは正しくない。膣壁や子宮頸の神経は、たしかにクリトリスの先端に比べれば少ないが、それでもこれらの部位からの触覚情報は十分に脳に伝わっていく。膣壁や子宮頸(その他、陰唇、会陰、肛門、直腸)だけを刺激すると、明確に識別できる感覚が生じ、皮質の体性感覚野の特定の場所が活性化する(図4-4)。加えて、今ではクリトリスについての解剖学的理解も深まっている。クリトリスの先端である陰核亀頭は「氷山の一角」であり、その下に前庭球からなるウィッシュボーン型の構造がある。前庭球は子宮頸と膣前壁を包んでいる(図4-6)。その結果、膣前壁[30](腹側)に加えられた刺激はクリトリスの前庭球内の感覚神経終末を活性化しうるのである。

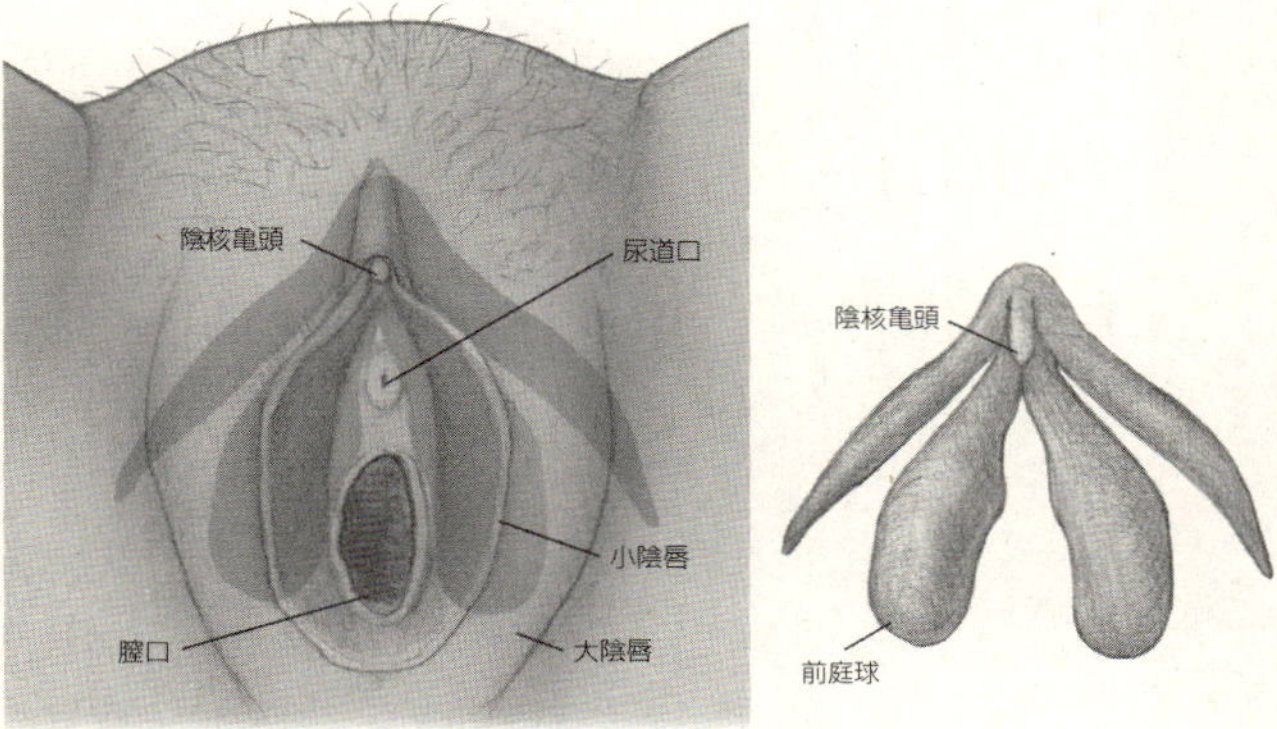

図4-6　解剖学的に見たクリトリスと尿道と膣の関係。
左：陰核亀頭はクリトリスの全体構造（灰色の部分）のほんの一部にすぎない。重要な点は、クリトリスの基部が膣前壁に接触していることである。
右：クリトリスの全体。形がよく分かるよう、ほかの組織を取り除いた図。硬化性苔癬という病気では、クリトリスの包皮が小陰唇と癒着し、陰核亀頭を完全に覆ってしまうことがある（同様の陰唇の癒着により膣口が部分的または完全に塞がれてしまうこともある）。硬化性苔癬で陰核亀頭が皮膚に覆われていても、たいていの人はクリトリスへの間接的な刺激でオーガズムを得ることができる[27]。© 2013 Joan M. K. Tycko

クリトリスが関係しない純粋な膣オーガズムの存在については、脊髄が完全に切れてしまった女性患者がおそらく最も強力な証拠を提供する。このような女性では、陰部神経が伝えるクリトリス(表面に表れている部分も体内の部分も含め)からの触覚信号は脳に到達せず、知覚されない。しかしこのような患者でも子宮頸への刺激でオーガズムを得ることはできる(脳スキャンで確認できる)[8]。これはおそらく、脳に至る経路が残っている迷走神経によるものだ(図4-3)。これが確認されたことで、子宮頸から生じる性感が存在することは強く主張できるが、脊髄損傷のない女性のオーガズムにおいて、この感覚がどのような役割を果たしているかという疑問は残る。

クリトリスが関係しない独特な生理学的現象としての膣オーガズムが存在するか否かについては、いまだ論争が続いているが[31]、今ではいくつかの点が明らかになっている。まず、クリトリスが陰部神経を通じてオーガズムを引き起こすきっかけとして特別な役割を果たしていること。感覚神経が最も集中しているクリトリスの先端部への刺激がオーガズムに達する最も確実な方法と考えられること。自慰具や手による膣への刺激、あるいはペニスの挿入で、膣壁を介してクリトリス基部の触覚センサーが活性化しうること。膣壁や子宮頸自体の触覚センサーも活性化し、それらの信号は、骨盤神経、下腹神経、迷走神経などほかの感覚神経を通じて脊髄に伝わること。これらの神経は、会陰、直腸、肛門などほかの陰部からの信号も担っていること。そして、これらの部位から生じるすべての触覚信号がオーガズムの原因となりうることである。

オーガズム体験についての女性の報告は、人により大きく違う。いつでもだいたい同じように感じるという人もいれば、刺激の細かい点（膣への挿入の有無、乳房への同時刺激の有無など）により質的に異なる種類の感覚がある（集中的か拡散的か、収縮的か震え的か）という人もいる。

もちろん認知的因子や経験も重要だ。私は大学時代に、粗い網目の袖無しシャツを着た男性とするときしかオーガズムを得られないという女性に会ったことがある。このような特殊な要件の理由が彼女の皮膚の神経終末の構造にあるとは考えにくい。インターネット上をざっと眺めるだけでも、男女を問わず、オーガズムを得る必要条件として、ファンタジーからロールプレイ、コスチュームなど、ほぼ限りないバラエティがありうることが分かる。それらの大半は、触覚とはまるで無関係なのである。

男性のオーガズム

男性は全般に、マスターベーションでもセックスでも、女性よりも確実にオーガズムに達すると報告する。ここから、「女性は陰部のさまざまな場所からの性感が複雑に混じり合う経験をしているが、男性の性感は常にペニスに由来する」という考え方が一般に広まった。しかし、これは正しくない。女性のオーガズムにおいてクリトリスの先端部が特別な役割を担っているように、ペニス、とくに亀頭の無毛皮膚が男性のオーガズムの最も確実な引き金になることは確かだが、ほかの部分も関係するのだ。前立腺を完全に切除した男性でも、最良の場合には、勃起も、排尿のコントロールも、オーガズムも可能だ。ただし射精を伴わないドライオーガズムとなる[32]。

最近実施された小規模な調査によると、前立腺を完全に切除したけれどもオーガズムを得られると報告した男性は全員、オーガズムに至る「引き返し不能点」と言われる際立った絶頂切迫点の感覚をもはや感じないと報告したという[33]。陰嚢、睾丸、会陰、肛門、直腸からの信号も男性のオーガズムに寄与しうるし、そのタイミングや質的な面（オーガズムの深さや、拍動的か流動的か、など）に影響を及ぼす[34]。

オーガズムと脳の活動パターン

脳には、進化のかなり早い段階から専用の快感回路が備わっている。複雑な回路だが、中脳にある腹側被蓋野《ふくそくひがいや》と呼ばれる領域の活性化と、その結果、そこから軸索が投射する脳の各所、たとえば側坐核や背側線条体で神経伝達物質のドーパミンが放出されることが、この回路の働きの中心となる。お腹が空いているときに美味しいものを食べると、このドーパミン快感回路が働く。そして、オーガズムに達するときにもこの回路が活性化する。これは理に適っている。快感回路は、個体の生存と種の保存のための行動に働くものだからである。ものを食べる、水を飲む、セックスをする。これらはいずれもそうした目的につながる行動だ。アルコールやニコチン、コカイン、覚醒剤、ヘロインといった数々の向精神薬は、この脳の快感回路を人為的に活性化させる物質である。

しかし私たちは、オーガズムが、ただの快感以上に複雑な経験であることを知っている。この性的な至福の主観的経験の理解を深めるために、オーガズムの間の脳の活動パターンを余すところなく調べることは有用なはずだ。そこで、男女の被験者に、頭を脳スキャン装置に突っ込んだままオーガズムに達してもらう実験がいくつか行われている。これらの実験では、研究者たちがクリップボードを持って被験者のまわりに立つわけだが、できる限り誰も不快にならないような状況を作っている。被験者はパートナーの手による刺激を受けオーガズムに達する。このようにして、刺激をしていないとき、生殖器を刺激してオーガズムに至る前、オーガズムの間という3つの状況を比較する。[35]

刺激をしているときとオーガズムの間の脳の活動パターンは、男女で非常によく似ている。刺激中でオーガズムに達する前は、皮質の1次体性感覚野の脳地図の中に活性化している部分が表れる。ひとつは連続した身体の部分に、もうひとつは中心後回の正中面にある足の先だ。2次体性感覚野など、より高次の体性感覚処理領域における身体地図の対応箇所にも活性化が見られる。[36]生殖器への刺激を続けると、恐怖に関連する情動信号を処理する扁桃体の活動が低下する。この現象は、生殖器への刺激が、恐怖の減少とその結果としての潜在的脅威に対する警戒の消失に関連することを示すと解釈されている。要するに、リラックスするということだ。

オーガズムに達すると、体性感覚野の活性化と扁桃体の活動低下に加え、腹側被蓋野、側坐核、背側線条体といった快感回路の主要部の活性化も見られる。そのほか運動協調やある種の感情的認知に関わる小脳核も活性化する。小脳の活動は、オーガズム中の身体を突き動かしたり身をよじったりする不随意的な動きや、制御できない表情に関わっている可能性がある。そのほかにも、オーガズム中に活動が低下する脳領域がある。慎重な意思決定や自己制御、道徳的選択、社会的評価などに関わる外側眼窩前頭皮質や前《ぜん》側頭極《そくとうきょく》などである。オーガズムの瞬間が、慎重に人生の決断を下すのにふさわしいときでないことは明らかだ。そうした機能を司る脳の主要部分の大半が一時的に休止状態にあるのだから。

脳のスキャン装置は、時間的な解像度があまり高くない。捉えられるのは数秒間の平均的な活動になってしまう。そのため、生殖器を刺激し、オーガズムに達する間に脳の各領域の活動の開始や停止がどのように進んでいくか、細かいところまでは分からない。おそらくは、生殖器の触覚センサーへの刺激により、まず体性感覚野の生殖器に相当する部分が活性化するのだが、それ以後の詳細は不明だ。適切な条件下で繰り返し刺激を受ければ、体性感覚野の生殖器に相当する部分から、腹側被蓋野を活性化し、扁桃体や外側眼窩前頭皮質を不活性化する信号が送られるのかもしれない。オーガズム中の脳内各所間の信号の流れについてはほとんど分かっていない。

オーガズムのレシピ

ここに奇跡がある。私たちはオーガズムに達したときに、それを単にばらばらの感覚の寄せ集めではない、超越的で統合された瞬間と感じる。本来的に快く、感情的に好ましいものとして経験する。それはなぜなのか。

もしこれが単純に脳スキャンの結果が示すものの寄せ集めだとしたら、こんなレシピになるだろう。

オーガズムは、以下の材料を混ぜ合わせて作ります。

生殖器からの触覚を活性化します（体性感覚野）
不安と警戒を不活性化します（扁桃体）
快感回路を活性化します（腹側被蓋野、側坐核、背側線条体）
運動中枢を活性化します（小脳核）
慎重な判断を下す領域を不活性化します（外側眼窩前頭皮質、前側頭極）

お皿に盛ります（1人分）

もしこれが本当にオーガズムのレシピだとしたら、こんなことを考えてみることもできる——これらの脳領域を人為的に活性化、不活性化すれば、実質的に自然なオーガズムと同じ体験ができるのだろうか。その答えは分からない。しかし実際、自然な経験の中にこれにごく近いものがある。てんかん患者の中に、発作がオーガズムを引き起こす者がいるのだ。(37) だが、てんかん発作が、今挙げたレシピに含まれる活性化・不活性化のパターンを正確に生み出すということはあまり考えられない。発作でオーガズムを経験する患者が、発作によるオーガズムと性行為によるオーガズムとの違いを指摘するのも当然だろう。たとえば、てんかん発作によるオーガズムでは、扁桃体や意思決定を司る皮質領域の不活性化が警戒や認知に影響を及ぼすということは、あまりない。

てんかん発作で性的感覚が生じる場合も、さまざまな形がある。頭頂葉だけで発作が起これば、生殖器周囲に触れられている感覚が生じることはあっても、オーガズムに必ず伴う強い快感は生じない。発作が中脳・側頭葉だけで起これば、快感の波は生じるかもしれないが、その快感は生殖器に限定されるものではないし、触覚に伴う感覚さえないだろう。むしろ麻薬で得られる漠然とした快感に近い。発作が、頭頂葉の体性感覚野と中脳・側頭葉の快感回路を両方同時に活性化したときにのみ、自然なオーガズムに近い感覚が生じる。

私たちはオーガズムを本来的に快いものとして経験しているが、それは実は、脳の多くの領域が同時に活動することで、脳が私たちにそのように経験させているにすぎないのである。統一的なオーガズムの感覚は、構成部分に分けることができる。生殖器への接触を識別する感覚は体性感覚野の活性化により生じている。しかしそれ自体は快感ではなく、感情的なものを誘発することはない。感情的に快い感覚は、腹側被蓋野のドーパミン・ニューロンが活動するときにのみ生じる。オーガズムに伴うリラックス感（警戒の消失）と認知的な脱抑制は、それぞれの領域の不活性化の結果である。

だが、素晴らしいのは、私たちはオーガズムを構成するこれらの各要素について考える必要がないということだ。ただ、脳が料理してくれた、この統合された感覚を楽しめばいいのである。

第5章　ホットなチリ、クールなミント

ひとつの調査計画がある。あなたにはジップロックの袋が詰まったバックパックを担いでもらおう。いくつかの袋には採りたてのミントの葉が、いくつかには新鮮なトウガラシ（ハバネロ）がたっぷりと入っている。あなたには、クリップボード、鉛筆、替えの靴下と世界一周の航空券も渡される。あなたの仕事は（この仕事を受けるとしてだが）世界中を回り、大都市からジャングルの中の集落まであらゆる場所を訪れて、老若男女、金持ちも貧乏人も含め、さまざまな人をつかまえては刻んだミントの葉やハバネロを皮膚に塗りつけ、どんな感じかを尋ねて答えを記録することだ。できれば唇の無毛皮膚と腕の有毛皮膚の両方に塗りつけてほしい（舌に付着させてはいけない）。

私が暮らすボルティモアでこの調査をすれば、おそらくいちばん多い答えは、唇でも腕でも、トウガラシは「ホット」、ミントは「クール」だろう。これはただの慣用的な言い回しの問題だろうか。なぜなら、温度計でミントとハバネロを測ってみても、それが熱かったり冷たかったりするはずはないからだ。それにボルティモアの人間は（ほか

の場所でも同じだろうが)、この言葉をよく比喩的に使う。たとえば「格好がいい」という意味で(「テスラのロードスターはすごくクールだ」)。あるいはセクシュアルな魅力があるという意味で(「レイチェル・ワイズはすごくホットだ」)。格好がいいことを「クール」、セクシュアルな魅力があることを「ホット」と表現する比喩は、時代や地域に限定された使い方だ。シェイクスピアの時代の人々はこのような言い回しをしなかった。

では、「ホットなチリ(トウガラシ)」、「クールなミント」という表現も、地域的、文化的に生まれた比喩なのだろうか。それとも、そこにはもっと深い生物学的な実態があるのだろうか。もし単に文化的な比喩だとしたら、世界中を旅するあなたは、トウガラシの皮膚感覚を「熱い」、ミントの皮膚感覚を「冷たい」と表現しない人々を見つけることだろう。

二重機能を持つセンサー

しかし、もし調査の結果、こうした言い回しが実際に広く使われていることが分かったなら、ホットチリ、クールミントという表現が、生物学的に決定された比喩であるという証拠になるのではないだろうか。

それはそうとも言い切れない。あえて反論してみよう。ある場所で使われ始めたホットチリ、クールミントという言い方が、文化の交流の結果、長い時間をかけて世界中に広まったと考えることもできる。ミントの仲間の植物種は世界中に広く分布しているが、トウガラシは南米原産で、ヨーロッパ人が南米に植民地を建設するまでは、せいぜい中米からカリブ海地域にまでしか広がっていなかった。コロンブスが新大陸を発見してはじめて、トウガラシはヨーロッパ、アフリカ、アジアに知られるようになったのだ。そしてすぐにヨーロッパの強国、とくにスペインとポルトガルにより、それぞれの植民地に運ばれていった。今日では考えられないが、インドやタイでも16世紀以前には辛いトウガラシを使った料理は存在しなかった①。世界にまだトウガラシが持ち込まれていない地域が残っているかどうか分からない②。

そこで、この調査を厳密にしようとするなら、タイムマシンが必要になる。たとえば15世紀のタイに飛び、そこでミントとハバネロの実験をするのだ。

私の知る限りでは、このような民族誌学的調査は（タイムトラベルはもちろん）いまだかつて行われたことがない。しかし、生物学的見地からその結果を予想することはできる。触覚についての生物学的知識に基づいて、世界中のほぼすべての人はトウガラシを熱い、ミントを冷たいと表現すると予想できるのだ。これまでにそうした触覚を経験したことがなく、またほかの人がそれをどう表現しているか聞いたことがなくてもだ。クールなミント、ホットなチリという比喩は、人間に生まれつき生物学的に備わったものであると思われる。

ミントの主な有効成分はメントールという物質だ。トウガラシの方は、カプサイシンという化学物質である。トウガラシでもあまり辛くない「アナハイム」という品種はカプサイシンの濃度が低い。非常に辛い「ブート・ジョロキア」は、その1000倍ものカプサイシンを持つ[3]。

では、人間が生物学的にメントールを冷たい、カプサイシンを熱いと知覚する理由をどう考えればいいのだろうか。ひとつの可能性は、冷たさを感知できる神経終末群とメントールに反応できる神経終末群があり、それぞれの線維から伝わる信号が最終的に脳でひとつになるということだ。ミントと冷たさは、脳の中で冷たい感覚を担う同じ領域を活性化するがゆえに同じように感じられるというシナリオである。同じように熱については、熱を感知する神経とカプサイシンを感知する神経が別々にあって、最終的に熱い感覚を担う脳内領域に信号を伝えているという仮説が立てられる。

この仮説は、体性感覚野における信号の統合ということを前提としている。これは合理的な説であるし、魅力的でもあるのだが、実のところ完全に間違っている。なぜそう分かるのか。

第1に、腕を走る同じ1本の神経線維から、熱に反応する電気信号とカプサイシンに反応する電気信号の両方を検出できるからだ。メントールと冷たさの両方に反応する神経線維も見つかっている。これらのことから、脳に届くずっと前の段階、皮膚からつながる神経を、温度による信号と化学物質による信号の両方が伝わっていることが分かる。

また、分子レベルの証拠もある。皮膚の表皮には、細胞膜の表面にＴＲＰＶ《トリップ》１というセンサーを持つ自由神経終末がある（**図2-3**）。このセンサーは1個のタンパク質分子で、熱にもカプサイシンにも反応してイオンチャネルを開く。イオンチャネルというのはプラスイオンが流れ込む穴で、これにより感覚神経は電気的なスパイク信号を発する。同様にTRPM8というセンサーを持つ自由神経終末は、メントールと冷たさの両方に反応する。

最初の疑問への答えは、ホットチリやクールミントの比喩は、文化的なものでもなく、また脳における信号の統合によるものでもないということになる。この比喩の正体は、皮膚の神経終末に存在するセンサーの分子の中に秘められていたのである。

ではなぜ、分子はこのようになったのだろう。TRPV1やTRPM8などの熱感知センサーは、どのようにしてカプサイシンやメントールといった植物由来の物質を感知するようになったのだろうか。こうした二重の機能を持つセンサーが出現するに至った進化の道筋について確実なことは分かっていない。考えられるのは、TRPV1やTRPM8がある種の動物で温度感知センサーとして進化し、その後ある種の植物がその動物に食べられないようにこれらのセンサーを活性化する化合物を作るようになったというシナリオだ。その結果、メントールやカプサイシンを作る変異種は生き延びて子孫を残すのに有利になり、その種の中で勢力を広げていく。このように考えると、センサーの二重の機能を最初に生み出したのは、動物の進化ではなく植物の進化だったということになる。

鳥が平気でトウガラシを食べるわけ

カリフォルニア大学サンフランシスコ校のデイヴィッド・ジュリアスらは、遺伝子操作を利用してTRPV1やTRPM8の分子的性質を研究した。腎臓の細胞やカエルの卵を大量のTRPV1やTRPM8を発現するように改変して培養し、さまざまに刺激して、細胞膜に流れる電気信号を記録したのだ。[4] この研究から、これらの分子の特徴が私たちの日常的な触覚を説明することが明らかになった。

たとえば、ユーカリの木から採れる油にはユーカリプトール（シネオール）という成分が含まれるが、これもメントールのようにTRPM8を活性化して冷たい感覚を生み出す。そのため、ユーカリプトールは消炎鎮痛クリームやマウスウオッシュ、咳止めドロップなどに用いられることが多い。[5]

TRPセンサーは、夏のビーチにも関係する。あまり長時間日光を浴びていると、日焼けから皮膚の炎症へと進み、その過程でプロスタノイドやブラジキニンと呼ばれる化学物質が生産される。これらの物質はTRPV1が活性化する温度の閾値を約43度から約30度まで引き下げる。その結果、ビーチから帰って、砂や日焼け止めを洗い流そうといつもの温水シャワーを浴びると、その温度が閾値を超えているため焼けるような痛みを感じてシャワーの温度を下げざるをえなくなる。[6]

もうひとつの例は、裏庭の鳥の餌入れに見られる。哺乳類はカプサイシンと熱の両方に反応する標準的なTRPV1を持っているが、鳥類はカプサイシンを感じることがなく、この物質が餌に混じっていてもまるで気に留めない（そのため、バードウォッチャーは鳥の餌をリスやアライグマなどの哺乳類に盗み食いされないよう、餌にする種にトウガラシをふりかける。鳥は平気で食べる）。鳥のTRPV1を抽出し、人工的に腎臓の細胞に発現させて調べてみると、鳥型のTRPV1は熱には反応するがカプサイシンには反応しないことが分かった。鳥のDNAを調べていくと、TRPV1がカプサイシンと結合するために必要な細胞膜の内表面にあたる箇所の塩基配列に変異があることを確認できる。(7)

非常に興味深いことだが、トウガラシという植物と鳥類とは、進化の過程で、ある種のデタントに達したようだ。哺乳類は種を食べると臼歯ですりつぶしてしまいがちだが、鳥には臼歯がなく、種子の大半はそのまま消化器官を通り抜ける。鳥が糞をすると、これまでとは違う場所に発芽可能な種子を播いていくことになる。鳥にとってもトウガラシにとっても都合のよい状況である。(8)

冷熱センサーはTRPファミリーだけではない

はじめてTRPV1が確認されてから数年後、いくつかの研究チームが遺伝子操作でTRPV1欠損マウスを作り、カプサイシンと熱に対する反応を測定したところ、カプサイシンに対しては、行動の上でも神経の電気信号においても一切反応しないことが分かった。しかし、熱に対しては、弱いながらも反応を示した。たとえば尾を熱湯（50

度）につけてやると、マウスは尾をお湯から引っぱり上げる。ただし、尾を動かすまでの時間は普通のマウスよりも4倍長い。同様に変異マウスでは、炎症により温感が過敏になる反応も、弱まったが完全にはなくならなかった(9)。この結果は、TRPV1以外にも熱センサーが存在することを示す。

さまざまな温度に反応するTRPV類のイオンチャネルがはじめて見つかったとき、温感についてはこれで満足のいく説明ができるものと考えられた。たとえば、TRPV4とTRPV3を培養腎細胞に発現させて調べてみると、TRPV1よりも温度の低い温かさに反応した。一方TRPV2は、TRPV1の閾値よりも高い温度（約52度以上）に反応した。このようにすれば皮膚は、異なる閾値を持つさまざまなTRPVチャネルを連続的に活性化することで、生暖かい温度から熱い温度、痛いほどの高温に至るまで、現実に皮膚が接触する幅広い温度を感知できる（図5－1）。

しかも、TRPV3とTRPV4は自由神経終末に存在するだけでなく、自由神経終末の末端が入り込んでいる表皮の主な細胞であるケラチノサイトにも見つかっている。ここから、神経終末が比較的低温の温かさを検出する際には周囲の皮膚細胞も協力的な役割を果たしていると考えられる。

このうちTRPV3は、ショウノウ、ナツメグ、シナモン、オレガノ、クローブ、ベイリーフなどの各種スパイスに含まれる化合物によっても活性化することが分かっている。これらのスパイスのいくつかは、温かさの知覚と関連づけられるものだ（私は子供

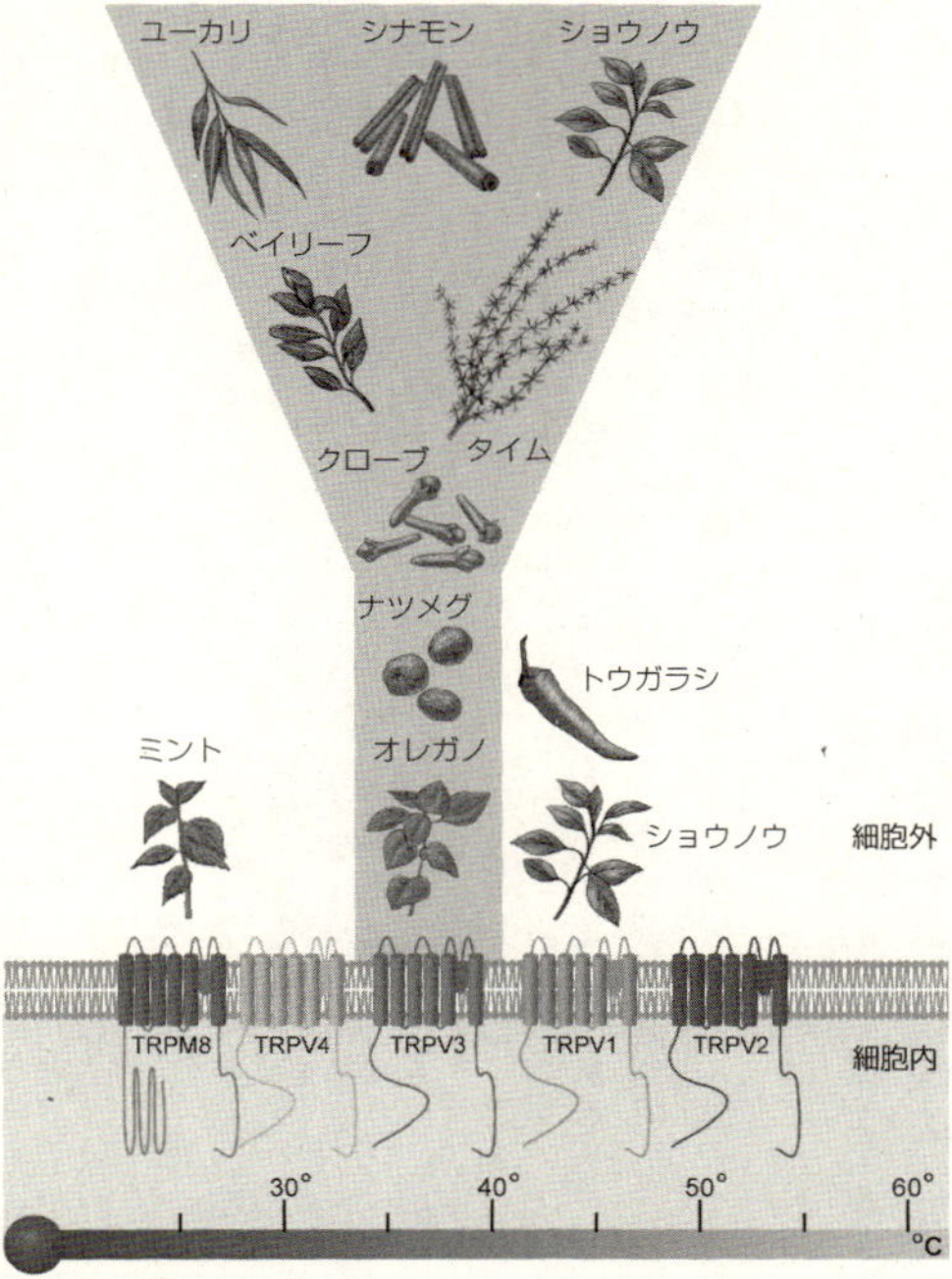

図5-1　温度を感知するTRPグループのセンサー類。いずれも熱さ、冷たさと、植物由来の刺激性の各種化学物質に反応する。各センサーは、反応を始める温度に沿って並べてある。

人間の深部体温は37度ほどだが、表皮では32度前後である点に注意。それぞれのTRPセンサーは違う分子だが、共通する性質もある。いずれも細胞膜を6回貫通し、細胞膜に埋め込まれた輪状の構造となってイオンチャネルを形成する。ここでは全体の分子構造を示す形で図示している。各センサーが活性化する温度はきちんと決まっているわけではないことは指摘しておく必要があるだろう。その閾値は細胞によってもかなり異なる。L. Vay, C. Gu, and P. A. McNaughton, "The thermo-TRP ion channel family: properties and therapeutic implications," *British Journal of Pharmacology* 165（2012）：787-801. Wileyの許可を得て転載。

の頃、シナモン味の「レッドホット」というキャンディが大好きだった)。

図5－1を見れば、明らかに予想できることがある。ほんのりとした温かさを感知するにはTRPV4とTRPV3が必要で、極端な熱さを感知するにはTRPV2が必要だということである。これを考え合わせると、TRPV1遺伝子が欠損していたり、TRPV1タンパク質の働きが薬物で阻害されたりしていても熱の知覚がある程度残っていることは、これらの付加的なTRPVセンサーから説明できる。しかし驚いたことに、TRPVの2、3、4を単独で、あるいは組み合わせて欠損させた変異マウスでも、さまざまな課題において熱の知覚が有意なほど損なわれないのである。この結果は、皮膚にはこれ以外にも、まだ見つかっていない熱感知の仕組みがあることを強く示唆する。おそらくTRPVファミリーではない分子によるものだ[10]。

冷たさの感覚についても同じように曖昧なところがある。遺伝子操作でTRPM8欠損マウスを作ると、メントールにもユーカリプトールにもまったく反応しなくなるが、やや低い温度に対する反応は、弱まるけれども完全にはなくならない。とくに弱まるのは約25度以下に下がったときの反応だが、約14度以下の冷たさに対する反応は正常なままだった[11]。TRPV1欠損が熱の感知に部分的な影響を及ぼしたのと同じように、この結果は、低温、とくに極端な冷たさに対しては、まだ未発見の別の分子的センサーが存在することを示している[12]。

ワサビとニンニクもTRPセンサーに作用する

ミントを皮膚に塗りつけると冷たく感じ、トウガラシを塗りつけると熱く感じる。では、ホースラディッシュ、あるいは近縁の日本のワサビはどうだろう。熱いというほどではないが、温かい刺激は感じる。ワサビもホースラディッシュもカラシも、AITC（アリルイソチオシアネート）という化学物質を含んでいる。この物質は、やはりTRPファミリーのTRPA1を活性化する[13]（図5－2）。TRPA1を活性化する化合物としては、ほかに、ニンニクやタマネギに含まれるアリシンやDADS（二硫化アリル）などがある。眼の角膜に存在するTRPA1を刺激して涙を出させたりするのは、これらの化合物である[14]。

1980年代にシカゴで暮らしていた頃、ハルステッド通りに、蒸しニンニクを出すおいしいイタリアンバーがあった。これをカリカリに焼いたパンに塗って、モレッティ・ビールで流し込むのだ。作り方は、ニンニクの薄皮を剝いてまるごと蒸し、完全に蒸し上がったらシェフが横に半分に切る。客は特製の小さなナイフで鱗茎から中心の柔らかいところをすくい取る。シェフは長年の経験から、皮膚や眼を痒くするニンニクやタマネギの刺激物質は、切ったり潰したりしたときにしか出てこないことを知っているのだ。丸のままなら、アリシンなどの刺激物質を生み出す酵素は植物の細胞内に閉じ込められ、対象を刺激することはない。また、アリシンやDADSは高温で調理すること

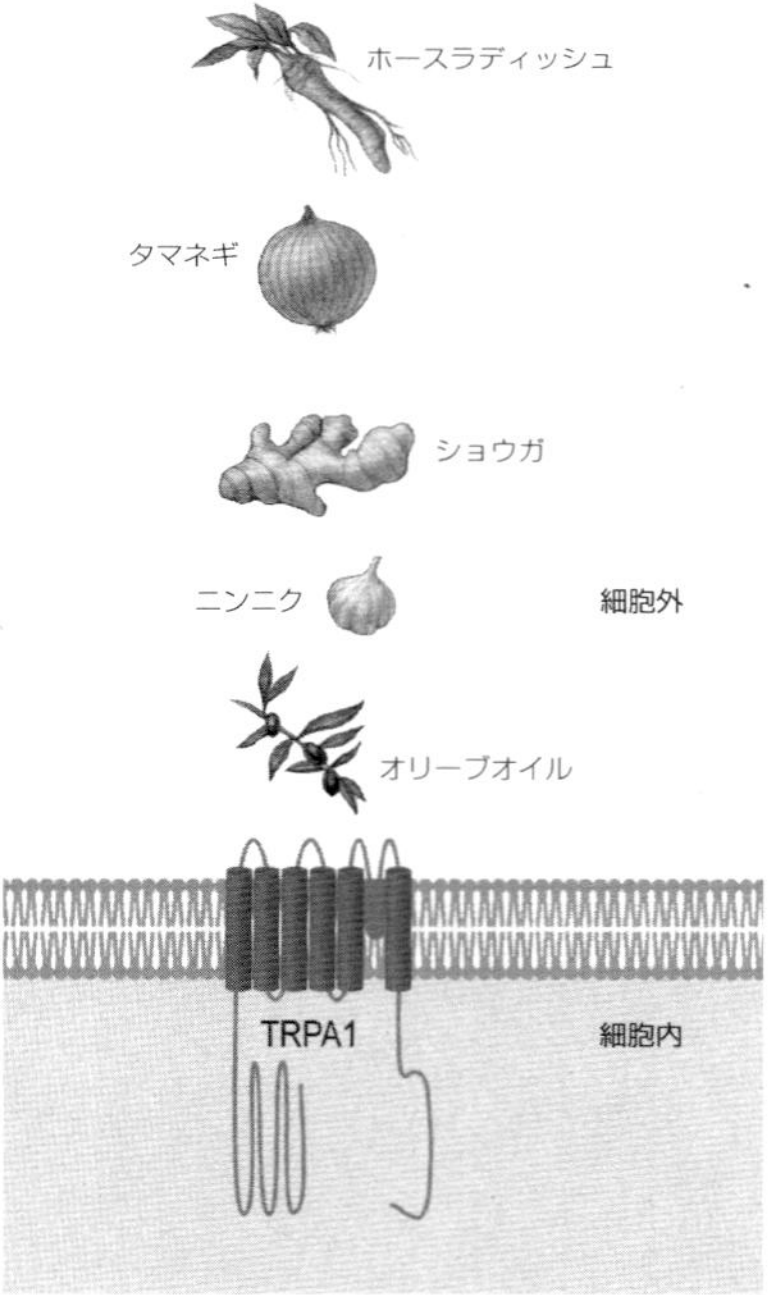

図5-2 ワサビ受容体という奇妙な通称を持つTRPA1センサー。植物由来のさまざまな刺激物により活性化する。よく知られているのはワサビ、ホースラディッシュ、シロガラシなど。構造的に似たタマネギやニンニクの成分や、構造的には異なるが、エクストラバージン・オリーブオイルに含まれるオレオカンタールもTRPA1を活性化する。興味深いのは、ワサビ、ホースラディッシュ、カラシなどアブラナ科の植物と、タマネギ、ニンニク、ニラネギ、ワケギなどのネギ亜科の植物が、それぞれ独立にTRPA1を活性化する化学物質を進化させたことだ。おそらく動物に食べられないようにするためだったのだろう。ただし、これらの化合物には抗菌作用もある。L. Vay, C. Gu, and P. A. McNaughton, "The thermo-TRP ion channel family: properties and therapeutic implications," *British Journal of Pharmacology* 165 (2012) : 787-801. Wileyの許可を得て転載。

によりある程度壊れる。つまり、タマネギやニンニクは丸のまま調理することで、ＴＲＰＡ１を活性化する刺激物質の濃度を下げ、皮膚や眼の痒みを抑え、おいしくマイルドなおつまみの一品になるというわけだ[15][16]。

山椒の刺激は別のメカニズム

サンショウ（山椒）の木は、英語でプリッキー・アッシュ（棘のあるトネリコ）と言うが、ティックルタン・ツリー（舌を刺激する木）、あるいはトゥースエイク・ツリー（歯が痛む木）などとも呼ばれる。樹液や実を食べると、ちくちくとしびれるような感じがするためだ。実際、サンショウの実は「四川胡椒」とも呼ばれ、四川の辛い料理では、ちくちくした食感を出す食材として珍重される。この食感は、感覚ニューロンへの作用を思わせる。

東アジアと北アメリカでは、サンショウを調合した薬が麻酔剤または鎮痛剤として民間療法で用いられる。サンショウの有効成分はヒドロキシ－α－サンショールと呼ばれる。これまで見てきた植物由来の物質が皮膚の感覚ニューロンに及ぼす作用からすると、ヒドロキシ－α－サンショールもニューロンの何らかのＴＲＰチャネルを活性化させるものと想像できる。

ところが、そうではない。ヒドロキシ－α－サンショールは、Ｋ２Ｐカリウムチャネルというイオンチャネルをブロックするという別のメカニズムで感覚ニューロンを興奮させる。この種のチャネルは通常、陽イオンをニューロン内から徐々に外部に漏れ出させる。したがって、それがブロックされると細胞内に急速に陽イオンが溜まり、その結果電気的スパイクが生じて信号が脳に送られる。

サンショウ調剤で活性化するニューロンの中には、心地よい接触を伝えるC触覚線維や、愛撫を検出するセンサー、低周波の震動を伝えるマイスナー小体の線維などがある。これらの活性化がなぜちくちくするような感覚を生むかについては、十分解明されてはいない(17)。

吸血コウモリの特殊なTRPV1

吸血コウモリは面白い動物だ。ホラー映画で演じる空想上の役割ばかりではない(18)。第1章で、吸った血を分けてもらう社会的グルーミングについて簡単に見たが、ここでは採餌のために特殊化した皮膚感覚について詳しく見ていこう。吸血コウモリは生態学的に独特の地位を占めている。温血動物(哺乳類と鳥類)の血液だけを餌にしている唯一の哺乳動物なのだ。コウモリのなかには昆虫や果物を食べる種もあるが、吸血コウモリは液体を飲むことしかできず、血液以外の食べ物があっても血液がなければたちまち餓死してしまう。

吸血コウモリは飛びながら獲物を選び、たいていは動物の背中や首の後ろに止まる。そして血を吸うのに適した場所を探して慎重に噛みつき、ティースプーン2杯ほどの血を吸う。毛が濃すぎて邪魔になる場所は避け、血管が皮膚表面の近くを走っている場所を見つけるのだ。皮膚の下の血管を探るときに活躍するのが、触れずに熱を感知する能力だ。ドイツのボン大学のルードヴィヒ・キルテンとウーヴェ・シュミットは吸血コウモリを研究室で飼育し、彼らが、人間の皮膚から15センチほど離れても赤外線を感知できることを明らかにした[19]。

コウモリには、顔に鼻葉《びよう》と呼ばれる構造を持つ種が多い。鼻葉は、獲物の位置を超音波で特定するエコロケーション（反響定位）に役立つと考えられているが、吸血コウモリだけは鼻葉の周囲にくぼみ（ピット器官）が3つある（図5-3）。このくぼみの皮膚は薄く、無毛で分泌腺もないため、赤外線センサーを置くには理想的な場所だ。また、ここのくぼみは分厚い結合組織で周囲の皮膚と隔てられている。この組織が断熱材として機能し、周囲の皮膚が37度あってもピット器官の温度はかなり低く、29度程度にしかならない。このため、ピット器官の中のセンサーは獲物の熱と自分の顔の熱とを区別できる。

では、吸血コウモリが赤外線を感知する際に用いているセンサーとは、どのようなものなのだろう。人間とマウスについては、既にTRPV1が43度以上の温度を検出することを見た。しかし、これでは十分に敏感とは言えない。そこで、デイヴィッド・ジュリアスとエレーナ・グラチェワらが吸血コウモリの赤外線センサーを特定するために巧みな実験を行った。彼らは吸血コウモリ（チスイコウモリ）と、近縁種だが赤外線を感

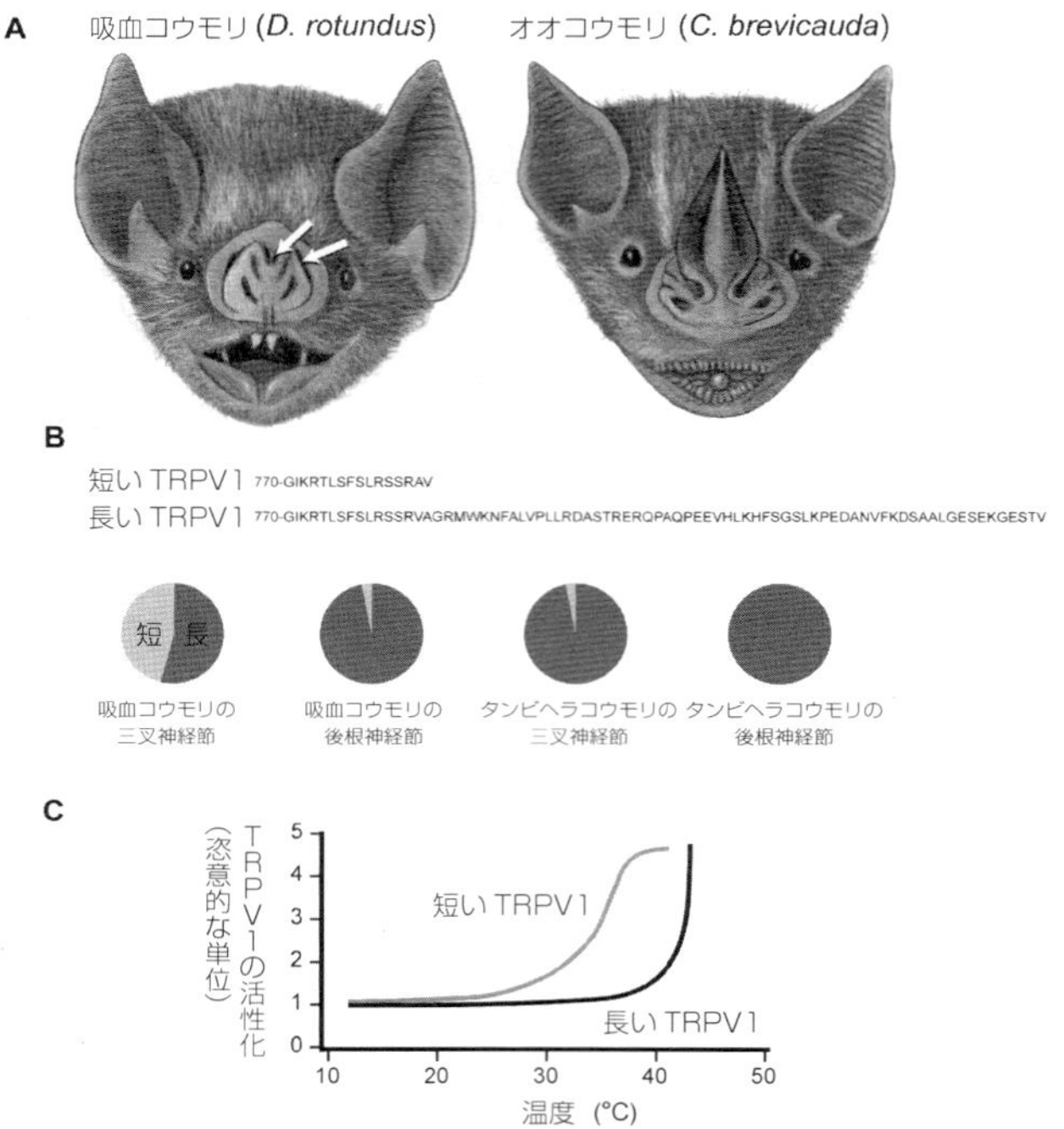

図5-3 吸血コウモリが赤外線を感知できるのは、TRPV1が変化して赤外線に非常に敏感になっているためだ。(A) 赤外線を感知できる吸血コウモリには、鼻の周囲にピット器官(矢印)がある。赤外線を感じないコウモリにはピット器官がない。(B) TRPV1には、選択的スプライシングにより2つの型があるが、その両者のC末端(カルボキシ末端)のアミノ酸配列を示す。短い方が熱に非常に敏感なTRPV1で、長い方が通常の熱感閾値を持つTRPV1。短い型は、吸血コウモリの顔面(ピット器官を含む)につながる三叉神経節のニューロンに高密度で発現するが、身体各部につながる後根神経節のニューロンには発現しない。(C) 培養腎細胞に両方の型のTRPV1を人為的に発現させたところ、長い型は約43度を超えないと活性化しなかったのに対し、短い型は30度で活性化し始めた。E. O. Gracheva, J. F. Cordero-Morales, J. A. Gonzales-Carcacia, N. T. Ingolia, C. Manno, C. I. Aranguren, J. S. Weissman, and D. Julius, "Ganglion-specific splicing of TRPV1 underlies infrared sensation in vampire bats," *Nature* 476 (2011): 88-91. Nature Publishing Group の許可を得て転載。

知できないコウモリ（タンビヘラコウモリ）を集め、顔面につながるニューロンの細胞体（三叉神経節）を慎重に取り出し、TRPV1遺伝子の発現状態を分析した。すると、三叉神経節の感覚ニューロンに発現するTRPV1タンパク質には2つの異型があることが分かった。ひとつはアミノ酸の鎖が長く、約43度という通常の熱閾値を持つ。もうひとつは短く、はるかに低温の30度ほどで活性化する。これは、ちょうどピット器官の温度のすぐ上だ。タンビヘラコウモリの三叉神経節には長い型のTRPV1しかなく、吸血コウモリの三叉神経節には長短ほぼ同量のTRPV1が発現していた。[20]

これのおかげで、吸血コウモリは熱に非常に敏感な型のTRPV1を進化させ、赤外線を感知して餌を探せるようになった。しかし身体のほかの部分はどうなのだろう。吸血コウモリもやはり、身体の皮膚は熱さを感じられなければならない。顔面以外の皮膚につながるニューロンが集まる後根神経節を調べてみると、熱に過敏な型のTRPV1はごくわずかしか存在しない。このため吸血コウモリも、身体のほかの部分では通常の熱感を維持しているのである。

ガラガラヘビはワサビセンサーで熱感知

眠れない夜にこんなことを考えたことはないだろうか。ガラガラヘビに目隠しをしたら、獲物にちゃんと飛びかかれるか？

イリノイ大学アーバナ・シャンペーン校のピーター・ハートラインを中心とする勇敢

な研究者たちがこの疑問に取り組んでくれたおかげで、その答えは分かっている。彼らは、ガラガラヘビに（慎重に）目隠しをして円形の囲いの中心に置き、熱源（ハンダごての先）を、温血動物の動きを真似て左右に動かして攻撃を誘った。ハンダごては、ヘビの攻撃範囲（約90センチ）の少し外側で動かし、ヘビの顔の向きに対してさまざまな角度で試みた。ヘビは、標的が顔の正面方向から5度以内にあれば、目隠しをしていてもきわめて正確に攻撃することができた。研究者らは「非常に驚くべき結果だ。ネズミなら確実にやられてしまう」と記している。[21]

ガラガラヘビには、なぜこのような芸当ができるのだろう。嗅覚ではない。まったく無臭でも、温かいものには正確に飛びかかる。匂いを完全に遮断するケースに入れても関係ない。しかし、温かい対象物との間に赤外線をカットする特製のガラスを置くと、ヘビは正確な攻撃ができなくなる。ガラガラヘビは、吸血コウモリと同じように、温かいものから出る赤外線を感知できるのである。しかし、ガラガラヘビは吸血コウモリよりも敏感で、吸血コウモリの熱源感知範囲が15センチなのに対して、最大約1メートルの距離にある温かい対象物を感知できる。ガラガラヘビに赤外線感覚を与えているのは、眼と鼻孔の間にある小さなくぼみのピット器官だ（図5－4）。ガラガラヘビの左右のピット器官を覆ったり傷つけたりしたうえで、両眼を覆うか、暗闇の中に置いてやると、正確な攻撃ができなくなる。ピット器官を持つヘビはガラガラヘビだけではない。仲間のマムシ亜科（*Crotalinae*）に属する種はこの器官を持つ。たとえば、南北アメリカでは

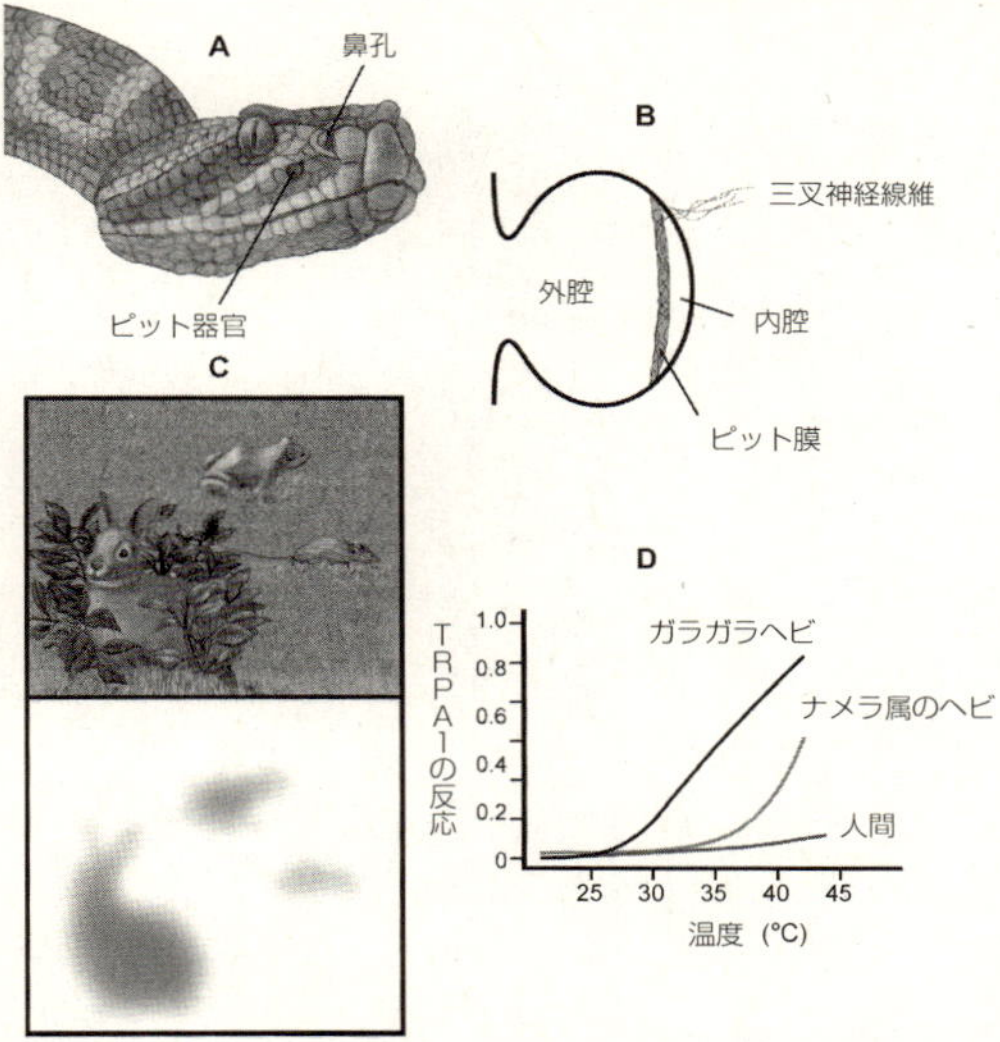

図5-4　ガラガラヘビはピット器官で赤外線を感知できる。このピット器官には温度に敏感な変異型のTRPA1がある。
(A)ピット器官は眼と鼻孔の間にある。
(B)ピット器官の断面。獲物の位置を特定するための簡単なピンホールカメラとして機能しているようすを示す。三叉神経節から来る神経線維が、ピット内の空間に太鼓の皮のように張られた膜の中で枝分かれしている。
(C)ガラガラヘビが感じている視覚世界（上）と赤外世界（下）をイラスト化するとこうなる。これら2つの情報は蛇の脳で統合される。ウサギが草むらに隠れていても（あるいは闇夜でも）、ヘビは温かいウサギの身体の形をぼんやりと知覚できる。ヘビの赤外感覚は温かい対象物が冷たい背景の前にある場合だけでなく、池から上がってきたカエルが日光で温められた芝生の上にいるときのように、温かい背景の前にある冷たい対象物も見て取ることができる。
(D)ガラガラヘビのTRPA1は遺伝子レベルで変異し、30度で活性化するようになっている。赤外感覚を持たないナメラ属のヘビのTRPA1は温度に対してあまり活性化せず、人間のTRPA1はまったく活性化しない。図A、B、DはE. O. Gracheva, N. T. Ingolia, Y. M. Kelly, J. F. Cordero-Morales, G. Hollopeter, A. T. Chesler, E. E. Sánchez, J. C. Perez, J. S. Weissman, and D. Julius, "Molecular basis of infrared detection by snakes," *Nature* 464（2010）：1006-11より。Nature Publishing Groupの許可を得て転載。図CはE. A. Newman and P. H. Hartline, "The infrared 'vision' of snakes," *Scientific American* 246（1982）：116-27より。Macmillan Publishersの許可を得て転載。

アメリカマムシ、ヤジリハブ、ブッシュマスターなど、アジアではヨロイハブやヒャッポダなどである。

ピット器官は、簡単なピンホールカメラのような仕組みで働く。皮膚表面に開口部が、ピットの奥の方には赤外線を感知する膜がある。膜の両側には空間がある。図5－4Bを見れば分かるとおり、ピット器官の開口部が絞りとして赤外線の入光を制限し、空間中の特定の点からの光が膜のごく一部だけに当たるようになっている。これにより、ピット器官は外界についての低解像度の赤外線画像を作ることができる。

ピット膜はヘビの三叉神経節から伸びる７０００本の神経線維につながっている。赤外線画像は三叉神経節から脳の視蓋と呼ばれる部分に送られ、そこで、視覚情報と統合される[22]（図5－4C）。

ガラガラヘビがピット器官で赤外線を感知していると聞けば、その分子センサーは、おそらく吸血コウモリと同じく温度に非常に敏感なＴＲＰＶ１だと予想されることだろう。ところが、先述のデイヴィッド・ジュリアスらがヘビの（ピット器官につながる感覚ニューロンが集まっている）三叉神経節を調べたところ、予想されたＴＲＰＶ１は多くはなく、驚いたことに、ワサビ受容体として知られるＴＲＰＡ１が４００倍も多かったのである。

これは奇妙な発見だった。哺乳類のＴＲＰＡ１は、熱で活性化することはない。培養腎細胞に人間とガラガラヘビのＴＲＰＡ１をそれぞれ発現させて調べると、ガラガラヘビのＴＲＰＡ１は30度で活性化するのに対して、人間のＴＲＰＡ１は熱にほとんど反応しなかった。顔面に赤外線感知器官を持たないナメラ属のヘビのＴＲＰＡ１は、わずかに熱に反応した。[23] ＴＲＰＡ１をワサビセンサーと考えるようになったのは、たまたま先に哺乳類のＴＲＰＡ１を研究したからにすぎない。ヘビを中心に考えていたら、ＴＲＰＡ１はワサビやニンニクにも反応する熱センサーだと見なしていたことだろう。

ヘビの仲間でも、ボア科やニシキヘビ科はマムシ亜科より約３０００万年古い種族だ。これらの種にもピット器官があるが、通常は左右に13対、口の上下に2列に並ぶ。これらのピット器官の開口部は狭まっておらず、ピンホールカメラのようには機能しない。しかし、それぞれのピットはヘビの顔面上の位置により、少しずつ異なる角度の「視野」を持つ。ニシキヘビやボアの赤外線への感度は、行動実験から、ガラガラヘビほど高くないことが分かっている。したがって、ニシキヘビのＴＲＰＡ１が、ガラガラヘビのＴＲＰＡ１ほど熱に敏感でなく、ナメラ属のヘビのＴＲＰＡ１よりは敏感であることは驚くに当たらない。人間とニシキヘビとガラガラヘビのＴＲＰＡ１の遺伝子塩基配列を比較してみると、ヘビの系列で熱感度を高めるＴＲＰＡ１の進化が2回起こっていることが分かる。最初はボア科やニシキヘビ科の古いヘビで、もう1回は比較的新しいマムシ亜科のヘビで起こった。[24]

ランダムな変異と自然選択の過程において、異なる生物種で、何万年もの時を隔て、ひとつの問題（たとえば赤外線感知）に対して分子的、構造的に同じような解決が図られることがある。この現象を収斂進化と呼ぶが、これはその見事な事例である。

赤外線感知能力を、獲物を見つける目的以外に用いる生物もいる。たとえば、山火事が起これば大半の動物は逃げ出すが、北アメリカに生息するタマムシの仲間（*Melanophila*、ナガヒラタタマムシ属）は火事に引き寄せられる。しかし、彼らに焼身自殺願望があるわけではない。このタマムシは火災が収まるとすぐにやって来て、まだ心地よく暖かい灰の中で交尾をするのだ。そしてメスは、焼けたばかりのマツの焦げた樹皮の下に卵を産み付ける。翌年の夏に幼虫が孵《かえ》ると、その焦げた木を餌にできる（生きているマツの木は幼虫に食べられないような化学物質を出している）。

このタマムシは、工場や、観衆のタバコの煙が漂うフットボール競技場など、暖かい場所に引き寄せられて来ることもある。おそらくそうした襲来の中で最も劇的だったのは、１９２５年８月にカリフォルニアのセントラルバレーにあるコーリンガの町の近郊で起こったものだろう。石油タンクで大火災が発生し、非常に多くのタマムシが飛来した。コーリンガに無数の昆虫が群がり、鎮火後も数日そこに留まったと当時の新聞記事は記している。

コーリンガの町は乾燥した盆地の中にあるため、タマムシは約１３０キロ離れたシエラネバダ山地の西麓から飛来したと考えられる。この種のタマムシは、腹部の左右に赤外線を感知するピット器官をひとつずつ持つ。後に、ボン大学のヘルムート・シュミッツとヘルベルト・ボウザックが１３０キロ離れた場所から甲虫のピット器官に届く赤外線の量を計算したところ、あまりに小さいため、甲虫自身の身体が発する熱によるノイズに埋もれてしまうことが分かった。昆虫の神経系では、この小さな信号を抽出し、それをきっかけに大移動を始めるのは難しい。

今日でも、この種のタマムシが利用している赤外線センサーが、吸血コウモリのようなTRPV1なのか、ガラガラヘビのようなTRPA1なのか、あるいはまったく別の、TRP類ですらないメカニズムなのか、分かっていない[25]。

動物種による温感閾値の違い

グーグルの画像検索窓に「paradise」(楽園)と入力してみよう。画面いっぱいに100種類もの熱帯のビーチの眺めがあふれるはずだ。なぜだろう。ひとつには、南国のビーチは贅沢な休暇を——少なくとも豊かな社会に暮らす人々にとっては——示唆するからだ。しかしそれならば、なぜ検索結果にほかの人気の旅行先、たとえばニューヨークやスキーリゾートやディズニーランドが出てこないのだろう。その理由は天候にある。楽園とはまず、身体が約37度という深部体温を維持するために懸命になる必要がない場所のことだからだ。人間をはじめ、恒温動物(哺乳類と鳥類)は、深部体温がほんの数度変化することに耐えられない。体温が上がりすぎたときには、私たちは反射的な反応と意図的な活動を行う。たとえば発汗し、血管が拡張し、冷たい飲み物を飲み、プールに飛び込んで体温を下げる。体温が下がりすぎたときは、身体が震え、血管が収縮し、セーターを着込む。こうした、恒常性を保つ反射や行動を起こすためには、常に深部体温をモニターすると同時に、皮膚を通じて外界の温度を感じ取っていなければならない。身体的反応が必要な程度に皮膚が熱くなったり冷たくなったりした場合に、それを検出する必要があるのだ。人間のＴＲＰＭ８とＴＲＰＶ１の反応閾値は、まさにその仕事に適した値になっている。ＴＲＰＭ８は約26度を下回ると活性化し、ＴＲＰＶ１は約43度を上回ると活性化する。

ＴＲＰＭ８とＴＲＰＶ１の活性化の閾値が本当に体温の維持のために設定されているのだとしたら、人間とは体温の違うほかの動物では、閾値が異なることが予想される。実際、ニワトリとラットとカエル（アフリカツメガエル）からＴＲＰＭ８をコードしているＤＮＡを取り出し、人為的にＴＲＰＭ８のチャネルを発現させる実験が行われた。ニワトリのＴＲＰＭ８の閾値は約30度と人間より高く、約42度という深部体温を守りやすくなっている。一方、恒温動物ではないカエルは、極端な寒ささえ感知できればいい。予想通り、カエルのＴＲＰＭ８の閾値は低く、約19度以下にならなければ活性化しない[26]（図５－５）。

熱の検出の面でも、ＴＲＰＶ１の閾値は深部体温に合わされているようだ。人間のＴＲＰＶ１が活性化するのは約43度以上だが、恒温ではないゼブラフィッシュという熱帯魚のＴＲＰＶ１は、約33度で活性化する。

結論を言うと、動物ごとの暑い寒いの感知の閾値は、それぞれの動物の生理学的機能

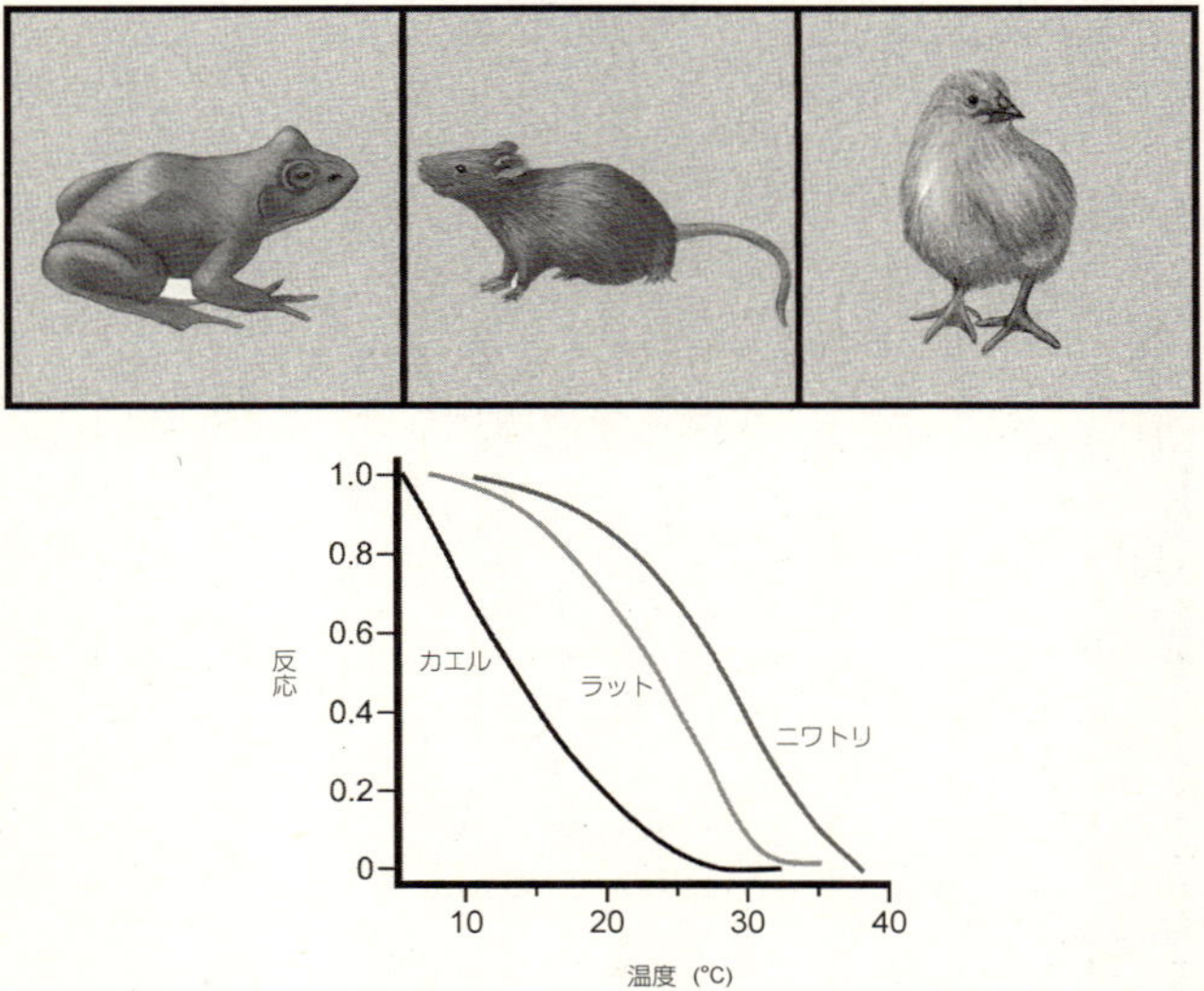

図5-5　温度の低さに対するTRPM8反応の閾値は、深部体温に関連している。この温度反応グラフは、カエル、ラット、ニワトリのTRPM8を人為的に発現させて作成した。B. R. Myers,Y. M. Sigal, D. Julius, "Evolution of thermal response properties in a cold-activated TRP channel," *PLOS One* 4（2009）：e5741より転載。Creative Commons Attribution Licenseの条件下で配布されたオープンアクセスの論文（原著者と出典をクレジットしている限り、いかなる媒体における利用、配布、複製も無制限に許可）。

に必要な体温調節という面で、意味のある値になっているのである。[19]

個体による温感閾値の違い

数年前、秋も深まった季節に、オハイオ州で暮らしていた義妹の家に滞在したことがある。地下のゲストルームで朝、目覚めると、肌寒いどころではなかった。分厚く着込んで1階に上がり、エアコンの温度設定を見ると、11度にセットされていた。義妹が短パンにTシャツで楽しそうにキッチンで動き回っているのを見ると、これは彼女にとって適温だったのだろう。翌年は、携帯型の暖房機を忘れずに持って行った。

ある友人は、ドアの枠が歪むほど部屋を暖める。カラカラに乾いたコヨーテの頭蓋骨が床に転がっていても不思議ではないくらい、灼熱の砂漠のような部屋だった。

温度の好みが人によりこれほど極端に違うのはなぜだろうか。経験上、皮下脂肪が薄い人は暖かい方を好むことは分かっている。これは深部体温調節という観点から理に適っている。また、活動的な人は（落ち着きがないだけの人も含む）、筋肉の収縮が熱を生み出すため、涼しい方を好むということを私たちは知っている。子供や若者がコートを着たがらない理由の一端はここにあるかもしれない。

深部体温には1日の間に変動のサイクルがある。そのため、望ましい外気温も変動する。しかし、こうした個々人の違いを皮膚の温感分子や脳の温感回路の違いから説明することはできるのだろうか。温度の好みに遺伝的な影響はあるのだろうか。現時点ではせいぜい、そうしたこともあるかもしれない、という程度しか言えない。

動物種が違えばＴＲＰＶ１やＴＲＰＭ８の違いにより反応温度も違ってくるということは既に見た。また、ラットでも人間でも、ＴＲＰＶ１を阻害する薬物により高体温症になるということも分かっている。ＴＲＰＭ８を活性化する薬物でも同じことが起こる。

遺伝子にＷＮＫ１／ＨＳＮ２という劣性の変異を持つ人がまれに存在する。この変異遺伝子が２つ揃うと重度の感覚神経変性が生じる。しかし、片方だけ持っている人には症状は現れない。ところが、熱感と冷感の閾値を詳しく調べてみると、この変異を持っている人は、年齢と性別が同じ対照群の人々と比べて、熱感の閾値がやや低く、冷感の閾値がやや高い[27]。

単純に考えれば、ひとりひとりのＴＲＰＶ１とＴＲＰＭ８の遺伝的変異が個々人の温感の違いの一部を説明すると予想されるかもしれないが、そのような結論は今のところ出ていない。例の義妹はカエル的なＴＲＰＭ８を持っているのだと私は強く疑っているが、それはまだ確認できていないのである。

第6章　痛みと感情

パキスタンのラホールで、ある少年が14歳の誕生日に友だちを驚かせようと、家の屋根から飛び降りて見せた。着地した少年は立ち上がり、大丈夫だと言ったが、翌日、大量の内出血により死亡した。これほどの大けがを負いながら少年がまるで痛がるようすを見せなかったため、家族は医者に連れていこうとしなかったのだ。

言うまでもなく、彼は普通の少年ではなかった。腕にナイフを突き通したり、燃える石炭の上を歩いたりする大道芸人として知られている少年だった。近所の人たちは、少年は一切痛みを感じないため、こんな恐ろしいことができるのだと話していた。

少年は厳密な検査を受ける前に死んでしまったが、ケンブリッジのアデンブルック病院の遺伝学者ジェフリー・ウッズは、生まれつき痛みを感じる能力が完全に欠如した人をさらに6人見つけ出した(1)。いずれもパキスタン北部の辺境に暮らすクレシ族出身の子供たちだった。この症状はまったくランダムに、まれに起こる遺伝子変異の結果であるため、世界中どこで起こってもおかしくない(2)。ウッズが調査したパキスタン出身の一族はイギリスに移住し、いとこ同士の結婚を繰り返していた。6人の子供たちは、生きている間、あらゆる痛みを感じなかった。皮膚にも、筋肉にも、骨にも、内臓にもだ。赤ん坊の頃にも泣くことはめったになかった。彼らは、痛みを感じているがそれを気にしないのではない。痛みというものをまったく経験しなかったのだ。神経学的な検査で、機械的刺激（震動、圧力、触感）や（痛むほどの極端な熱さや冷たさではない）暖かさや寒さ、くすぐりや愛撫であれば、この子供たちの知覚は健常であることが分かった。ハンマーで誤って親指を叩いてしまったときも、その圧力は感じる。ただし、それで痛いと感じることはない。叩いた親指は腫れてくるが、ずきずきと痛んだりはしなかった。

障害は痛覚に限られていた。反射は正常で、腸や膀胱のコントロールにも問題がなく、認知、気分、対人関係にもこれといった障害は見当たらなかった。この子供たちに「痛み」という言葉の意味を説明してほしいと尋ねると、適切に答えられる者はいなかったが、年長の子供たちは、痛みが他人にどのような行動を引き起こしやすいかを知っていた（たとえば、サッカーでタックルを受けたときに本当に痛がっているふりをして、相手選手にイエローカードを出させることまでできた）。

そして重要な点として、身体的な痛みを感じないからといって、感情的な痛みを経験できないというわけではない。身体は痛まなくとも、気持ちが傷つくことはあった。他人の感情的な痛みに対しては、正常に共感できるようだった。

痛みを感じなければ、さぞのんびり暮らせるだろうと思われるかもしれないが、現実はそういうものではない。痛みというのは、組織にダメージを与えるような刺激への反応として生じる。痛みがなければ、刃物や熱湯や有害な化学物質を避けることも学べない。先天性の無痛症の人は常時けがをしている。知らないうちに自分で舌を噛み、骨を折り、関節をすり減らし、ゴミの入った目をこすって角膜を傷つける。成人になるまで生きている者は少ない。パキスタンで屋根から飛び降りた少年のような派手な亡くなり方は多くない。むしろ、日常的な組織の損傷から死に至ることが多い。たとえば合わない靴を履いていて足を痛めたり、熱すぎる飲み物で食道を傷つけたりするのだ。きつすぎる下着が腹部の皮膚を傷つけたという例まである。患者には、こうした傷から感染症に至る危険が常にある。

この症状を持つパキスタン人の子供たちの脳画像や腓腹神経の生検結果は正常だった。第3章で見たノルボッテン症候群の患者とは違い、この子供たちには、信号伝達の速いAα線維から遅いC線維まで、正常な感覚神経線維がすべて揃っていた。

DNAを解析したところ、6人の子供全員にSCN9Aという同じ遺伝子に変異が見つかった。ニューロンの電気信号伝達に欠かせないナトリウムチャネルの生成を指令するコードを持つ遺伝子だ。ところが、SCN9Aが発現するニューロンは、皮膚と内臓から痛みの情報を伝えるものにほぼ限られているのだ（ほかの情報を伝えるニューロンのナトリウムチャネルは、別の遺伝子による）。その結果、脊髄や脳に痛みの信号を伝えるニューロンは存在するけれども、このニューロンは電気的に活動しなくなっている。つまり、腓腹神経の生検結果は正常に見えるけれども、痛覚は完全に消失しているのだ。

これらの患者から変異したＳＣＮ９ＡのＤＮＡを取り出し、腎細胞を使って人為的に発現させてみると、ナトリウムチャネルの働きが一切確認できず、電気の流れは変化しなかった（図６－１）。現時点では、この電気信号を回復させる手段はない。つまり、先天性無痛症に有効な治療法は存在しないということだ。

先天性無痛症を引き起こすＳＣＮ９Ａ変異のようなタイプを、機能喪失型変異と呼ぶ。機能するタンパク質を合成できないため、痛覚ニューロンのナトリウムチャネルによる電位変化の伝播が生じないわけだ。この変異は劣性遺伝であるため、この型の変異をした2つのＳＣＮ９Ａ遺伝子を両親からそれぞれ受け継いではじめて発症する。いとこ同士の結婚が比較的多い家系で生じやすいのはそのためだ。

このほか、機能獲得型の変異もある。ＳＣＮ９Ａが機能獲得型の変異をすると、ナトリウムチャネルが異常に敏感になる。この獲得型の変異では、どちらか一方の親から受け継いだ遺伝子が変異しているだけで、痛みの知覚に大きな影響が生じる。

激痛症か無痛症か

その症状は生後すぐに現れ始める。はじめて腸が動いたときであることも多い。赤ん坊は驚き、しだいに恐怖の表情に変わる。泣き叫んで大人にしがみつき、なだめることもできない。身体が硬直し、真っ赤に染まる。顔は苦痛に歪んでいる。

このような発作が数分間続き、1日に何度か起こる。たいていは口や肛門まわりのちょっとした刺激、たとえばミルクを飲ませたり、お尻を拭いたり、直腸体温計を差し込んだりといったことが引き金となる。赤ん坊は状況を言葉で伝えることはできないが、少し大きくなると、痛みはたいてい肛門や顎や目から始まり、広がっていくと説明する。そしてすぐに、焼かれて刺されるような痛みが拡散し、想像できないほどの苦痛が生じると成人患者は言う。この症状に苦しむ女性で出産経験のある人はみな、出産よりもはるかに痛いと証言する。こうした女性患者の大半は、子供にこの病気が遺伝すると分かっていたら中絶していただろうと話す。子供が将来、このような痛みの発作に苦しむと考えるだけでも耐えられないというのだ[3]。

この病気は発作性激痛症と呼ばれている。これも、SCN9A遺伝子の獲得型変異のひとつである。この病気の患者のSCN9A変異から生じる神経細胞膜のナトリウムイオンの流れを**図6－1**に示す。細胞が分極化すると、ナトリウムイオンの流れは正常に生じるが、不活性化が遅く、不完全になる。その結果、痛みを感じるニューロンが引き金の軽いマシンガンのように働く。通常は電気的スパイクを1回か2回発火するだけの刺激が持続的な発火を招き、激痛の発作を引き起こしてしまうのだ。

幸いなことにカルバマゼピンという薬がSCN9A遺伝子により生じる敏感なナトリウムチャネルを抑えることができる。この薬で完全によくなる患者もいるし、多くの患者で痛みの発作の回数や重篤度が軽減される[4]。

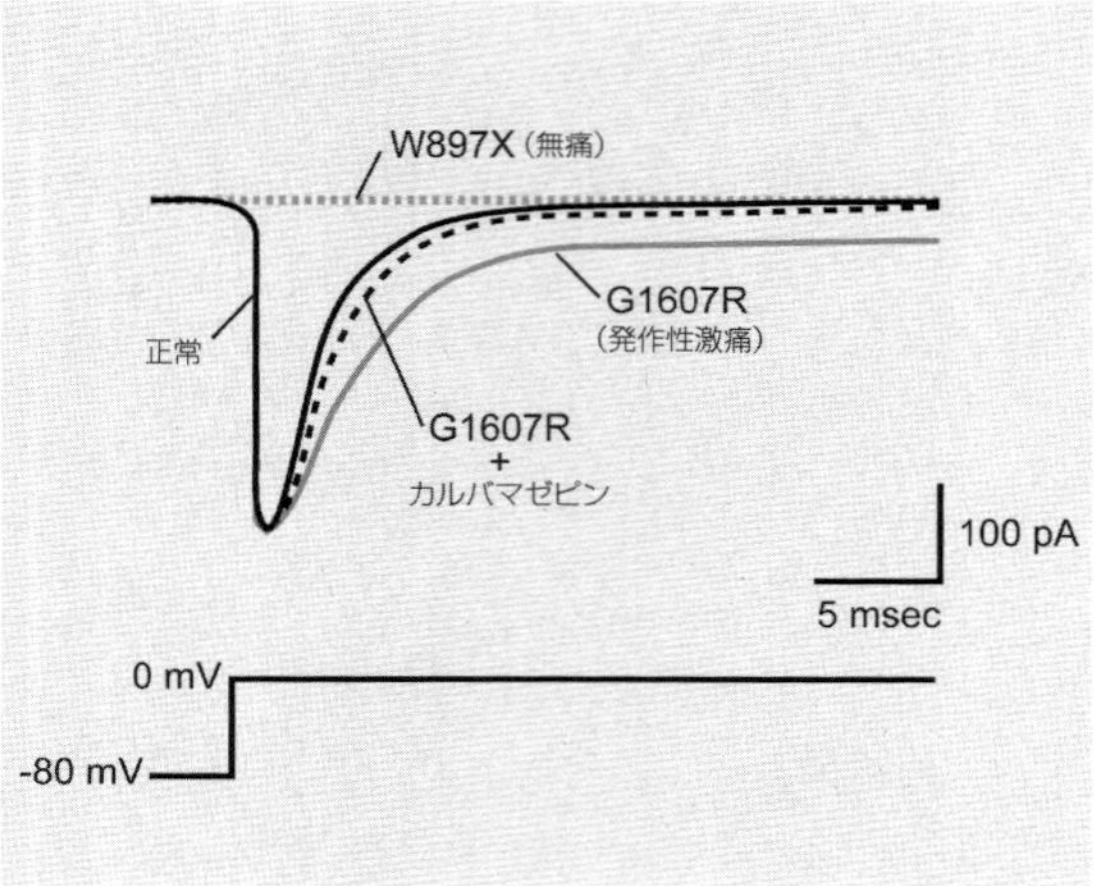

図6-1　SCN9A遺伝子の変異は、痛覚と、ナトリウムチャネルによる電位変化を劇的に変えることがある。いくつかの変異型のSCN9Aを人為的に腎細胞に導入し、電気回路を使ってナトリウムチャネルを刺激する。細胞膜内外の電位差を、−80mVから0mVに急激に変化させるのだ。これは、軸索を通じて信号を送る際の電気的スパイクを生み出すニューロンの発火にほぼ相当する。正常なSCN9Aでは、典型的なナトリウムイオンの流れが生じる。短時間細胞内に向かってプラスのイオンが流れ、数ミリ秒で流れは完全に終わる。先天性無痛症患者のSCN9Aには、W897Xと呼ばれる変異がある。この変異では、ナトリウムチャネルの機能が完全に失われ、イオンの流れは生じない。発作性激痛症患者のSCN9A遺伝子には、G1607Rという変異がある。この変異では、ナトリウムチャネルは正常に活性化するが、不活性化が遅く、不完全になるため、イオンの流れがいつまでも残り続ける。カルバマゼピンという薬がこの影響を一部抑え、発作性激痛症の緩和に有効だ。先天性無痛症の原因となる変異はいくつかあるが、いずれもイオンの流れを生じなくさせるものだ。同様に、発作性激痛症の原因となる変異もいくつかあり、やはりいずれの場合もナトリウムイオンの流れを生じた後の不活性化が不完全になる。

しかし、発作性激痛症患者は、仮にカルバマゼピンで治療しなくても、通常は寿命を全うする。大半の患者は子供を持ち、仕事をし、普通の歳まで生きる。これはある意味で究極の選択だ。もし2つのSCN9A変異のどちらかを選ばなければならないとしたら、あなたはどちらを選ぶだろう。痛みは感じないけれどもほぼ確実に若死にする人生か、それとも、生涯を通じてときおり激しい痛みの発作に襲われながら寿命を全うできる人生か。

痛みが脳に伝わるまで

裸足で部屋を歩き回っていて、つま先を椅子の脚にぶつけてしまった。痛みは一気にやって来るわけではない。最初はぶつけたつま先に鋭い痛みが走る（第1痛）。その痛みはすぐにやわらぐが、鼻歌で気を紛らわせながら待ち構えていると、ずきずきとする痛みの第2波（第2痛）が広がる。第1痛は脊髄を伝わる。電気信号を時速約110キロ（秒速約30メートル）で伝える中ぐらいの太さのAδ線維と、時速240キロ（秒速約70メートル）で伝える太いAβ線維によるものだ。これに対して第2痛は、はるかに遅い時速3キロほど（秒速約90センチ）の細いC線維で伝わる。皮膚の全域（および内臓の大半）には、速い線維も遅い線維も両方備わっている（図6-2）。

速い信号と遅い信号が脳に到着する時間差は、つま先など脳から離れた場所ほど顕著になる。逆に、顔面の痛みにも速い遅いがあるのだが、時間差が非常に小さく、はっき

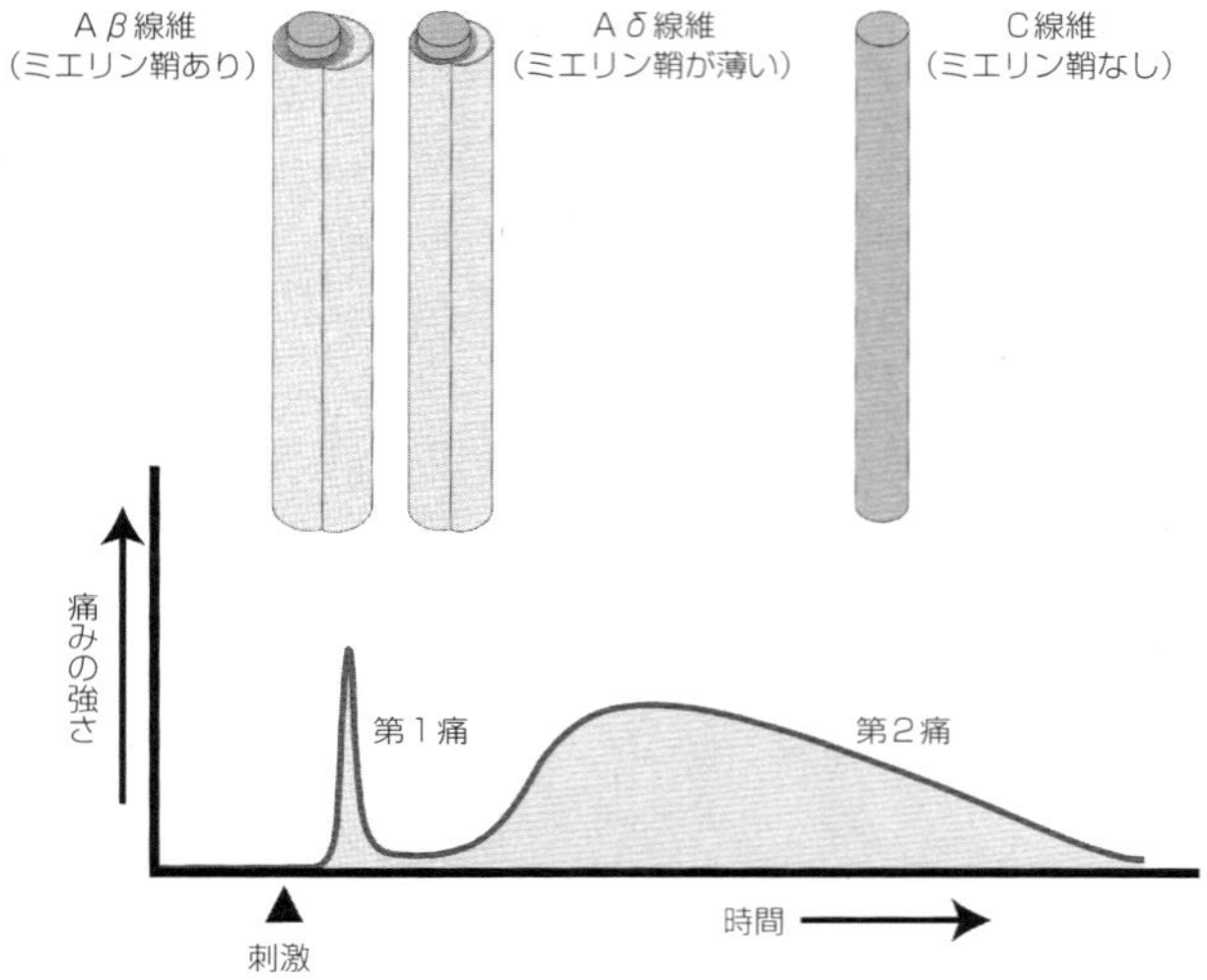

図6-2 第1痛は瞬間的で、場所を特定できる識別的なものだが、第2痛は場所がはっきりせず、感情に満ちていて、持続時間が長い。最初の痛みは、ミエリン鞘が薄い中くらいの太さのAδ線維とミエリン鞘に覆われたAβ線維により伝わり、第2の痛みはミエリン鞘のない細いC線維により運ばれる。それを確かめる1つの方法は、結紮糸でA線維を縛って圧迫し、信号伝達を止めることだ。C線維に影響はない。これにより第1の痛みは止まるが第2の痛みは残る。念のために付け加えると、A線維にもC線維にもSCN9A遺伝子は発現している。したがって、先天性無痛症の患者は第1痛も第2痛も感じないし、発作性激痛症の患者はどちらの痛みも強まる。

りと区別されることはない。予想されるとおり、身体の大きな動物では、第2痛の遅れはさらに大きく、体長30メートルにもなる恐竜（首長竜など）がしっぽを流木にぶつけたとして、第1痛が脳に到着するのに約1秒、第2痛が知覚されるのはたっぷり1分後のことになる。[5]

痛みの最初の波は迅速に伝わり、正確で識別的だ。迅速な対応を要する脅威についての情報を伝え、回避反応を導く。第2痛が届く頃にはもう回避反応を開始し、呪いの言葉を吐いていることも多い。やかんの柄をつかんだら思いのほか熱かったとしよう。最初の波で即座にやかんを離し、第2痛が届く頃には手を振って冷まそうとしているはずだ。

第2の波は徐々に高まり、徐々に収まっていく。痛みの元がどこかもあまりはっきりしない。痛みの質も、うずくような、あるいは焼けるような、ずきずきした感じだ。第2の波により痛みへの注意が持続し、それ以上のけがを避けたり、回復につながったりするような行動を促す（痛めた足をかばって歩く、など）。

痛みは、一瞬の経験だとしても、単一の感覚ではない。私たちは実生活での経験から、さまざまな質の痛みがあることを知っている。人に痛みの感覚を描写してもらうと、鋭い、脈打つ、灼けるような、ちくちくする、鈍い、うずくような、重い、刺すような、といった表現が並ぶ（**図6－3**）。こうしたさまざまなタイプの感覚はどのようにして生じるのだろう。

マギル痛み質問票（MPQ）

患者氏名 ＿＿＿＿＿＿ 日 ＿＿＿＿ 時 ＿＿＿＿ am/pm

PRI: S ＿＿ (1-10) A ＿＿ (11-15) E ＿＿ (16) M ＿＿ (17-20) PRI(T) ＿＿ (1-20) PPI ＿＿

1 チクチク
ピリピリ
ビリビリ
ズキズキ
ズキンズキン
ガンガン

2 ビクッとする
ジーンと感じる
ビーンと痛みが走る

3 針で突くような
千枚どおしで押すような
錐でもみこむような
刃物で刺すような
槍で突きとおすような

4 スパッと切るような
切り裂くような
(ズタズタに)切りきざむような

5 はさむような
締めるような
噛みつかれるような
締めつけるような
押しつぶされるような

6 引っぱられるような
引きぬかれそうな
引きちぎられそうな

7 熱い
灼けるような
やけどをするような
灼きこがされるような

8 ヒリヒリ
むずむず
バーンと打たれるような
ずきずき

9 にぶい
腫れたような
傷のついたような
うずくような
重苦しい

10 触られると痛い
ほてるような
きしるような
割れるような

11 疲れる
疲れ果てる

12 気分が悪くなる
息苦しいような

13 おののくような
ギョッとする
足のすくむような

14 こりごりする
さいなむような
むごたらしい
残忍な
殺されそうな

15 ひどく不快な
目のくらむような

16 うるさい
わずらわしい
なさけない
激しい
耐えがたい

17 じわっとにじむような
ひろがるような
浸みこむような
突きさすような

18 窮屈な
しびれたような
引きしめられるような
締めつぶされるような
引きさかれるような

19 冷ややかな
冷たい
凍るような

20 しつこい
むかつくような
もだえるような
おそるべき
拷問のような

現在の痛みの程度（PPI）
0 痛みはない
1 軽い
2 不快な
3 悩まされる
4 ひどく不快な
5 激しく苦痛な

短期間の 一瞬の 一時的な	律動的な 周期的な 間欠的な	持続的な 間断のない 常時

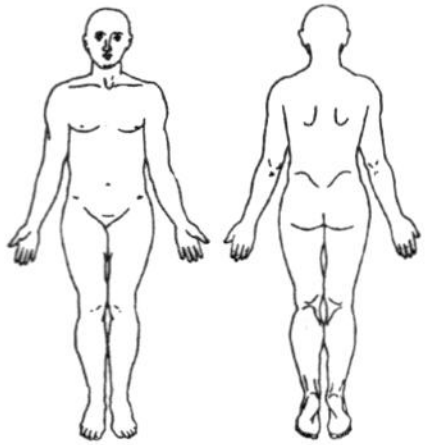

E = 体表
I = 体内

コメント

図 6-3　マギル痛み質問票（MPQ）。ロナルド・メルザック博士が臨床的に見られるさまざまな痛みを包括する目的で開発した[8]。質問 1 〜 10 は感覚的な記述、11 〜 15 は感情的な記述、16 は評価、17 〜 20 はその他で、上記の 3 つのそれぞれの側面を含む。Copyright R. Melzack, 1975. 許可を得て転載。

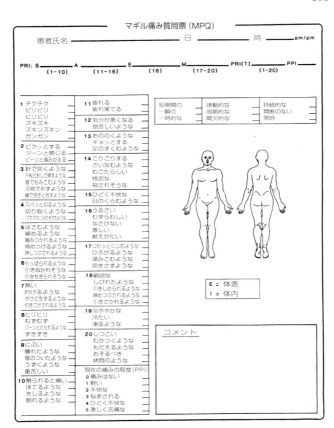

痛みのセンサーには、大きく分けて、機械的センサー、熱センサー、多モードセンサーの3つの種類がある。はっきりと分かっているわけではないが、痛みの質は、これら3種類のセンサーから生じる神経活動のパターンと、それぞれの活動の相対的なレベルにより生じてくると推測される。おそらく痛みの質には、その同じ場所で生じる痛み以外の触覚信号との組み合わせや比較も関係する。

圧力や震動、質感、愛撫に対するセンサーは特殊な構造を持ち、あるいは毛根との複雑な関係を形成しているが、痛みのニューロンはこれとは異なり、単純で簡素な自由神経終末を持つ。自由神経終末は表皮に入り込んでいる。表皮に強い圧力が加わると、痛みの機械的センサーはすぐに反応する。指を傷つけたり、つま先を何かにぶつけたり、ジッパーで皮膚を挟んだりすると、機械的痛みセンサーが脳に信号を送る。一部のセンサー分子はAδ線維の自由終末に含まれるため、その情報は迅速に伝わる。

別のAδ線維の自由終末には、気温が約6度以下または約46度以上になると反応する熱の痛みセンサーもある。[6] また、熱や物理的刺激や化学的刺激（強い酸やアルカリ）に広く反応するC線維の終末もある。これら多モードの痛みセンサーは第2痛を伝えるもので、さまざまな種類の痛みをカバーしているため、第1痛よりも質の特定が難しくなると考えられる。[7]

痛み信号を伝えるA線維やC線維の細胞体は、後根神経節にあり、そこから脊髄の後角と呼ばれる部分に入る（図6－4）。第2章と第3章で見たように、これは軽い触覚

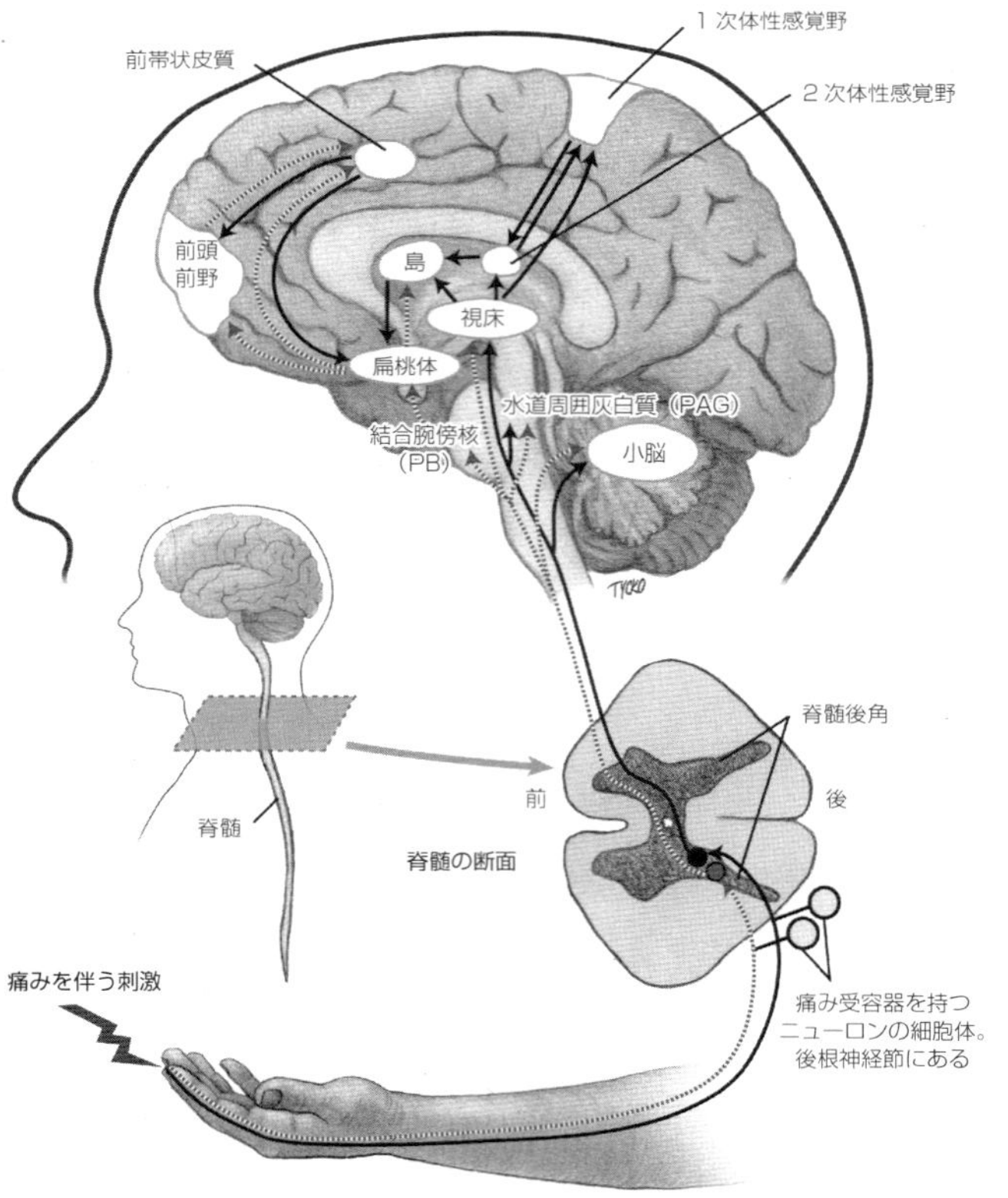

図 6-4　痛みの情報を脳に伝える 2 つの主要経路。識別的な痛み感覚を迅速に伝える経路（太い実線）は、大半が脊髄から視床に伝わり、視床から 1 次体性感覚野および高次体性感覚野につながる。伝達の遅い感情的経路（破線）は、一部が脊髄から中脳に至り、結合腕傍核を経由し、扁桃体、島、前帯状皮質につながる。© 2013 Joan M. K. Tycko

や愛撫を伝える感覚神経と似た経路だ。痛みを伝えるC線維とAδ線維は、後角のニューロンと興奮性シナプスで接合する。後角には、固有受容覚（信号が非常に速いAα線維）や物理的感覚（信号が速いAβ線維）、愛撫（信号が遅いC線維）、そして痛みなど、さまざまな触覚情報を伝えるニューロンが層状に存在する。ここでは詳しい解剖学的構造の説明は避けるが、(9)ある重要な一般原理だけ心に留めていただきたい。さまざまな触覚刺激（痛み、軽い接触、愛撫など）の情報の流れは、脊髄の中を脳に伝わるまで基本的には分離しているが、信号の混合が目立つポイントもある。(10)たとえば後角の広作動域ニューロンと呼ばれるニューロンは、痛みの情報と軽い接触の情報を統合する。ひじをぶつけたときにそこを揉むと一時的に痛みが和らぐが、その現象は、脊髄で痛みとそれ以外の信号が混合することで説明できるかもしれない。

広作動域ニューロンはこのように多様な痛み信号を混ぜ合わせるため、ときに幻覚が生じることがある。たとえば皮膚と内臓の両方からの痛み信号を受け取る広作動域ニューロンがある。そのため、アンギナ（心筋への血流が不足したときに生じる痛み）に襲われた人は、その痛みが左腕から来るように知覚することがよくある。左腕にはまったく問題がないにもかかわらずだ。「関連痛」と呼ばれるこの種の痛みから、人間が常に感覚の世界を正しく読み取っているとは限らないという一般原則がよく分かる。この場合、脊髄の配線が、混乱を生み出すように作られている。いったい痛みの信号を混ぜ合わせて曖昧にすることにどんな利点があるというのだろう。ひと言で言うと、その答えは分からない。

痛みの2つの側面　識別と感情

痛みを痛みとして登録する単一の脳領域というものは存在しない。痛みの知覚は脳の各所に分散している。それぞれの領域が痛みのさまざまな側面に関わる（図6－4）。脊髄後角のニューロンから痛みの情報を伝える経路は、少なくとも5つある。ここではそのうちの3つに注目しよう。[11]

最初の経路は脊髄から視床下部に至るものだ。脳の基底部にある視床下部がこの経路の信号で活性化すると、即座に、無意識のうちに心拍、体温、呼吸、深層筋の収縮、ホルモン分泌が変化する。脊髄から視床に至る第2の経路は後角に発するニューロンで、正中を横切って脊髄を上がり、視床でシナプス接合をする。視床のニューロンは1次および2次体性感覚野へと伸びる。脊髄から視床への経路に電極を差し込み、いくつかの線維を短時間刺激すると、非常に場所のはっきりとした痛みの感覚が生じる。

脳が痛み刺激を受ける様子を画像化してみると、第1痛は主に脊髄－視床路と、その行き先である1次、2次体性感覚野の活性化に関連している。第2痛は、3番目の上行経路である脊髄－中脳路と、それが活性化する脳幹の結合腕傍核、さらにシナプス接合を経て島、扁桃体、前帯状皮質の活性化と最も強く関連する。[12] こうした神経解剖学的な詳細がなぜ重要かというと、これら脊髄－中脳路が目指す脳内の各所が、痛みに対する感情的、認知的反応に関わる場所だからだ。これらの領域の活動は、痛みの位置や質を表すものではない。痛みに特徴的なネガティブな感情を付与する領域なのである。また、痛みの感覚と、「自分は安全なのか、危ないのか」「この痛みは予想通りか、意外だったか」「この痛みでこれからどうなるのか」といった状況についての情報が、ここで統合される[13]。

私たちは本能的に、痛みを不快なものと受け取る。痛みを表現するときには、「こりごり」「むごたらしい」「耐えがたい」（図6－3のマギル痛み質問票を参照）といった感情的な表現をする。痛みが生じるとき、感覚的な識別の部分と感情的な部分を別々に連続して経験するわけではない。それはひとかたまりの不快な感覚である。感情と感覚は完全に混ざり合っている。しかし、ある種の脳障害を持つ患者には、痛みの各要素が別々に経験されることがある。

視床の外側部と1次、2次体性感覚野だけに損傷があると、痛みのうち、感覚の識別的な性質が失われる。この種の損傷を負った患者は、信じがたいことだが、痛み刺激に対して感情的に不快とする反応は見せるが、痛みの質（灼けるようか、凍るようか、鋭いか、鈍いか、など）をまったく識別できない。身体のどこが痛むかすら分からない。

逆に、痛み回路の中で感情的な面の中枢である島皮質後部または背側前帯状皮質だけに損傷を受けると、痛覚失象徴と呼ばれる症状が生じることがある。この種の患者は、痛み刺激の質や強さ、位置は正確に説明できるが、私たちには当然のネガティブな感情的反応を見せない。痛覚失象徴症候群の患者にとり、痛みは有害な意味合いを持たないため、痛み刺激をあまり回避しない。痛みを感じてはいるが、ただ、気にならないようなのである。

右手の手のひらに針を刺すと、その患者はうれしそうな顔をしてから表情を少し曇らせ、「ああ、痛い。痛いですね」と言うのだ。この表情は、一種の自己満足を表している。同じ反応は、顔やお腹に針を刺しても見られた。足の裏を刺したときは、はっきりと気持ちよさそうに、にこにこし始めた。(14)

痛覚失象徴症候群の患者はけっしてマゾヒストではない。マゾヒストにとり痛みは非常に深い意味合いを持つのであり、痛覚失象徴症候群患者は、実際、その正反対と言える。患者は痛みを楽しんではいないし、求めてもいない。ぼんやりしているわけでも不注意なわけでもない。単純に、痛みが感情的な響きを、よい面でも悪い面でも、伴わないだけなのである。

痛みは、オーガズムが本質的に感情的でポジティブであるのと同じように、本質的に感情的でネガティブなものである。通常は、オーガズム経験も痛み経験も、いくつかの脳領域がほぼ同時に活性化することで得られる。それにより、出来事を統一的な全体として経験する感覚が生じるのである。どちらも、感覚的識別の面では1次および高次の体性感覚野を必要とし、感情的な側面ではほかの脳領域——痛みでは島皮質後部、前帯状皮質およびそれに関連する領域、快感では腹側被蓋野と、そこからドーパミン・ニューロンが投射している領域——を必要とする。感情的な側面をはぎ取ってしまえば、痛みもオーガズムも、まるで気の抜けた反射的な経験にすぎない。

痛みを生み出すスープ

子供の頃、日焼けはまるで魔法の呪いのように思えた。一日中砂浜で肌を焼き水遊びをして過ごすと、日が暮れて家に帰っても日光の熱が肌に付きまとい、シーツに軽く触れたりシャワーを浴びたりするだけで耐えがたい痛みに襲われ、一晩中眠れなかったものだ。日焼けは、アロディニア（異痛症）という症状を引き起こす。普通は何ということもない触覚刺激を痛いと感じる状態だ。日焼けをした皮膚は、軽く触れただけで痛みが走る。

アロディニアとは別に、これといった刺激がないのに痛みを感じる自発痛と呼ばれる持続的な痛みの症状がある。アロディニアと自発痛には多くの共通点があるが、2つの重要な特徴がある。たとえば火傷で組織が損傷を受けると、その部分は熱だけでなく機械的な刺激にも過敏になる。料理中に親指の指先に火傷をすると、ペンを持って何かを書こうとするときにも、普段ならどうということのないその機械的な刺激を痛みとして感じる。もうひとつの特徴は、けがへの反応で生じる炎症（腫れたり、赤くなったり、熱く感じたりなど）が、損傷を受けた組織に限定されず、かなり範囲が広がるという点である。親指の腹にちょっと火傷をしただけでも指全体が何日か熱を持ち、親指や、ときにはそれ以外の場所でさえ、アロディニアや自発痛が生じる。

炎症とそれに伴う持続的な痛みは、「炎症性スープ」と呼ばれる化学物質の複雑な混合物により生じる（図6－5）。組織が傷つくと、損傷した細胞がプロスタノイドと呼ばれるいくつかの化合物を放出する。この物質が、痛みを感知するC線維の終末に分布するTRPV1などの受容体に作用する。他方、これらの細胞はマスト細胞（肥満細胞）やマクロファージなどの白血球を活性化し、ブラジキニンという化合物を放出させる。この物質は、プロスタノイドと同様、TRPV1の温感閾値を約43度の高さから普通なら熱いというほどではない約30度にまで引き下げる（これについては第5章で説明した）。このほか、マクロファージからはTNF－αやNGFといったタンパク質が放出される。これらもC線維を敏感にする作用がある。活性化したマスト細胞はヒスタミンを放出する。ヒスタミンは血管を拡張させ、また血管の透過性を高めて血漿を漏出させる。周囲の組織が熱を持ったり、赤くなったり、腫れたりするのはこのせいである。

かつては、神経線維は、こうした痛みの化学的信号を受け取るだけだと考えられていた。しかし現在では、痛みを検出するC線維の終末からも組織に信号が送り返され、フィードバックループを作っていることが確認されている。神経終末はCGRPという分子を放出し、血管拡張と血漿の漏出をさらに促す。また、P物質（SP）と呼ばれる、

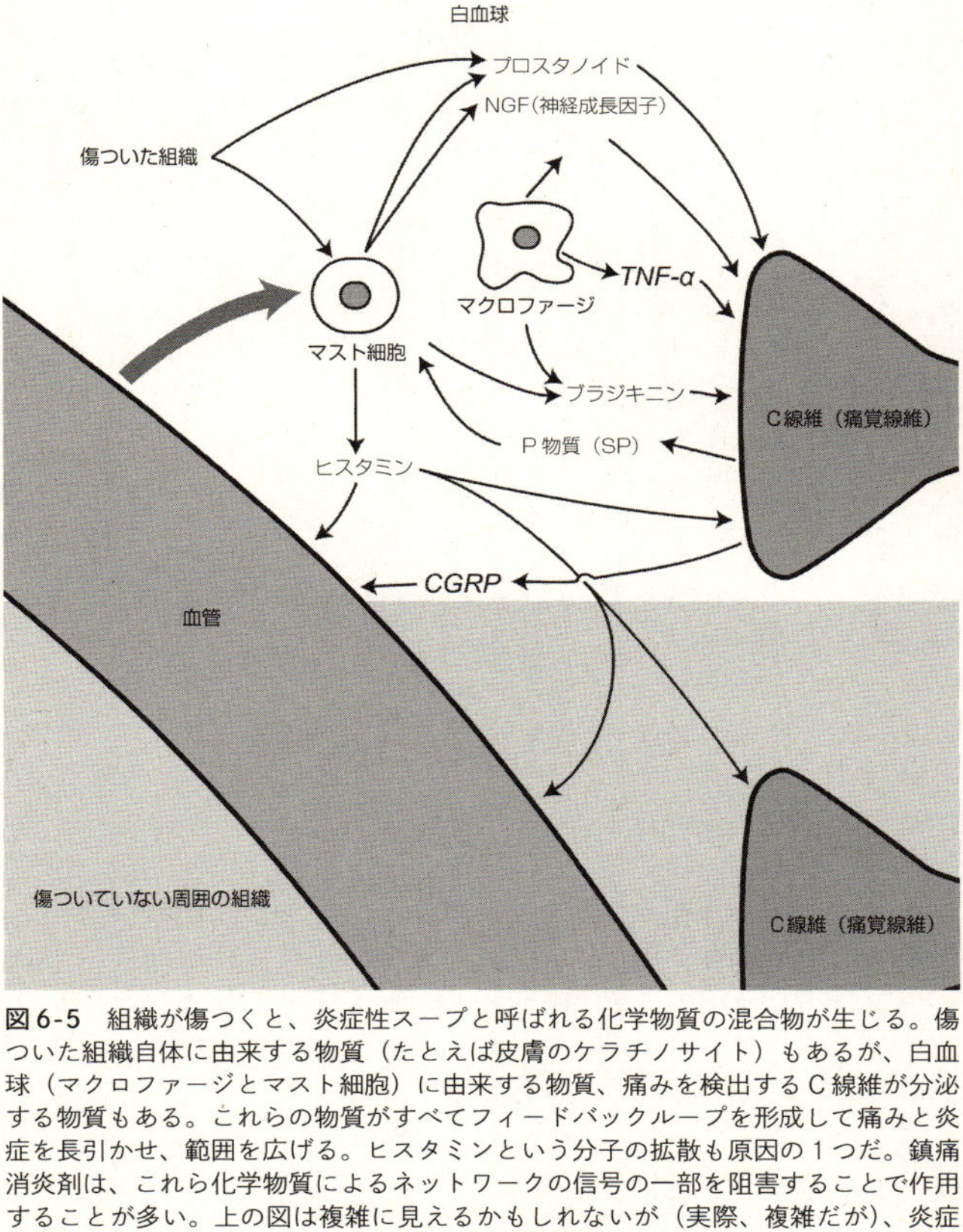

図6-5　組織が傷つくと、炎症性スープと呼ばれる化学物質の混合物が生じる。傷ついた組織自体に由来する物質（たとえば皮膚のケラチノサイト）もあるが、白血球（マクロファージとマスト細胞）に由来する物質、痛みを検出するC線維が分泌する物質もある。これらの物質がすべてフィードバックループを形成して痛みと炎症を長引かせ、範囲を広げる。ヒスタミンという分子の拡散も原因の1つだ。鎮痛消炎剤は、これら化学物質によるネットワークの信号の一部を阻害することで作用することが多い。上の図は複雑に見えるかもしれないが（実際、複雑だが）、炎症性スープには、ここに示していないほかの化合物も多数含まれる。

マスト細胞を活性化する分子も放出する。

このように、損傷した組織と白血球と血管とC線維の間で化学的信号が交換されることが、けがをしてから数日から数週間、痛みと炎症が続く理由のひとつとなっている。これらの信号物質は周囲の健康な組織にも広がり、そこでフィードバック信号を引き起こすため、腫れと知覚過敏の範囲が広がるのである。ただし、その範囲は限られている。親指にけがをすると手先が腫れ、痛むかもしれないが、感染症にならない限り、腕全体が痛むというようなことはないだろう。

鎮痛、消炎に効果のある薬の多くは、この炎症性スープに含まれる化学物質の信号の働きに作用する。アスピリンとアセトアミノフェン、イブプロフェンは、プロスタノイドの生成を抑制する。抗ヒスタミン剤は、ヒスタミンが神経終末や血管の受容体に作用するのを阻害する。近年では抗TNF－α製剤により関節リウマチの痛みの治療が劇的に改善した。NGFの作用を阻害する薬も慢性疼痛治療に有望で、現在臨床試験が行われているが、関節の劣化を加速する徴候もあり、最終的な有効性はいまだ不明だ。(15) パイナップルやアロエから抽出した化合物はブラジキニンの作用を阻害する。これらが治療薬として用いられる可能性はあるし、これら天然の化合物の構造を基にブラジキニン阻害薬が作られるかもしれない。炎症性スープに含まれるその他の化合物の働きを抑える薬の開発は、今後も重要な研究テーマであり続けるはずだ。

持続する痛みとシナプス増強

触覚の研究者として知られるフランシス・マグローンは、こう問いかけることを好んだ。「慢性の痛みがあるのに、どうして慢性の快感がないのだろう」。鋭い疑問だ。

ここまで、痛みがいかに傷害を避ける行動を引き起こすのに欠かせないものであるかを見てきた。無痛症の患者は、成人するまで生き続けることが難しかった。しかし、痛みは、その目的からすれば要らなくなっても持続することがある。けがが治ってからもずっと、ときには生涯にわたり人を苦しめる。

持続する痛みは、痛覚神経の終末の変化により生じるだけではない。その神経線維が脊髄後角で次のニューロンに接合するシナプスが変性することもある。痛覚神経のC線維を電気信号が伝わり、脊髄側の終末に来ると、そこから興奮性の神経伝達物質であるグルタミン酸が放出される。グルタミン酸は両ニューロン間の狭いシナプス間隙に拡散し、後角側のニューロン上にあるグルタミン酸受容体に結合する。その結果、痛みの信号がさらに脊髄を伝わり、脳に至る。

痛みが持続する場合のように、このシナプスが繰り返し刺激されると、結合はどんどん強く、効率的になっていく。ここにはグルタミン酸の放出量の増加や、後角側のニューロンの受容体の増加[16]、電位依存性イオンチャネルの変化による発火頻度の増加など、複数の要因が関与する。このようなシナプスの変化は、非常に長期にわたり持続しうる。

ちょうど記憶のようなものだ（実際、脳内で記憶をコードする分子や細胞の変化の一部は、脊髄に発するこの種の慢性痛を引き起こしている変化と同種のものと考えられている）。皮膚（あるいはほかの組織）の炎症反応がすっかり収まり、神経終末の痛みの感受性が正常に戻っても、脊髄の神経の変化は何カ月も何年も持続することがある。脊髄に由来する慢性痛が生涯続くことさえある。後角のシナプスにおけるこの痛みの伝達だけを選択的に弱める方法が見つかれば、救われる人は非常に多い。当然、この分野では活発な研究が行われている。

治療がとくに難しい慢性痛に、幻肢痛と呼ばれるものがある。手や足を切断した人の約6割が、失った手足が痛むような慢性痛を経験するのだ。ないはずの手足がうずいたり、灼けるような痛みが生じたりする。この現象が生じるのは、成人後に手足を失った場合のほうが多い。事故で失った人にも、手術で切断した人にも同じように認められる。この現象が見つかった当初は、切断面の神経の損傷から生じる痛みだと考えられたが、手術をやり直しても、切断箇所に局部麻酔をしても痛みは消えなかった。

幻肢痛の少なくとも一部は、痛覚神経の後角の興奮性シナプスの接合が増強されたままであることが原因である可能性が高い。手足の切断手術は長い間、全身麻酔のみで行われてきた。この場合、痛みの信号は手足から脊髄の後角に至り、その後、脳に至る段階でブロックされる。手術前および手術中に全身麻酔に加えて切断箇所に局部麻酔をして、痛みの信号そのものが後角に至らないようにすると、幻肢痛の出現はいくぶん減少するようだ。後角ニューロンのシナプス接合の増強を長期化させない薬物を使うことも、同じように、幻肢痛を抑えるのにある程度有効に作用しそうなことが分かっている[17]。

脊髄で痛みの信号を仲介するシナプスが長期的に増強されると、脊髄のニューロン経由で脳に送られる信号も変化し、さらに脳そのものも変化を被る。第2章で、弦楽器の演奏者が長年の練習の結果、指に対応する部分の脳地図が拡大しているという話を紹介したが、ある意味でそれに似た変化が起こるのだ。手足を切断して幻肢痛に苦しむ患者では、1次体性感覚野の脳地図で、その手足の部分などが拡大していることがある。手足を切断しても幻肢痛の症状のない人の場合、このような拡大は見られない[18]。

認知が痛みを増減する

イラク戦争中の2003年4月13日、アメリカ陸軍実戦部隊の衛生兵ドウェイン・ターナーは、バグダッドの南50キロほどの暫定作戦基地で少人数の部隊とともに補給品の荷下ろしをしていたときに、敵襲を受けた。以下は、ターナーが数カ月後に語った回想である。

1人の敵兵が壁越しに手榴弾を投げ込んで、ぼくらの真ん中で爆発した。クルマの前に走り出てみると、何人かがけがをしていた。ぼくはなんとか気持ちを落ち着けて状況を見極めようとしたんだ。まだ銃弾が飛び交っていたからね。そう、何人か倒れていて、放ってはおけなかった。それがぼくの仕事だし。だから仕事に取りかかった。……みんな知ってる連中だ。本国でも一緒だった。一緒に食べて眠った仲間さ。目の前で死んでもらいたくなんかない。兄弟みたいなもんだからね。家族と一緒に戦ってるってことだよ。本当の兄弟がここにいたら、それはなんとしても助けようとするさ。

ターナーの右足と太ももと腹には手榴弾の破片が刺さっていたが、動きは鈍ることはなく、何度もクルマの陰から飛び出しては、倒れた仲間を安全な場所まで引きずった。その間、2度撃たれ、1回は左足に弾が当たり、1回は右腕の骨が折れた。だがターナーは撃たれたことにほとんど気づかなかったという。

周りを弾が飛び交っているのは分かっていたけど、弾が地面に当たって跳ね上げた土やら石やらが身体にぶつかっているんだと思ったんだ。あちこちにちょっと何かが当たっているなという感じだったし。でもそれだけだ。誰かに「おい、血が出てるよ」って言われるまで全然分からなかった。いや、これはぼくのじゃない、誰かの血だって答えたんだけど、ぼくの血だったんだね。[19]

ターナーはそのうち出血で倒れてしまうが、それでも何分かすると仲間の兵士を助けに飛び出そうとしたため、動かないように縛り付ける必要があったという。しばらくして彼らはヘリで救出された。ターナーの働きがなければ少なくとも12人の命がこの場で失われていたと考えられ、陸軍はこの勲功に対して銀星章を授与した。

ターナーが戦闘中に破片の傷の痛みを無視したうえに、撃たれたことにすら気づかなかったというのは注目すべきことである。もっとも、激しい戦闘中に激痛に気づかないというのは決して珍しいことではないのだが、その事実を指摘しても、ターナーの英雄的行為に傷はつくまい。

第2次世界大戦中に従軍医師だったヘンリー・ビーチャー中佐は、連合国軍のイタリア、フランス進攻の際に傷ついた兵士の痛みについて統計をまとめた。それによると、大けがをした兵士の約75%は、戦場ですぐに鎮痛剤を打とうかと言うと、たいした痛みではないからいらないと言う。しかし何日かして病院で回復途上にあるときには、同じ患者が、下手な採血でちょっと痛みを感じたりすると、まるで普通の人のように猛烈に文句をつけるのだという[20]。兵士たちは決して、痛みに対する異常な耐性を持つスーパーマンではない。彼らは普通の人間であり、ただ、異常な状況に置かれたときに、戦闘における認知的、感情的ストレス因子が痛みを鈍らせるだけなのである。

子供の頃、決まった時期に訪れる小児科医院での予防接種は、私にとって死刑宣告に等しかった。母親の運転するクルマが医院に近づくだけで、5歳の私の心臓はパブロフの犬のようにどきどきしたものだ。医院の廊下の明るい色調の羽目板を目にすると、母親のヒールが床に立てる音を聞くと、消毒用アルコールの匂いを嗅ぐと、どうしても前回の恐ろしい注射の記憶が蘇ってきた。順番が来ると、私は左腕のその場所を目が飛び出るほどじっと見詰めた。針先が皮膚にちょっと刺さるだけでも、まるでステーキナイフを筋肉の奥までぐりぐりと突き立てられているような気がした。私が苦痛の叫びを上げると、医者は素っ気なくこう言うのだった。「大げさな子だね。まるでサラ・ベルナールだ〔訳注：19〜20世紀のフランスの大女優。大げさな演技で知られた。〕」

子供時代には、ひざを擦りむいたり頭を打ったりと、注射と同じくらい、あるいはもっと痛いけがをたくさんしてきたが、それらは突然のことで予想していないため、注射のような重苦しい心配事にはならなかった。ところが注射による瞬間的な軽い痛みは、膨れ上がる恐ろしい予期と前回のトラウマ的経験により増幅されたのだ。

戦場の英雄も、小児科医院の惨劇も、痛みの知覚がいかに認知的、感情的因子により鈍ったり鋭敏化したりするかをよく示すものだ。では、脳内で痛みの情報を処理する複数の中枢が構成する分散ネットワークとの関連で、この認知的、感情的な痛みの調整を理解することはできるだろうか。基本的には、その答えはイエスだ。だが、その詳細についてはまだ解明しなければならないことがたくさん残っている。

カギとなるひとつの知見は、脳は脊髄後角にある痛み伝達ニューロンに対して、「もっと大きな声で」とか「黙って！　痛み情報のボリュームは下げろ」といった信号を送ることができるということである。脳は、受け取る情報を支配している。これこそが真に驚くべき事実なのだ。脳は、すべての情報を受け取って、そのうえでその時の感情的または認知的状態に基づいて知覚や反応にバイアスをかけているのではない。神経線維を通じて脳から情報を送り、脊髄からどの感覚情報を受け取るかをコントロールしているのだ。奇妙で、直観に反する状況ではないか。脳は能動的に、無意識のうちに痛みの情報を瞬間瞬間で抑制したり強化したりしている。いわばメディアを情報操作しているのだ。私たちは多くの場合、自己検閲を受けた情報にしかアクセスできない。私たちが生の現実に無制限にアクセスしたうえで合理的思考を働かせていると感じていたい人々は、こう聞かされたなら心を乱されることだろう[21]。

痛みを処理する脳内ネットワークの2つの経路についてはすでに触れた。その感覚的、識別的な部分と、感情的、情動的な部分は、いくつかの脳領域で混じり合う。前帯状皮質、島皮質、前頭前皮質、扁桃体などである。これらの領域から信号が中脳水道周囲灰白質（PAG）と呼ばれる脳幹内の領域（図6－6）に送られ、さらに脳幹の下方にある青斑核（LC）、吻側延髄腹内側部《ふんそくえんずいふくないそくぶ》（RVM）と呼ばれる組織を興奮させる[22]。これらの組織から脊髄の後角まで軸索が伸び、そこでシナプスを形成して、痛みを感知する末梢神経線維からの信号を抑制したり増幅したりする。RVMには痛みに対する神経の発火を増やす「オン細胞」と発火を抑える「オフ細胞」がある。オン細胞の活動が高まると、脊髄後角における痛み信号の伝達が増加し、痛みの知覚が強まる。オフ細胞の活動は逆の効果をもたらす[23]。これが、脳による痛み情報のボリュームアップ／ダウンを可能にし

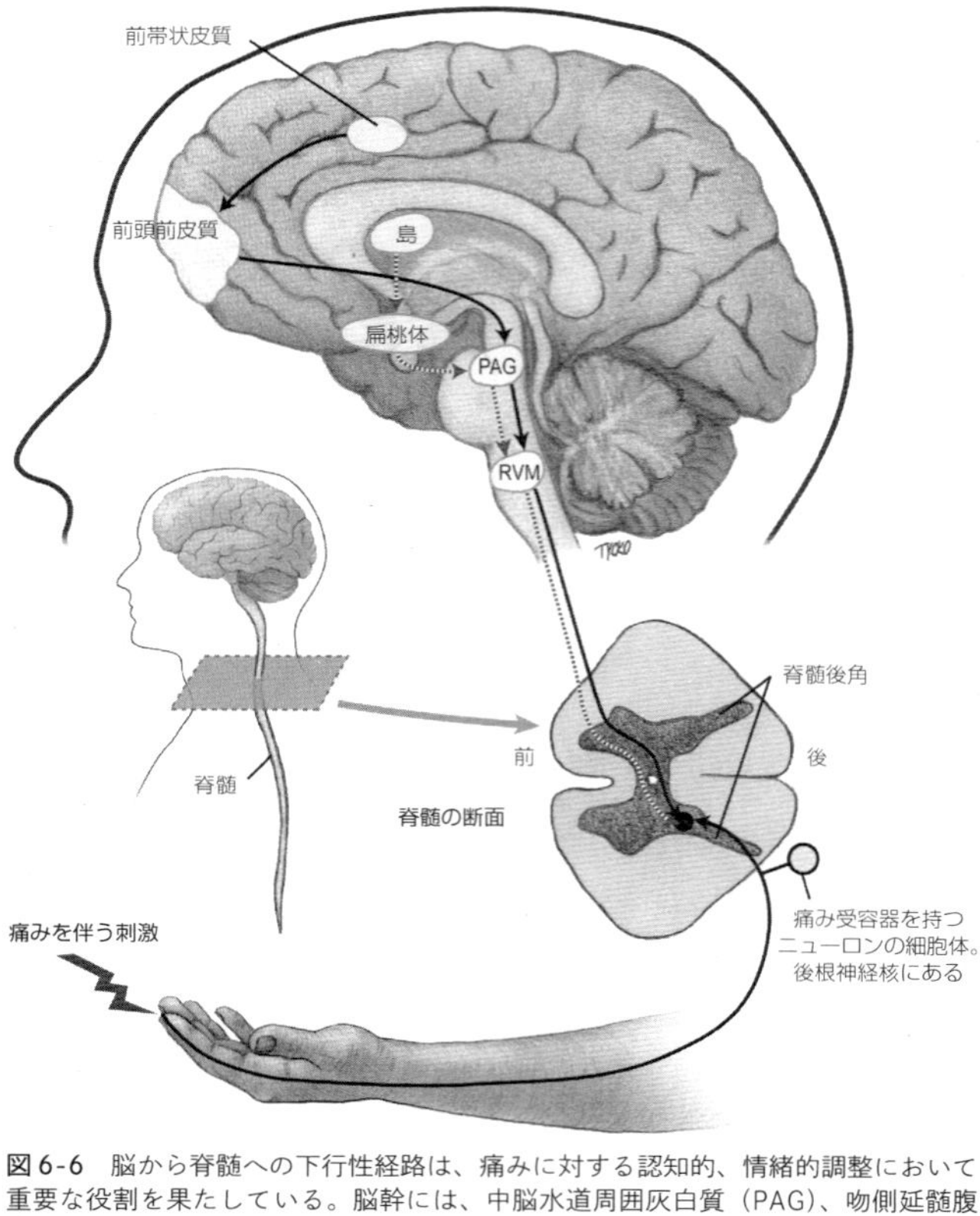

図6-6 脳から脊髄への下行性経路は、痛みに対する認知的、情緒的調整において重要な役割を果たしている。脳幹には、中脳水道周囲灰白質（PAG）、吻側延髄腹内側部（RVM）という主要な中継点がある。この図は単純化したもの。とくに脊髄後角のシナプスで下行性線維から放出されるいくつかの神経伝達物質の作用は多様である。© 2013 Joan M. K. Tycko.

ている下行性抑制系である。

ケシの実から採れるアヘンと、そこから作られるモルヒネなどの薬物が痛みを抑える性質を持つことは、シュメール（現在のイラク南部）で遅くとも紀元前3400年には知られていた。シュメール人に「フル・ギル（喜びの植物）」と呼ばれていたケシは、ほどなくアッシリアやエジプトに運ばれ、そこから世界に広がっていった。

モルヒネは、脳内に自然に存在するエンドルフィンやエンケファリンというオピオイド（アヘン様物質）と同じように働くことで作用する。オピオイドの受容体は全身に分布し、神経系にも存在するが、その中でもμ（ミュー）受容体はとくに下行性経路のPAGとRVM、そして脊髄後角の浅い層に多く集まっている。[24] PAGに少量のモルヒネを注射するだけで、RVMのオフ細胞が興奮し、オン細胞が抑制されて、強力な痛覚消失作用が得られる。PAGの痛覚消失作用は非常に強力なため、この領域に慎重に制御した電気刺激を与えると、化学的な麻酔薬の代わりとして手術で使える。薬がうまく効かない疼痛患者では、PAGに電極を埋め込み、携帯機器を使って自分で脳を刺激することで痛みを抑制する治療も行われている。μオピオイド受容体の働きを阻害する薬を使うとPAGの自己刺激による痛みの緩和がブロックされることから、この電気的な痛覚消失作用にはエンドルフィン／エンケファリンが関与しているものと考えられる。

痛みの下行性抑制系についての以上の知識をもとに、戦場で撃たれても気づかなかったターナー衛生兵と、予防接種のわずかな痛みで泣き叫んだ子供のエピソードを振り返ってみよう。どちらの場合も、注意の焦点が役割を果たしていることは明らかだ。ターナーは銃弾が飛び交う中、仲間の命を救うことに集中していた。自分の身体に注意が向いていなかったのだ。研究室での実験では、被験者の注意を痛みの刺激から引き離しておく（質問に答えさせたり、頭を使う課題をさせたりする）と、痛みの度合いの主観的評価は下がる。その反応は、1次体性感覚野と島皮質の活動の低下と関連する。反対に、被験者に痛みに集中するよう促すと、体性感覚野と島皮質の活動の増大を反映して痛みの評価は高まる。重要な点だが、痛み知覚のうち、不快さにより評価される感情的な側面は、注意の集中によってはほとんど変化しない[25]。

研究室の中でなら、注意や感情のメカニズムに選択的に特化した実験を設計することができる。しかし現実の世界では、物事はそう簡単には区別できない。ターナーはその場の銃撃戦と仲間の兵士を救うことに注意を向けていたが、その注意の向け方は感情的にはニュートラルではない。むしろ、恐怖、同情、誇り、倒れた戦友たちとの強い連帯感といった感情に満ちていた。小児科医院で注射の順番を待ちながら針のひと刺しに注意を向けていた私も、感情的にニュートラルではなかった。その注意は恐ろしい記憶に由来する恐怖に彩られていた。

ネガティブな感情も、注意の集中と同様に、痛みの知覚を強める。しかしそのメカニズムは、注意による作用とは、知覚的、解剖学的に異なるものだ。ネガティブな感情は、痛みにより引き起こされた前帯状皮質の活動を強め、痛みの度合いではなく、痛みの不快さの評価を高める。最終的に痛みの知覚は、感覚的、識別的側面も、感情的、情緒的側面も、共に認知や感情による調整を受けている。

現実の世界では、認知的な調整と感情的な調整は密接に絡み合う。たとえば、痛みによる不快さを長く経験し続けると、そのことの将来的な意味合いをじっくりと考える領域である前頭前皮質が関係してくる。この痛みはいつまで続くのか。また痛み始めるのか。自分でどうにかできるか。どの程度の危険があるのか。こうしたことを熟考する前頭前皮質のプロセスが幼かった私の注射に対する不安を強めていた。その作用は、部分的には下行性抑制系の働きによるものだ。多くの場合、痛みについてあれこれ考えることで不快さが増し、それがまた不安と反芻的な思考を呼ぶという悪循環が生じる。とくに慢性の疼痛治療で精神安定薬（ベンゾジアゼピン系など）が有効なのはこのためだ。これらの精神安定薬は痛みの知覚そのものには直接的に作用しないが、不安を鎮めることで痛みの不快さを緩和し、悪循環を断ち切るのだ。気分障害患者は概して、そうでない人に比べて慢性痛を発症するリスクが有意に高い[26]。

痛みが脊髄から視床下部に至る経路を活性化させると、心拍の上昇、発汗、呼吸の増加、深層筋の収縮など、一連のファイト・オア・フライト反応（闘争−逃走反応）が生じる。これらの反応は意識的にも無意識的にも感じられ、それが不安感を高める。心臓がどきどきしているのに気づくと、不快になり、危険を感じる。これもまた慢性痛につながる悪循環である。痛みが引き起こすファイト・オア・フライト反応が不安を引き起こし、それが痛みをさらに増幅させるのである。

脳の痛み回路の中で、島皮質、前帯状皮質、前頭前皮質を含む部分は、痛みの予期と実際に感じた痛みとを比較し、将来を予測する際に重要な役割を果たしている。その評価に際してカギとなるのは、脅威が外部で生じているかどうかだ。自分で生じさせる痛みはさほど脅威ではなく、痛みの度合いも不快さも、外的原因で突然生じる痛みよりも小さく評価される。実験環境で比べてみても、自分で痛みを引き起こす場合は、外部から痛み刺激を与えられる場合に比べて、1次体性感覚野も前帯状皮質も活動が小さかった。実験方法は、ある研究では、被験者自身か、または実験者が、被験者の手を尖ったプラスチックのネックレスに押しつけるというものだった[27]。

別の言い方をしよう。ハンマーで間違って自分の指を叩いてしまっても痛いことは痛いだろうが、少なくともなぜ痛かったかは分かっているし、将来同じことが起こる可能性を抑えるよう状況をコントロールできると思っている。その知識が脅威の感覚を小さくし、痛みを軽減する。反対に、痛みがいつ再び起きるか分からない場合は、痛みの度合いもその経験の不快さも強くなる。

偽薬効果

痛みを訴える患者に、鎮痛薬だと言って砂糖の錠剤などの偽薬（プラセボ／プラシーボ）を与えると、実際に痛みがある程度軽減する（図6－7）。痛みの種類や患者の性格

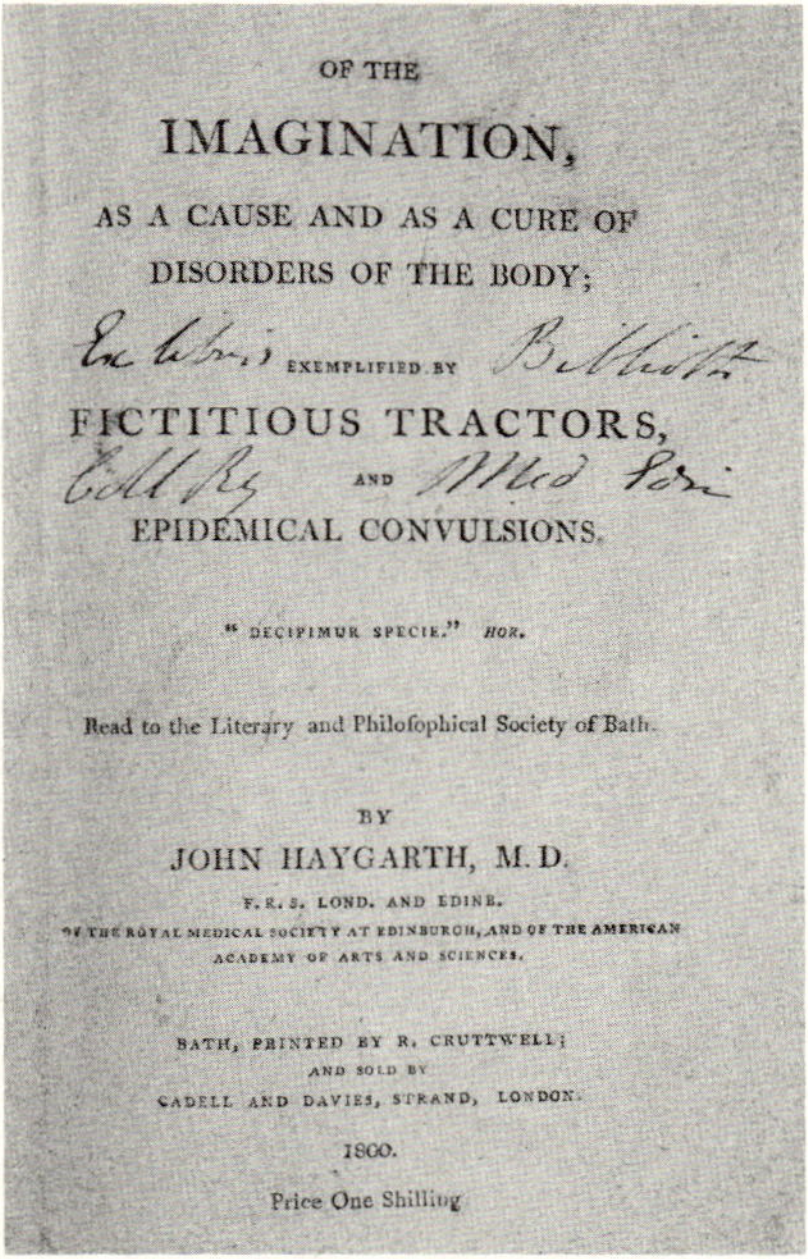

OF THE

IMAGINATION,

AS A CAUSE AND AS A CURE OF

DISORDERS OF THE BODY;

EXEMPLIFIED BY

FICTITIOUS TRACTORS,

AND

EPIDEMICAL CONVULSIONS.

" DECIPIMUR SPECIE." HOR.

Read to the Literary and Philofophical Society of Bath.

BY

JOHN HAYGARTH, M.D.

F.R.S. LOND. AND EDINB.

OF THE ROYAL MEDICAL SOCIETY AT EDINBURGH, AND OF THE AMERICAN ACADEMY OF ARTS AND SCIENCES.

BATH, PRINTED BY R. CRUTTWELL;

AND SOLD BY

CADELL AND DAVIES, STRAND, LONDON.

1800.

Price One Shilling

図6-7　偽薬効果についてはじめて体系的な研究を行ったのはジョン・ヘイガースという医師だった。特殊な金属の先端から病気の元を引っ張り出すことができるとして売られていた「パーキンス・トラクター」という治療器具の有効性を調べ、その結果を1800年に出版したのだ。ヘイガースは、パーキンス・トラクターによる治療で症状が改善する人がいることを示すとともに、木製の偽のパーキンス・トラクターでも同程度の治療効果が得られることを示した。パーキンス・トラクターは似非治療だが、「強い感情は身体の状態と病気に素晴らしくも強力な影響を及ぼす」と、ヘイガースは結論づけた。よくなると思えば、よくなる可能性が高まるということだ。表紙の中央に掲げられた“Decipimur specie”というエピグラフはローマの詩人ホラティウスの有名な言葉“Decipimur specie recti”（我々は正しさの見かけに騙される）の略である。Royal College of Physicians, Edinburghの許可を得て掲載。

により程度に違いはあるが、平均すると、偽薬は患者の約30％で有意な痛覚消失をもたらす。偽薬効果のメカニズムは複雑で、おそらく不安の軽減と不快の軽減の両方の要素が関係している。脳画像研究によると、偽薬による痛覚消失は、前帯状皮質、前頭前皮質、扁桃体、ＰＡＧなど、痛みの情動回路の一部におけるエンドルフィン／エンケファリンの分泌と関連している。μオピオイド受容体の働きを阻害するナルトレキソンという薬は、偽薬による痛覚消失作用をブロックする。このことから、偽薬効果にもエンドルフィン／エンケファリンの作用が必要であると思われる。(28)

偽薬効果は、痛みの知覚を強める方向にも働く。患者に、この鎮痛薬はあまり効きませんと言って薬を出すと、オキシコドンやモルヒネのような効果の強い鎮痛薬を処方した場合でさえ、痛みが減ったと言う患者は少なくなるのだ。あるいは、痛みに過敏になりますと伝えて薬理作用のない薬を与えると、被験者が報告する痛みの感覚は平均して強まる。これは反偽薬（ノセボ／ノーシーボ）効果と呼ばれるが、生物学的な基盤についてはあまり分かっていない。しかし、痛みの知覚に関わる脊髄と脳の両方の領域が活動を増すことと関係しているようだ。(29)

瞑想で痛みは軽減する

人に拷問を加える者は、痛みの知覚が認知的、感情的に調整されることをよく知っている。犠牲者の痛みや恐怖を強め、無力に感じさせるために、彼らは非人間的な恐ろしいやり方でこの現象を利用する。まず、痛みの予期が痛みを増大させることを知っている彼らは、ほかの犠牲者が拷問されている様子を見せ、声を聞かせて、自分の拷問を予想させ、注意を向けさせる。また、彼らは痛みが不安感で強まることも知っている。犠牲者を辱めたり（裸にする、性的暴行を加える、怒鳴りつける）、睡眠や食事や拷問を不定期にして予想が付かなくしたりすることで不安を高める。

幸いなことに、これと同じ感情的、認知的コントロール回路が、痛み、とくに慢性痛の軽減にも役立つ可能性がある。瞑想、ヨガ、太極拳、フェルデンクライス・メソッドなど、マインドフルネスに基づく実践は、慢性痛にも急性の痛みにも軽減効果があると言われている。これらの報告の中には、適切な対照群を欠いていたり対象者が少なすぎたりして研究の質が低いものも含まれるが、一部のきちんと実施された大規模なランダム化研究から、これらの技法はある種の慢性痛に効果的でありうることが示されている。[30]

マインドフルネスに基づくトレーニングは痛みの軽減にどの程度効果を表す可能性があるのだろうか。痛みの知覚と神経学的プロセスについて調べた有用な文献が存在する瞑想について見てみよう。

痛みを軽くする一般的な方法として、痛みにより無意識に引き起こされるファイト・オア・フライト反応をある程度コントロールし、それにより不安感を弱め、痛みの不快さを軽減させるやり方を身につけるというものが考えられる。[31] これにより慢性痛を維持している悪循環の一部を断ち切れる。あるいは、痛みの経験に対して自分を解放するやり方を身につけるという方向もあるだろう。痛みの経験を回避したり拒否したりするのでなく、繰り返される痛みがけっして脅威ではないということを時間をかけて学ぶのである。反応しない、判断しないというこのやり方で、痛みの不快さは軽減するかもしれない。実際、ウィスコンシン大学マディソン校のリチャード・デイヴィッドソンらの最近の研究によると、焦点を定めないオープン・プレゼンスの仏教的瞑想のエキスパート（1万時間以上の実践経験を持つ）は、熱レーザーを当てられて報告する痛みの強さは瞑想の素人と変わらないが、報告する不快感が小さかったという。脳画像で見てみると、瞑想のエキスパートは島皮質と前帯状皮質のベースラインの活動が低かったが、痛みで最初に引き起こされる活動は大きく、それが刺激の繰り返しと共に弱まっていく。デイヴィッドソンらは、経験する対象に自分を解放する能力を高める瞑想訓練により、痛みの予期が弱くなるとともに、痛みを感じている際に活用できる有用な注意のリソースが増え、さらに学習が効果的になると示唆している。この学習により、あまり脅威を感じなくなり、関連する不安も小さくなり、ファイト・オア・フライト反応も伴わなくなる。[32]

　禅の瞑想の形は異なる。禅では、経験に自身を解放するのではなく、経験から離れた形で自己統制を得ようとする。その目的は学習ではなく、高次の価値判断的思考プロセスを弱めることで自己を解離させることである。モントリオール大学のピエール・ランヴィルのグループが、熟練した禅の瞑想者に熱刺激で痛みを与える研究を行ったところ、デイヴィッドソンらと同様の結果が得られた。つまり、瞑想の未経験者に比べて痛みの不快さはあまり訴えず、痛みが引き起こす島皮質と前帯状皮質の活動は大きかった。重要なのは、不快を訴えない禅の瞑想者ほど、前頭前皮質の活動が小さかったことだ。ここから導かれるひとつの解釈は、禅の瞑想者は繰り返される痛みで学習してそれを脅威でないと学習するのではなく（学習には前頭前皮質の関与が必要と考えられる）、単に痛みを無視することに決めているというものだ。[33]痛みの軽減に役立つ認知的／感情的戦略はいくつもある可能性が高い。

心の痛みは本当に痛む

痛みとネガティブな感情は深く絡み合っている。人間関係の中で、仲間や家族、ときには見知らぬ相手にさえ拒絶されたとき、私たちは日常的にhurtful（傷ついた）と表現するし、恋人に別れを告げられたならheartbreak（心が壊れた）と言う。この本のはじめの方で触覚を用いる比喩を紹介したことを覚えておいでだろうか。触覚が本来的に感情的なもの（まさにfeeling）だということはすでに考察したし、社会的な温かみと身体的な暖かさがつながっているという実験も紹介した。クールなミントとホットなチリの例では、その比喩がセンサー分子のTRPM8とTRPV1に織り込まれていることも見てきた。

痛みの知覚には解剖学的に独立した感情的回路があり、島皮質や前帯状皮質が損傷すると痛みの感情面に障害が生じることを私たちはすでに知っている。しかし、身体的な痛みと心の痛みとは、実際のところどうつながっているのだろう。

　それを示唆する相関関係はいくつか見つかっている。心が傷つきやすい人、とくに人間関係で人に拒絶されたときに傷つきやすい人は、実験をしてみると、身体的な痛みについてもほかの人よりも強く不快と評価する傾向がある。感情的に傷つきやすい人でなくとも、社会的な苦悩が際立つ経験をすると、身体的な痛みに対する不快さの知覚が増大することがある。驚くべきことだが、アセトアミノフェンのようなごく弱い鎮痛薬でさえ、社会的な痛みを軽減できる。何より説得力のある事実として、人間関係における拒絶と身体的な痛みとは、脳内の感情的な痛み回路の同じ領域を活性化させるのである。被験者にコンピューター上でバーチャルなキャッチボール・ゲームをしてもらい、参加メンバーから外すといった軽度の社会的排斥でさえ、背側前帯状皮質と島皮質後部の活動を引き起こす。

　もっと強力な社会的拒絶を用いた研究もある。最近恋人に別れを告げられた人にその元恋人の写真を見せると、感情的な痛みの中枢ばかりでなく、感覚識別的な痛みの中枢である2次体性感覚野も活性化した[34]。

　ここでもまた、日常的な比喩表現は神経学的なプロセスを反映しているのである。心の痛みと身体の痛みの比喩は、単なる言葉のあやや詩的表現ではない。これは現実的な比喩であり、脳の感情的な痛み回路に埋め込まれている。人に拒絶されると、本当に痛むのである。

第７章　痒いところに手が届かない

　アフリカ東部のウガンダの辺境、ルクンギリ県に住むセマンザさんは、常時消えない痒みに苦しんでいた。いくら指で掻いても一時の気休めにさえならないほどの耐えがたい痒みだ。そこでセマンザさんは陶器の壺を割り、そのぎざぎざのかけらで身体を掻いていた。ついには皮膚がぼろぼろになり、細菌感染を起こした。何年も掻き続けたため皮膚は硬くなり、注射の針も通らないほどだった。

　ＮＰＯのカーター・センターによる河川盲目症計画で働いていた疫学者のモーゼス・カタバルワがセマンザさんに会ったのは１９９２年のことだ。カタバルワによると、セマンザさんの皮膚は乾いた泥に覆われているように見えたという。村人は誰もセマンザさんに近寄ろうとしなかった。セマンザさんは家族の家の裏にある小さな小屋に引きこもって暮らしていた。

　セマンザさんの耐えがたい痒みの元は、寄生虫の回旋糸状虫の感染によるオンコセルカ症という病気だった。感染は眼や視神経を冒すことがあるため、河川盲目症とも呼ばれる。この寄生虫は、幼虫のときに、熱帯地方の流れの速い河川で繁殖するクロバエに咬まれた動物に寄生する。病気は寄生虫そのものが起こすのではなく、寄生虫の体内に生息する細菌が原因だ。糸状虫が死ぬと細菌が放出され、宿主の人間の免疫反応を引き起こす。

世界で約1800万人がオンコセルカ症に感染している。大半はアフリカだが、ベネズエラとブラジルでも散発的な症例報告がある。命に関わる病気ではないが、患者は悲惨だ。この病気で失明した人は現在世界に27万人いる。リベリアのゴム農園で働く患者たちは、鉈をかまどで赤くなるまで熱し、その刃を使って消えない痒みを抑えると言われている。

言うまでもなく、痒みは睡眠も奪う。カタバルワによると、「子供の患者たちは昼も夜も身体を掻いているために、何にも集中できない」という。自殺する患者も少なくない。

オンコセルカ症にはワクチンがないが、イベルメクチン(ストロメクトール)という薬でコントロールできる。この薬は製薬会社のメルクが1985年から世界各地で無料で提供している。6カ月ごとにイベルメクチンを服用すると、生まれたばかりの回旋糸状虫(ミクロフィラリア)が死に、その際、体内に抱えていた痒みを引き起こす細菌が一気に放出される。このとき2日間ほど、ふだんより激しい痒みに襲われるが、その時期を過ぎると痒みは和らぐ。

セマンザさんは幸いなことに、カタバルワがこの地域で始めた投薬プログラムで、イベルメクチンを服用することができた。治療を始めて2年後には痒みは消え、皮膚も部分的に治ってきた。地域社会にも復帰し、結婚し、家族を持つ希望も芽生えた。(1)

地獄の痒み

痒みは一時的なこともあれば一日中続くこともある。オンコセルカ症の場合、治療をしなければその痒みは生涯続く。

痒みのきっかけは、ウールのセーターや虫の脚が皮膚の上で動くときなど物理的な刺激のこともあれば、炎症を引き起こすウルシオールという漆の成分(2)によるものなど化学的な刺激のこともある。感覚神経や脳の障害から痒みが生じることもある。脳腫瘍、ウイルス感染、強迫性障害（ＯＣＤ）などの精神疾患がきっかけになることもある。痒みは、ある種の治療薬や違法薬物の副作用としてもよく知られている。

痒みには、認知的、感情的因子が強く作用する。アマゾンのジャングルでキャンプをしていたある晩、眠りかけていた私は、腕に痒みを覚えた。懐中電灯を点け、メガネを掛けてみると、原因は大きなムカデだった。腕からは払いのけたが、もう眠ることなどできなかった。一晩中気が立ったまま、ちょっとした風の動きや身体の引きつりが痒みを感じさせた。腕だけではない。全身がだ。私は明け方までムカデのイメージと格闘し続けた。

痒みに人を苛む抗いがたい力があることはよく知られている。ダンテの『地獄篇』には詐欺師（錬金術師などを含む）が第8圏の地獄に投げ込まれ、永遠の痒みに苦しむ様子が描かれている（**図7−1**）。これより悪い運命が待ち受けている第9圏の地獄（氷漬け）に赴かされるのは、裏切りの罪を犯した者、愛と信頼という特別な絆で結ばれた相手を騙した者（イエス・キリストを裏切ったイスカリオテのユダなど）だけである。

痒みは独立した触感か

ここに生物学と哲学にまたがる問題が存在する。痒みはほかの触覚とは異なる性質を持つ独立した触感の一種なのか、それとも、この本でこれまで見

図7-1 ダンテの『地獄篇』第8圏（第29歌）に添えられたウィリアム・ブレイクによる挿絵（1827年）。永遠の痒みに苛まれる詐欺師らを描いている。第8圏は、同心円状の10のマーレボルジェ（溝）に分かれ、内側に行くほど悪い場所とされる。詐欺師は第8圏のいちばん内側の最悪のマーレボルジェにいる。いちばん外側のマーレボルジェでは、女衒や女たらしが悪鬼に鞭打たれながら歩かされている。Harvard Art Museums / Fogg Museumの許可を得て掲載。匿名貸し出し制度による。Jakob Rosenberg, 63.1979.1

てきたさまざまな触感の上に生じる刺激のパターンにすぎないのか、ということである。比喩的に言えば、痒みとほかの触感との関係は、サキソフォンとピアノのような、共に楽器ではあるけれども質的に違う音を生み出す、というような関係なのか、それとも同じピアノで奏でるビーバップ・ジャズとロマン派のクラシック音楽のような関係なのか、ということだ。ジャズとクラシックは音楽的な構成や演奏状況から明確に区別できるが、音を生み出している楽器は同じなのだ。この種の疑問は、かつては哲学者が扱う問題だったが、現在では生物学者も議論に加わることができる。

痒みはひとつのパターンであって独立した触感ではないと考える人の中には、痒みは痛みの一種にすぎないと主張する人がいる。彼らは、痒みと痛みには共通する点があると指摘する。これは正しい。どちらも、物理的、化学的、ときには熱などの多様な刺激により引き起こされる。とくに、痛みも痒みも炎症が生み出す化学物質により生じ、消炎薬が治療効果を発揮することがある。どちらも、注意、不安、予期など認知的、感情的因子の影響を強く受ける。痛みも痒みも、環境中で何らかの避けるべき出来事が発生したことを告げるものだ。言い換えれば、何らかの行動を起こす動機となる感覚である。痛みは反射的に身体を刺激から遠ざける反応を引き起こす。痒みは反射的に掻く反応を引き起こす。身体を掻くという反応は、痛みで手を引っ込めて組織損傷を防ぐのと同じように、身体を保護する役割を果たしていると考えられる。これにより、クモやハチ、サソリ、あるいはマラリア蚊やノミなどの病原体を媒介する有害動物を身体に近づけないようにできる。

　痒みが単に弱い痛み、あるいは間欠的な痛みにすぎないとしたら、痒み刺激の強度や頻度を高めて一定の閾値を超えれば痛みを感じるはずだし、反対に痛み刺激を弱めれば痒みになると考えられる。しかし、慎重にコントロールした刺激実験を行っても、そうした結果は得られない。弱い痛みはあくまでも弱い痛みであり、強い痒みはあくまでも強い痒みなのである。(3)

　痒みと痛みには、もうひとつ決定的な違いがある。痛みは、皮膚、筋肉、関節、内臓と、全身で感じられるが、痒みが感じられるのは皮膚（有毛も無毛も含む）および皮膚につながる粘膜（口、のど、眼、鼻、小陰唇、肛門）の表面に限られる。(4)内臓が痛むことはあっても、内臓が痒いということはない。

　痒みが独立した触感だとしたら、痒み刺激によってのみ活性化する感覚神経線維が見つかるだろう。その線維を電気的に刺激すれば、痛みではなく痒みが感じられるはずだ。このような考え方を専用線仮説という。反対に、同じ感覚神経線維が発火のパターンにより痒みと痛みをそれぞれ伝えるという考え方は、パターン解読仮説だ。(5)

　１９９７年にマーティン・シュメルツらが微小神経電図法（ＭＮＧ）という技法を使って、人間が痒みに特化した神経線維を持つことを示す手掛かりを発見した。ＭＮＧは、小さな電極を皮膚から感覚神経に差し込み、個々の線維の電気的活動を記録する方法だ。シュメルツらはボランティアの被験者を使い、脚の皮膚のごく一部にヒスタミン（通常体内で分泌され、痒みをもたらす化学物質）を塗ると、一群のC線維が電気的に反応することを確認した。その反応は、被験者が身体のその位置に痒みを感じると報告するのと同時に始まっていた。興味深いことに、これらの線維は皮膚の狭い範囲につながるものではなく、その終末は直径8センチにも及ぶ範囲に広がっていた。この線維は機械的刺激には反応しなかったため、シュメルツらはこれが痒みに特化した神経線維であると考え、専用線仮説を支持した。

しかし数年後、同じ研究グループが、痒みに反応するC線維の少なくとも一部が痛み刺激にも反応していることに気づいた。専用線仮説に反する結果である[6]。

これらの結果を解釈するのが難しい理由のひとつは、痒み刺激としてヒスタミンを使ったことだ。ヒスタミンは、さまざまな化学的過程を通じて痒みを引き起こす多くの物質のひとつにすぎない。実際私たちは、痒みを抑えようと抗ヒスタミン軟膏を使っても効かないことがあることを知っている。こうした実験からは、ヒスタミンによらない痒みを伝える神経線維が痛みにも反応するかどうかは分からないのだ。結局、人間に痒みの専用神経があるかどうかは今なお確定していない。

人間を対象とする実験で難しいのは、1本の神経線維の信号を記録する電極は、やみくもに刺してみるしかないということだ。神経束の中を見て特定の線維に狙いを付けることはできない。しかし、マウスを使えば遺伝学的、解剖学的、電気的な記録技法を利用できるため、この分野の研究は大幅な進展が期待できる。

痒みの受容体はひとつではない

痒みはさまざまなタイプの皮膚刺激で引き起こされる。その多くの場合について、どのような分子レベルの出来事が痒みの信号化に関係しているかは、まだよく分かっていない。

痒み刺激の経路は、多くの場合、間接的なもののようだ。たとえば、皮膚を繰り返しこすったり、皮膚の一部がアレルゲンに反応したりするとき、炎症の連鎖反応が始まる（これについては第６章で見た。**図６－５参照**）。免疫細胞が分子を（たとえばマスト細胞がヒスタミンを）放出し、その分子が表皮の感覚神経の自由終末上にあるヒスタミン受容体と結びつくと、その神経で電気的な発火が生じる（**図７－２**）。別の経路もある。ＢＡＭ８－22という天然のタンパク質断片は、やはり皮膚の痒みを伝える神経終末上の受容体に結合する。この受容体は、マウスではＭｒｇｐｒＣ11、人間ではｈＭｒｇｐｒＸ１と呼ばれる。

環境中の物質の分子が直接痒みの受容体を活性化することもある。抗マラリア薬のクロロキンが皮膚に痒みを引き起こすことはよく知られている。クロロキンはＭｒｇｐｒＡ３という別の受容体に直接結合する。[7] この話のポイントは、痒みを検出するニューロンを活性化する少なくとも３種類の分子センサーがあり、一部は直接的な信号で活性化するが、大半は体内で媒介物として働く化学物質に反応するということである。

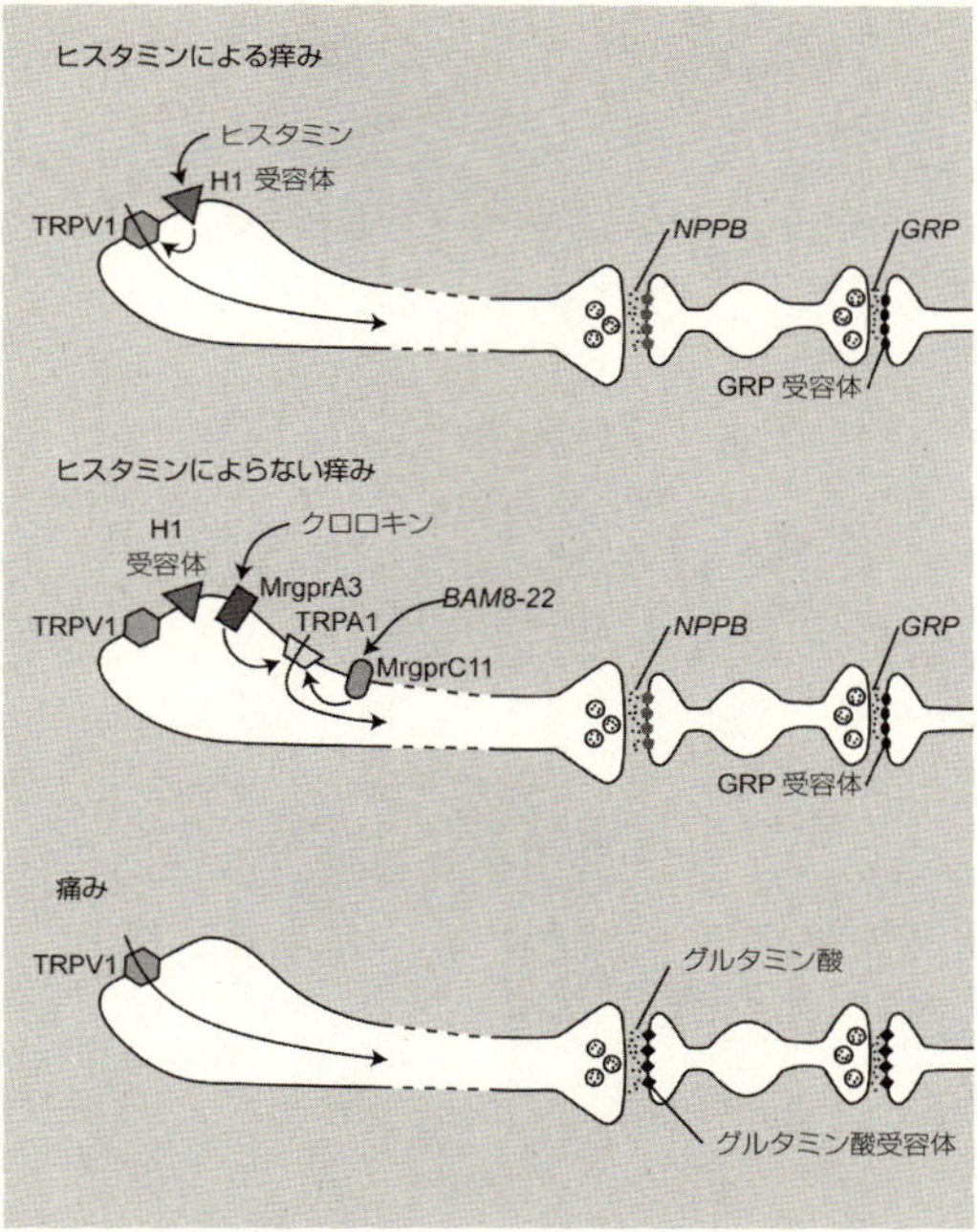

図7-2　痒みを伝える2種類のC線維と、痛みを伝える経路との比較。神経伝達物質NPPBは痒みニューロンだけで使われているようである。これに対して痛みのニューロンは、脊髄後角での信号伝達にグルタミン酸を放出する。NPPBで痒みの信号を受け取る脊髄のニューロンにはNPPB受容体があり、次のニューロンに対してはGRPという珍しい神経伝達物質を放出する。GRP受容体を持つニューロンを失わせると、痛みや軽い接触の感覚は残るが痒みの感覚はブロックされる。この結果は、専用線が2つのシナプス接合にわたって続いていることを示唆する(11)。痒みニューロンは、少なくとも2つのカテゴリーに分けられる。クロロキン受容体のMrgprA3を持ち、主に非ヒスタミン系の痒みを伝えるニューロンと、MrgprA3受容体を持たず、ヒスタミン受容体を持ち、ヒスタミンによる痒みを伝えるニューロンである。ヒスタミン受容体は、TRPV1イオンチャネルを開くことで神経終末を興奮させる。一方クロロキンとBAM8-22の受容体はTRPA1イオンチャネルを開く(12)。この図は概略に過ぎない。ほかの痒みニューロンが存在する可能性もある。また、脊髄での情報の流れにおけるシナプスの作用については、現時点では不明なことが多い。

専用線は少なくともひとつある

痒みに真の専用線があるとしたら、以下のことが言えるはずである。第1に、そのニューロンを破壊するか黙らせるかすれば、痛みや温感などその他の触感に影響を与えずに痒みをブロックできる。第2に、痒みの専用ニューロンを選択的に活性化すれば、痛みやその他の感覚を伴うことなく痒みの知覚だけを引き起こせる。第3に、その神経終末の解剖学的分布は、知られている痒みの分布に対応している。つまり皮膚の表皮と粘膜表面にのみ存在し、筋肉や関節や内臓などには存在しない。

痒みの専用ニューロンを発見する方法としては、痒みを検出するニューロンが脊髄で次のニューロンに信号を伝達する際に使う神経伝達物質を特定し、マウスの遺伝子操作でその分子を生成しないようにして結果を見るやり方が考えられる。米国立保健研究所（NIH）のサントシュ・ミシュラとマーク・フーンはまさにこのような研究を行い、洗練された方法で、この神経伝達物質はNPPBという分子であろうと推測した(8)。NPPBを欠いた遺伝子操作マウスで調べたところ、ヒスタミンやクロロキンなど、さまざまな刺激による痒みの感覚が著しく障害されていた。何より重要なことに、NPPB欠損マウスは痛みや温度、軽い接触に対する反応は正常だった。

NPPBは、脊髄の後角のシナプスにおいて、感覚ニューロンから次のニューロンへと放出される。このシナプス後ニューロンにはNPPBと結合する受容体があり、その電気信号を脳に向けて送る。NPPBを人工的に合成し、マウスの脊髄に注射すると、マウスはちょうど皮膚に塗られた痒み刺激に反応するときと同じように身体を掻く動作をする。NPPB受容体を持つニューロンだけを選択的に無効化する特殊な薬物をマウスの脊髄に注射すると、マウスは皮膚の痒み刺激にも、脊髄へのNPPB注射にも反応しない。この結果は、NPPBを使うニューロンが痒みの専用線であることを示唆する。(9)もしそうなら、このニューロンを選択的に活性化すれば、痛みや軽い接触の感覚ではなく、痒みが生じるはずだ。この本の執筆時点でこの種の実験は報告されていないが、複数の研究所がそうしたことを試みているものと思われる。

皮膚につながり、NPPBを放出するニューロンには少なくとも2種類ある。大半はMrgprA3受容体を表面に持つものだが、持たないものもある（図7-2）。MrgprA3を持つニューロンの軸索の終末は表皮にのみ存在し、内臓、筋肉、関節には存在しない。これは専用痒みセンサーとしての予想に合致する。複雑な遺伝子操作によりマウスでMrgprA3を持つニューロンだけを選択的に活性化できるようにすると、痒みの反応は見られるが、痛みの反応は観察されない（マウスは痒みに対しては掻く動作をするが、痛みに対しては撫でる動作をする）。この結果は、MrgprA3を発現している感覚ニューロンは痒みの情報は伝えるが痛みの情報は伝えないことを示している。MrgprA3を持つニューロンだけを欠くマウスは、痛みや温度、軽い接触に対する感覚は健全なままだが、痒みの感覚については、試したすべての形の痒みについて重大な障害が生じた。しかし、重要な点だが、この障害は全面的なものではなかった。とくにヒスタミンに対する反応は有意に残っていた。ＭｒｇｐｒＡ３を持たない痒みニューロンにより情報が伝えられたと考えられる。[10]

まとめると、マウスのＮＰＰＢとＭｒｇｐｒＡ３の操作から、少なくともひとつの痒み専用ニューロンがあると考えられる。ＮＰＰＢを放出し、ＭｒｇｐｒＡ３受容体を持つニューロンだ。このほかにも痒み専用ニューロンが存在する可能性はある。また、痛みと痒みの両方の情報を伝え、発火のパターンで２つの感覚を解読しているニューロンがほかに存在する可能性もある。つまり、実験的な証拠から少なくともひとつの痒み専用線が存在することは明らかだが、痒みの感覚にパターン解読が働いている可能性は排除できないということである。

以上の結果は、最初に挙げた神経哲学的疑問にとって何を意味するのか。痒みの専用線のあり方は、痒みが独特の性質を持つ触感であるという考え方に合致する。とはいえ、痒みの情報が脳に流れていく際に何が起こっているかは、まだ解明されていない。痒みの情報がほかの触感の情報とある程度混ざり合っていることはほぼ確実で、それが痒みの独自性を減じている可能性はある。詰まるところ、この問題の答えを導くいちばん明確な手掛かりは、私たちの経験にあるのかもしれない。痒みについては、今日研究されているほぼあらゆる言語で、それを指す特別な言葉が存在する。

現実的な面について言うと、痒みに特化した受容体や神経伝達物質が確認されたことで、痒みの新たな治療法への道が開かれた。マラリアをクロロキンで治療する際には、将来はＭｒｇｐｒＡ３の阻害薬を一緒に処方することになるだろう。抗ヒスタミン薬や抗炎症薬（ステロイドなど）では十分に改善しない痒みも多いが、ＭｒｇｐｒＣ11やＮＰＰＢ受容体、あるいはＧＲＰ受容体を選択的に阻害する薬が効果を発揮するかもしれない。新薬の開発にはハードルがつきまとう。たとえばＮＰＰＢは心臓で重要な信号の役割を果たしている。そのためＮＰＰＢ受容体の拮抗薬は、心臓に副作用をおよぼす危険性があり、痒みの治療薬には適さないかもしれない。

痒いところを掻きたくなるわけ

「幸せ、それは痒いところすべてに手が届くこと」（オグデン・ナッシュ）

痒いところを掻くのは快感だ。掻いた後、もっと痒くなると分かっていても、何度でも掻かずにはいられない。痒みというのは我慢のできないものであり、痒みからの解放は非常に喜ばしいことであるため、英語の「痒い」（itching）という言葉は「強い衝動」（うずうずしている）という意味でも使われる。フォーク・シンガーのウディ・ガスリーは「ヘジテイティング・ビューティー」という曲の歌詞の中で「きみは結婚したくてたまらないんだろう（itching）、ノラ・リー／僕も同じことでからだの一部を引きつらせて（twitching）いるんだよ、ノラ・リー」と書いている。私たちはガスリーが言いたいことがよく分かる。痒みというのは満たされない願望を表す比喩にふさわしいものなのである[13]。

ハッショウマメの莢の毛は痒みを引き起こす。これをボランティアの被験者の肌に押し当てるという不愉快な実験が行われた。被験者の前腕か足首か背中にハッショウマメを当て、実験者が小さなブラシでその場所を掻く。被験者は30秒ごとに痒みの強さと掻かれた快感とを数字で評価する。この実験で分かったのは、掻くことで痒みの知覚が最も減少するのは背中で、掻かれた快感が最も強く出るのは足首だということだった[14]。

痒いところを掻くと、なぜ一時的に痒みが収まるかという点は、まだ完全には解明されていない。ひとつの説は、痒みの知覚は、脊髄のどこかで合流する痒みの信号と痛みの信号のバランスにより生じるため、身体を掻くとそこに弱い痛みが生じ、それが痒みの感覚と競合して痒みが収まるというものだ。針を刺しても、電気的な刺激でも、あるいは不快なほど熱くしたり冷やしたりしても、痒みは収まる。しかし、痛みのレベルには達しないほど軽く掻くだけでも痒みが収まることはあるようだ。

それに関連する説として、次のようなものもある。小さな虫の脚が皮膚に加えるようなごく局所的な刺激でも痒みの感覚神経を活性化し、この局所的な感覚は脊髄を経由して何にも邪魔されることなく脳に到達し、痒みの感覚を引き起こす。しかしその後でその場所を掻くと、周囲を含めた広い範囲の触覚センサーが活動し、脊髄の抑制回路が働いて痒み信号の脳への伝達を弱める、という説である[15]。

小さな局所的な皮膚の刺激を痒みとして感じるのは、反射的に掻く反応を引き起こして虫に由来する毒素や感染を予防するために、私たちがそのように進化してきたということなのかもしれない(16)。

オピオイドの痒み

ヘロインやオキシコドンなどオピオイド（アヘン様物質）が強い痒みの発作を引き起こすことはよく知られている。ヘロインの常用者は、痒みと向精神薬の作用が関連していることを正しく見抜き、痒みが強く出る品をいいモノだと考えることが多い。薬物カウンセラーや保護観察官は、身体を掻く動作を薬物常用のサインとして警戒すべきことを知っている。薬物が痒みを引き起こすことは、臨床現場でも起こる。鎮痛薬としてオピオイド（モルヒネなど）を使った患者の80％は痒みを経験する。この種の痒みは、脳や感覚神経への直接的影響を最小限にするために脊髄の周辺に溶液を直接注射した場合でも起こることがある。

鎮痛薬としてオピオイドを使う場合の痒みは、長い間、副作用であると考えられてきた。つまり、痛みと痒みの信号が脊髄で合流し、競合しているとしたら、痛みの信号をブロックすることでバランスが痒みの方に傾く、という考え方である。筋の通った仮説に思えるが、完全に間違っていることが分かった。オピオイドによる痛覚消失作用と、オピオイドによる痒みの誘導は、別々の現象なのだ。後角の第2層にある痛みの信号を受け取る一群のニューロンは、μオピオイド受容体を発現している。ヘロインなどのオピオイドがμ受容体と結合すると、脳への電気信号の伝達が阻害され、それにより鎮痛作用が得られる（こうした薬物は、体内に自然に存在するオピオイドであるエンドルフィンの働きを真似ている。エンドルフィンは、痛みを抑える下行性抑制系が放出する）。これとは別に、後角の第1層には痒みの信号を受け取る一群のニューロンがあり、こちらはGRPという神経伝達物質により信号を伝える。こちらの痒みニューロンには複合的な受容体が発現している。一部はGRP受容体で、一部はMOR1Dという特殊なμ受容体でできている。オピオイドを摂取すると痛覚消失と痒みが同時に表れるが、これらは別々の受容体分子と、脊髄内の別々の神経回路による作用なのである。ありがたいことに、治療薬を組み合わせることで、あるいはモルヒネからの新たな誘導体を使うことで、痛みだけ抑えて痒みを生じない治療法が開発される可能性は高い[17]。

脳まで掻いてしまった女性

脳が痛みを単一の領域で処理しているのではないのと同じように、痒みの感覚を司る単一の脳領域というものはない。実際、大まかな低解像度の脳画像で見ると、痒みと痛みは脳内のいくつかの同じ領域を活性化する。視床や1次、2次体性感覚野など感覚識別系の領域と、扁桃体、島皮質、前帯状皮質、前頭前皮質など感情認知系の領域の両方が、痒みにより活性化する（痛みの脳回路は図6－4参照）。また、痛みも痒みも、最終的には運動計画や運動協調に関わる領域を活性化する。[18] 手を引っ込めたり、身体を掻いたりする反応を生み出し、調整するためである。

脳や脊髄のさまざまな障害が慢性の痒みを引き起こすことがある。外傷、ある種の卒中、脳腫瘍、感染症、多発性硬化症、自己免疫疾患などである。慢性の痒みが感覚神経の障害から生じることもある（神経圧迫、外傷、腫瘍、糖尿病、感染症など）[19]。痛みの場合と同様に、感覚神経と脳との相互作用は複雑であり、痒みを脳に伝える感覚神経が傷つくと、誤った痒み信号が脳に伝わる。このような信号が脳に届き続けると（あるいは通常の信号が届かなくなると）、脳の痒み回路そのものが変化しうる。たとえば手足を切断した人では、幻肢痛と同じように、幻肢掻痒が生じる場合がある。

非常に多い痒みの症状として、帯状疱疹によるニューロンの損傷に起因するものがある。帯状疱疹は、帯状疱疹ウイルスにより感覚神経が冒されるごく一般的な感染症である。痛みを伴う発疹が特徴で、高齢者や免疫力が低下した人に発症することが多い。帯状疱疹は感覚神経を傷つけ、とくに頭部に生じたときは、抗ヒスタミン薬やステロイドでも抑えきれない耐えがたい慢性的な痒みに苦しむ場合がある。

医学文献に記録された帯状疱疹による痒みの症例の中で、最も極端な例はMという患者だろう。Mは39歳の女性で帯状疱疹を発症したが、帯状疱疹は抗ウイルス薬による治療で治った。[20] しかし直後にMは、右の前頭部に痒みと麻痺を覚え、そこを爪で掻くようになった。かかりつけの医者に診てもらったが、感染症も、アレルギー反応も見つからず、抗炎症薬の軟膏も痒みを止められなかった。そこで医者は、精神科的な問題、つまりうつや強迫性障害の症状ではないかと告げた。しかし、これらの精神疾患に対する治療薬でも痒みは収まらなかった。

Mは、日中は頭を掻きたいという衝動をある程度抑えることができたが、寝ている間は激しく掻きむしった。ナイトキャップを被っても朝になれば脱げて、枕に血が付いていた。しだいに痒い場所の髪の毛は掻き取られ、そこはかさぶたになった。帯状疱疹が治ってから10カ月後のある朝、起きてみると顔を緑色がかった不快な液体が流れ落ち、Mは恐怖に震えた。

Mはマサチューセッツ総合病院の救急救命科に担ぎ込まれた。そこで分かったのは、Mが皮膚も頭蓋骨も掻き破り、傷は露出した脳にまで達しているということだった（図7―3）。緑色がかった液体は彼女自身の脳脊髄液だったのだ。

外科医が皮膚を移植して傷口を覆ったが、それでもMはすぐに眠っている間に皮膚を掻き破ってしまう。そこで、寝るときには発泡プラスチック製のヘルメットを装着し、両手に手袋をはめて強力なテープで留めることにした。

この時点で精神医学的検査も行われたが、強迫性障害ではなく、幻覚もなかった。それでも頭を掻く動作は制御不能で、命にも危険が及んでいた。Mは2年間閉鎖病棟で暮らしたが、それから何年も経った現在は、自立して生活している。夜間の引っ掻き行動を自分でコントロールできるようになり、対処戦略も身につけた。どうしても掻きたい

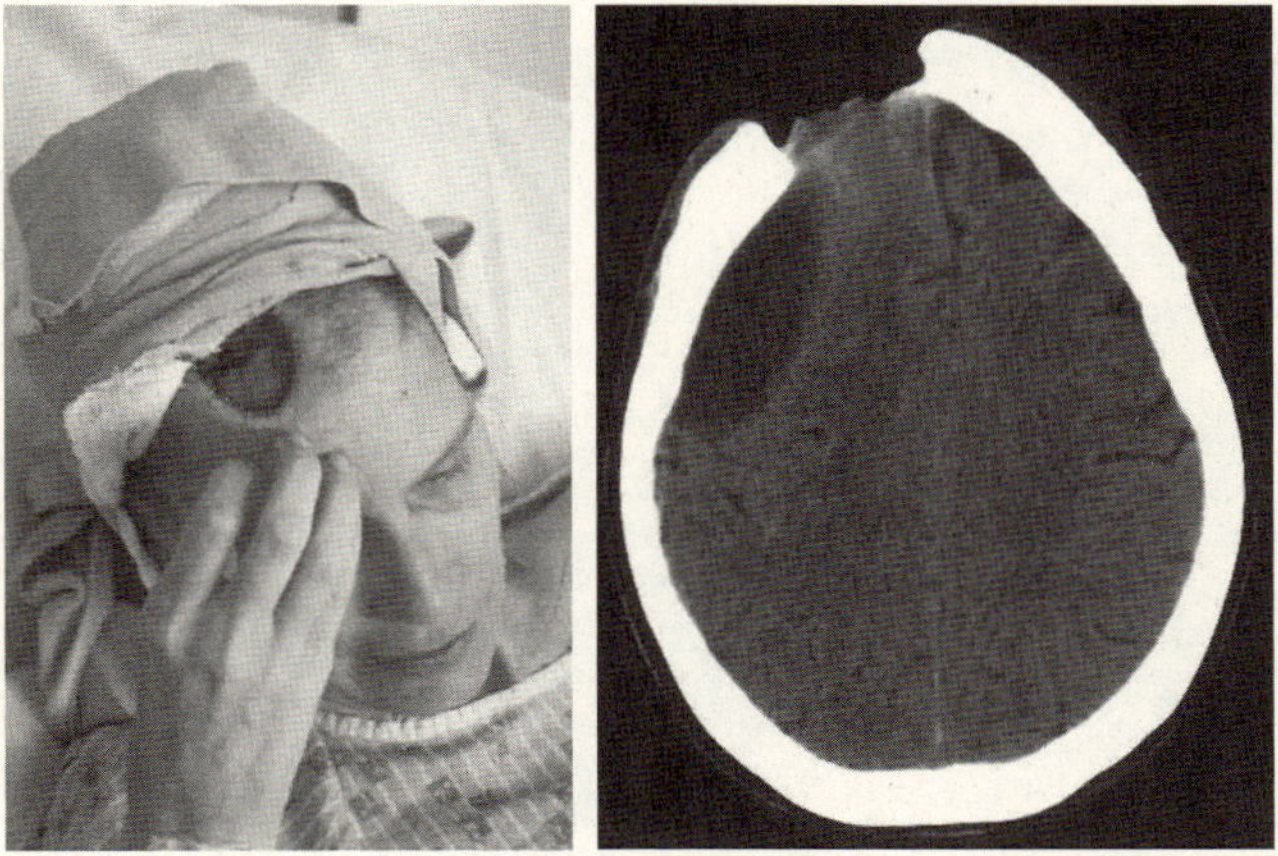

図7-3　この39歳の女性は、帯状疱疹が治まった後、右の前頭部に容赦のない恐ろしいほどの痒みが生じた。帯状疱疹でこの場所の感覚が麻痺しており、皮膚と骨を掻き破り、脳にまで達しても痛みを感じなかった。右のＣＴ画像から、右前頭葉を保護している頭蓋骨に穴が空き、脳組織が損傷しているようすが分かる。A. L. Oaklander, S. P. Cohen, and S. V. Y. Raju, "Intractable postherpetic itch and cutaneous deafferentation after facial shingles," *Pain* 96（2002）: 9-12. Elsevierの許可を得て転載。

ときは、柔らかい布をまるめてそっと掻くのだ。脳が損傷したため、左半身の一部に麻痺が残り、人格も変化した。前頭葉の損傷ではよく見られる症状である。

帯状疱疹後にMが経験した恐ろしい痒みが神経学的に何に由来するものか、完全には解明されていない。接触や温度や痛みや痒みに対するMの知覚は、右前頭部を除けば全身の皮膚で正常だった。問題の場所だけは触覚に重度の障害があり、接触も温度も痛みも感じなかった。皮膚が破れても痛みで掻くのを止めずにいたのはこのためだ。この部分の皮膚組織の生検で、感覚神経の96%が死滅していることが分かった。それでも、神経の発火を抑える鎮痛ジェルを塗ると一時的に痒みが収まることから、残っているわずかな神経線維だけでも容赦のない痒みを引き起こせるものと考えられる（逆に言えば、この残った神経線維だけで、掻くことに反応して生じる痒み抑制信号を運ぶこともできる）。

神経線維の大半を失ったMの右前頭部は、ある意味で切断された四肢と似た状態にあった。脳は身体から切れ切れに異常な情報を受け取り、それをなんとか解釈しようとしているのだ。脳の回路自体が神経損傷に対応して組み変わり、その変化が慢性の痒みに関係している可能性もある。前頭部の皮膚に残る感覚神経の信号をブロックすると一時的に痒みを抑えられることから、この痒みが脳の痒み中枢の活動からのみ生じているということは考えられない。また、脳の機能がまったく正常で、感覚神経からの異常信号だけでこの慢性の痒みが生じているという可能性もまずない。最も可能性が高いのは、残っている感覚神経からの信号が脳の痒み中枢の異常な活動を引き出し、それが地獄のような苛酷な痒みを生み出しているということである。

痒みは感染する

ドイツのギーセンという町にある大学で、無料の公開講座が開かれた。集まった人々は、自分たちが、ある奇妙な実験の被験者になることに気づいていなかった。あるテレビ局との共催で開催されたこの講座の標題は「痒み――それは何によるのか?」だった。ホールに置かれたビデオカメラは、演者だけでなく聴衆にも向けられていた。

実験の目的は、聴衆にノミやダニ、皮膚の掻き跡、発疹などの写真を見せることで痒みを誘発できるかを調べることだった。対照のため、入浴する人や、幼児を抱いた母親など(痒みを想起させない、柔らかくみずみずしい肌)の写真も提示した。[21] 予想通り、痒みに関連する写真を見ている聴衆は、身体を掻く動作が有意に増加した。その後も研究室内で痒みをテーマにした動画を使った実験を行い、この基本的結果を確認し、さらに被験者の肌の状態が悪くなくてもこのような社会的環境での痒みの伝染が生じることが確かめられた。[22]

この現象の説明として、興味深い仮説が提案された。共感の強い人は、ほかの人が身体を掻いているのを目にしたときに痒みを感じる可能性が高いのではないか、という仮説だ。しかし、この実験の被験者にパーソナリティー質問票に記入してもらったところ、共感と社会的な痒みの伝染との間に相関は認められなかった。痒みの伝染に関連する可能性が最も高かったのは、否定的な感情を経験する傾向（神経症的傾向）だった[23]。

私たちは、他人がハンマーで指を叩いてしまったのを見ても、普通は自分の指を引っ込めたりしない。しかし誰かが身体を掻いているのを見ると、自分も痒くなり身体を掻きたくなる。この違いの理由は、以下のように推測できる。人類は歴史の大半の時期を通じて、病原体や毒を持つ寄生生物が周囲にいる環境の中で過ごしてきた。このような環境では、隣の人が身体を掻いていれば、自分も虫などによる同じ危険にさらされていると考える十分な理由になる。したがって、その状況で痒く感じて身体を掻くことは、自分が傷つけられる可能性を抑えるための適応的行動と言える。これに対して痛みはたいていの場合、人から人へと広がるものではないため、社会的な伝染はあまり起こらない。

地下鉄に乗っているとき、隣に座った人が身体を猛烈に掻き出したとしよう。その人は明らかに苦しんでいる。しかし、あなたが最初に感じるのは――正直に言って――同情だろうか、嫌悪だろうか。アンドレ・ジッドはこれを自分に問うた。

何カ月も痒みに苦しんでいる。最近では耐えがたく、ここ数日はほとんど眠れていない。ヨブやフローベールのことを考える。ヨブは身体を掻くために陶器の破片を探し、フローベールは晩年の手紙の中でこのような痒みについて書いている。誰でもそれぞれの苦難を抱えているし、自分の苦しみをほかのものに変えようと望むことは非常に愚かなことだと自分に言い聞かせている。だが、本物の痛みでもこれほど悩まないだろうし、これほど耐えがたくはないだろう。苦しみの格で言うなら、痛みはもっと高尚で荘厳なものだが、痒みはみじめで人にも言えない。滑稽な病だ。苦しんでいる人に憐れみを覚えることはできても、身体を掻きたくてたまらない人を見ても笑ってしまう。[24]

感覚を苛むものとして、仮借のない痒みほどひどいものはほかにないだろう。ダンテはこれを、最も内側の地獄の罪人に宛てるべきだった。身体を掻きたいという衝動は圧倒的なものだが、実際に人前で掻くと周りの人々は一斉に身を引き、この人は二重に呪われていると考える。何かの病気にかかっているうえに、意思が弱いのだと。

第8章　錯覚と超常体験

現実の中で私たちが経験する触覚の世界は、恐ろしいほど乱雑で複雑だ。触感を構成する刺激を識別するのも容易ではない。お腹のここに軽い痛みがあって、そのあと腕のここを優しく撫でられた、というように分割して知覚しているわけではない。

20世紀の初め、知覚について研究していた心理学者たちは、たとえば湿っている、ぬるぬるしている、べとべとしているといった、人がそれに対して何らかの反応を起こすような重要な触感の多くは、それぞれに皮膚に専用の感知器を持つ基本的な触感ではなく、複数の触覚の混合物であると考え始めた。この時代の古い科学論文を読んでみるととても面白い。プリンストン大学のM・J・ジグラーは、「クラミー」(clammy：冷たくじっとりとしている)という触感を生む因子を突き止める研究を行ったが、その中で、実験に用いる刺激の気味の悪さをエスカレートさせていった。ジグラーは1923年の論文の中で、以前の研究者の言葉として「ひどくクラミーな感触は、茹でて冷ましたジャガイモのかけらに指を押し当てると生じる」という主張を紹介しているが、ジグラー自身は茹でて冷ましたジャガイモでは不十分だと考え、より効果的な刺激を探していったのだ。その結果、子供用の野球のグローブに粥状のオートミールを詰めてじめじめさせるというやり方にたどり着いた。ジグラーは、クラミーとは冷たさと柔軟さを中心とする触感の組み合わせであると結論づけ、さらに「真にクラミーな体験」は常に不快なものとして経験されると主張した[1]。

コーネル大学のI・M・ベントレーは「濡れている」（wet）という触覚上の知覚を研究するため、まず、ほかの感覚を除外しようとした。被験者には目隠しをし、耳と鼻に綿を詰めた。その上で、右手を、手のひらを下に、中指だけをテーブルの端から垂らすようにして固定する。そしてビーカーに各種の液体試料を入れ、滑車を使って慎重に持ち上げて中指に浸す。試料として、水銀、石油、水、エルドラドオイル[2]、糖蜜、ベンジン、エチルアルコールを使った。ベントレーは次のように論じている。「濡れているという観念は、一般にそれ自体、特有のものと考えられている。指で濡れた表面に触れたり、手を液体に突っ込んだり、身体が液体に浸ったりしたときに、人は『濡れている』と言う。これは、心的過程とその意味との混同の見事な例だ。この場合、感覚と知覚が混同されている」。ベントレーは多くの考察の末、濡れているという知覚はやはり触覚の混合で、温度と圧力の影響がとくに大きいと結論づけた[3]。

ベントレーもジグラーも、それぞれが探究した複雑な触覚知覚の性質について混合的であると考えたが、それは正しいのだろうか。それとも、いつの日か濡れていることやクラミーなこと（あるいは、ねばねば、べたべたなど）を検出する特有の分子が専用の感覚ニューロン上に見つかると考えてよいのだろうか。前者が正しいことはほぼ確実だ。知覚の実験からも、個々の感覚神経線維の活動記録からも、分子遺伝学的研究から見ても、これらの感覚に対応する専用の感覚神経は存在しそうにない。

以上のような考察は、まるで仮想の相手と議論をしているようなものだと思われるかもしれない。そもそも、濡れているとかじっとりしているといった感触に専用の感覚神経が存在するなどと本気で考える者がいるだろうか。とはいえ、過去の教訓からは謙虚に学ばなければならない。痒み専用の受容体が存在するという強力な証拠が得られたのはごく最近のことなのだ。それ以前には、痒みも触覚的混合物だと主張することは理に適っていたわけだ。

ここに、生物学が持つ根本的な力がある。いくら哲学的推論や言語的分析や内省を積み重ねても、こうした問題を解決することはできないのである。

触覚研究は次の段階へ

ここまで見てきたことを振り返ってみよう。まず、皮膚にはさまざまな神経の末端がある。裸の自由神経終末もあれば、大胆にして精巧な特殊構造もある。これら分子レベルの構造は、触覚対象の世界から各種の情報を抽出できるよう、進化の過程を通じて綿密に調整されている。

皮膚の触覚センサーから脊髄へと情報を運ぶ神経線維は、(すべてではないが)ほとんどが各種物理的刺激の中のひとつを伝える専用線となっている。ざらざらの質感を伝える線維、震動を伝える線維、引っ張られていることを伝える線維といった具合である。驚くべきことに、愛撫に特化したセンサーや痒みのセンサー、そしておそらくは性的接触のセンサーまで存在する。

これらの情報は、伝達の速い線維で運ばれることも、遅い線維で運ばれることもあり、脳に到達するのに時間差が生じる。愛撫の情報や、痛みの第2波のように遅く伝わる情報は、多くの場合、脳の触感回路のうち、感情・認知的な部分を活性化する。一方、通常の機械受容器からの速い情報は、感覚・識別中枢を活性化する。各種の専用センサーに発するこれら触覚情報の流れは、注意や感情の状態、過去の経験などについての信号と合体し、私たちがその接触の感覚を意識する段階では、識別的であると同時に感情を伴う、統合され行動と結びつく観念となっている。

重要なことだが、私たちの脳は受動的に触覚情報を受け取っているのではなく、脊髄に下行性の信号を送り、脳にやって来る前の触覚信号のボリュームを上げたり下げたりできる。この点は、痛みの下行性抑制系で見て取りやすいが、ほかの触感についても同様のシステムが存在する可能性が高い。

脳と脊髄の触感回路は、進化の過程で特定の課題を解決するよう形作られてきた。食べ物を見つける、危険を避ける、交尾をする、子孫を守る、といった課題だ。実際問題として、あらゆる触感は（あるいはあらゆる感覚は）、突き詰めれば何らかの行動に役立つようになっている。私たちの触感の回路は、外界のあり方を忠実に報告するために作られているのではなく、予測――祖先たちによる歴史的経験と個人の経験双方から生じる予測――に基づいて外界のあり方を推測するよう構成されている。

最後に、人と人との接触は、発達の初期段階で特別な役割を果たしているばかりでなく、生涯を通じて社会生活の中で決定的に重要な要素となっている。人への信頼と協調を促し、他人に対する見方にも深く影響するのである。

触覚についてのこれらの発見はすべて意義深いものである。これらの知見を通じて私たちは、人間の経験の中心的な面について理解を深めた。しかし、現時点で私たちが吟味した範囲はまだ限られている。私たちはオートミールを詰めた子供のグローブよりもっとぐちゃぐちゃな領域に足を踏み入れ、触覚の世界の研究を広げていかなければならない。各種の触感の統合を探究するだけでなく、触感と触覚以外の感覚の組み合わせの影響にまで目を向ける必要がある。この最終章では、単なる触感を超え、錯覚や日常的な幻覚、さらには一見、超自然的な説明を要すると思えるような超常的な接触経験といった現象にまで考察を進めていこう。

触覚の錯覚

私にはナタリーとジェイコブという双子の子供がいる。彼らは3歳になった頃、ある遊びを始めた。最後は必ず泣きながらけんかになる遊びだった。2人は最初、バスルームのドアを挟んで立ち、お互いの方にドアを押しやっては笑い合っている。2人は仲良しで、子供によくある取っ組み合いなどはしなかった。けれどもこのドアの遊びは気に入っていたようだ。相手の姿が見えないため、まるでドアが、彼らが好きだったマンガの中に出てくる物のように命を持って動いているように見えて面白かったのだろう。

遊びは、軽くドアを押すところから始まる。だが、どうしてもだんだんエスカレートして強く押すようになり、ついにはドアがどちらかの頭にバンとぶつかって、私か母親かが2人をなだめなければならなくなる。

「ナタリー、どうしてジェイコブの顔にドアをぶつけたりするの？」

「あたしのせいじゃないもん。順番に押してたのに、いつもジェイコブがあたしより強く押してくるんだもん。あたしはジェイコブとおんなじように押してただけ」

「ナリー！　違う！」とジェイコブが割って入る（ジェイコブはまだナタリーの名前をきちんと発音できなかった）。「強く押したの、そっちじゃないか。ぼくじゃない」

「違うわ！　そっちよ」

「こらこら。もうこのドア遊びはやめにしてほしいな。いつもどっちかがけがをするじゃないか」

「はあい、ダディ」と2人は声を揃えて答えるが、次の瞬間には、この約束はもう彼らの頭から消え始めているのだ。

押し合いがエスカレートするこの状況には社会的因子も関係しているが、いちばんの理由は神経生物学的な触覚の処理に基づく現象にある。私たちの神経は、自分自身が起こした動きの結果生じる触覚信号よりも、外界で生じた動きの結果生じる信号の方により大きな注意を向けるようにできているのである。たとえば、歩いているときに自分の服が肌に触れる感触を意識することはほとんどない。しかし立ち止まっているときに同じように服が肌に当たったらすぐに気づき、誰が、あるいは何が近づいたのかと、その感覚に注意を向ける。これは当然のことだ。外界で生じた出来事は身に危険を及ぼすかもしれず、あるいはほかの意味でも注意を引くもの（誘惑、美味、困惑など）であるかもしれないため、その感覚に意識を向ける必要がある可能性が非常に高いからだ。

ナタリーとジェイコブがバスルームのドアを押し合って遊んでいるとき、2人とも相手と同じくらいの力を出そうとしていた。ところが、実はそうすることはほとんど不可能なのだ。ナタリーが2単位の力でドアを押したとすると、ジェイコブは手のひらに2単位の力を感じる。しかし、2単位の力で押し返そうとすると、3単位の力を出してしまう。なぜか。自分が出す3単位の力で皮膚に受ける圧力の感覚は、他人が押す2単位の力から受ける感覚と同じだからだ。さて、3単位の力を感じたナタリーは、同じ力で押そうとして、4単位の力を加える。こうして破局が訪れる。(4)

自分で作り出した触覚を弱く知覚するという現象はさまざまな状況で見られる。第6章で考察したように、自分で加えた痛みは、他人から加えられた痛みや、コンピューターでランダムに作る刺激による痛みに比べて弱く感じられるし、不快感も小さい。また、言うまでもないことだが、相手が自律的に動くセックスは自慰行為とは根本的に異なる。後者では、脳は刺激の動きを（バイブなどの器具を使ったとしても）予測できてしまう。

自分が生み出す接触を弱く感じるのは、神経の何に由来するのだろう。くすぐりの研究を見るのが分かりやすい。たいていの人は自分をうまくくすぐることができない。自分でくすぐっても、人にくすぐられるほどくすぐったく感じないのだ。

ロンドンの神経学研究所のサラ＝ジェイン・ブラックモアは、被験者の脳をスキャンしながら、くすぐったり、自分をくすぐるよう指示したりする実験を行った。自分の場合も他人の場合も、くすぐる場所、強さ、パターンは同じになるよう慎重に揃えた。他人にくすぐられると、1次、2次体性感覚野など触覚の感覚識別回路と、前帯状皮質など感情認知回路の両方が活性化した。しかし被験者に自分で同じようにくすぐってもらうと、これらの脳の触覚中枢の活動はくすぐられたときよりも弱かった。しかし同時に、小脳に強い刺激が生じていた。小脳は、触覚の信号と共に、脳のほかの部分から運動開始の指示も受け取っている。自分で自分をくすぐるために手や腕の筋肉をコントロールするための電気信号などだ。小脳は、運動の指示の信号が、皮膚の触覚センサーからの感覚フィードバックと特定の関係にあるときに活動する。すると小脳は脳の触覚中枢（およびその他の領域）に活動を抑える信号を送る。これにより、自分をくすぐっている間はくすぐったさが弱まる。(5)

自分をくすぐったがらせることができないのは、くすぐる動きと触感との密接な関係のせいだ。くすぐる手とくすぐられる皮膚の間にコンピューター制御の機械的くすぐり装置[6]を置き、手の動きが200ミリ秒遅れて皮膚に伝わるようにすると、自分でくすぐっているのにくすぐったさは増す。装置によってくすぐる方向を（たとえば上下の動きを左右の動きに）変えてやると、効果は一層強まる。

このような状態で脳画像を撮ってみると、動作への指令とくすぐられている皮膚の感覚とが切り離されているため、小脳の活動が減衰し、その結果脳の触感回路の活動が高まり、くすぐったさが増している[7]。

興味深いことに、小脳に障害を持つ人は自分をくすぐったがらせることができる。また、一部の統合失調症患者（小脳に機能不全があると考えられる人）も同様だ。これらの症例では、運動指令と感覚フィードバックを比較する小脳の回路がうまく機能していない。その結果、自分で生み出した接触の感覚が、外界に起因するもののように感じられるのである[8]。

統合失調症や小脳の損傷で生じる触覚の混乱は、誰もが経験したことのある、ある状態を思わせる。夢を見ていて感覚の出所が混乱してしまう状態だ。ある報告によると、レム睡眠（ストーリー性のある夢を見やすい睡眠段階）から目を覚ましたばかりの被験者（女性）は、自分によるくすぐりで、ふだんよりくすぐったく感じたという[9]。大脳皮質と小脳の間の回路がレム睡眠中は抑制されていて、目覚めた後、通常の状態に戻るまで

図8-1 眠っている人の腹の上に夢魔が乗って体重をかけている。夢魔との性交が病気や死を招くという言い伝えは多い。夢魔（男性も女性もある）の民間伝承は、ストーリー性のある夢から覚めた際に身体に重みを感じる睡眠麻痺という現象に由来する面があるのかもしれない。図はトーマス・ローランドソンが1784年に作成した銅版画『コベントガーデンの悪夢』。ハインリヒ・フュースリーの有名な『悪夢』（1781年）のパロディである。オリジナルの『悪夢』で横たわっているのは魅力的な若い女性だが、この作品ではイギリスの政治家チャールズ・ジェイムズ・フォックスに置き換えられている。City of Westminster Archives Centerの許可を得て転載。

に時間がかかるためと考えられる。レム睡眠中は、脳の運動中枢から指令は出ているが途中でブロックされるため、脊髄や筋肉にまで指令が届かない。そのため身体から力がほぼ完全に抜ける。睡眠のほかの段階では通常収縮している筋肉でさえ弛緩する。椅子に座った状態でレム睡眠を維持できないのはこのためだ。頭ががくっと前に落ちて目が覚めるのだ⑩。

レム睡眠中に身体に力が入らなくなる状態は、また別の現象を生み出す。たいていの人はレム睡眠から目覚めると、あまり時を置かずに筋肉の随意的コントロールを取り戻すが、覚醒してから脊髄への運動信号の遮断が解けるまでに数十秒、あるいは数分かかる経験をする人がいる。このようなとき、目覚めてはいるが、身体は一時的に麻痺している。脳が運動の指令を出しても、それに対応する接触や固有受容（身体位置）のフィードバック信号が返ってこない。そのため脳は、運動を妨げる大きな圧力が身体にかかっているに違いないと推測する。触覚的な幻覚と言えるこの恐ろしい体験はごく普通に見られるもので⑪、夢魔が胸やお腹の上に乗って悪さをするという多くの文化に存在する民間伝承は、この現象の影響を受けている可能性が高い（図8－1）。

皮膚うさぎ

錯覚はとても楽しめるものだが、同時に、脳が無意識に取っている知覚戦略を垣間見せてくれる存在でもある。触覚にも多くの錯覚がある。私のお気に入りは「皮膚うさぎ」と呼ばれる現象だ[12]。目を閉じて、手首の内側を3回、そしてすぐにひじの内側を3回、合わせて6回、同じリズムで素早く叩く。すると、最初の1回は手首に感じるが、以後の5回は手首からひじに向かって少しずつ移動していくように感じる（図8－2）。手首とひじの間の皮膚に麻酔をかけても同じように感じるため、この効果が、皮膚の上で機械的に生まれているのでなく、脳で生み出されていることは確かだ。しかも、被験者の脳をスキャンしながら皮膚うさぎの実験をしてみると、脳の活動パターンは、錯覚で経験している通りになる。つまり、体性感覚野の腕の地図上で、手首とひじの間が飛び飛びに活性化する[13]。

皮膚うさぎの錯覚は神経学的に十分には解明されていないが、大きく言うと、予想が関係していると考えるのがよさそうだ。私たちは皮膚を叩く刺激を感じるとき、ひとりひとりの体験を通じても、人類の経験として遺伝子の中に組み込まれたものを通じても、それが普通ゆっくりと皮膚の上を移動していくものと予想する。その結果、3回目と4回目の位置が大きく離れている場合、4回目から6回目までの感覚は、この種の信号はゆっくりと移動するという予想と混じり合うのである。このように、手首とひじの間の位置に感じる知覚は脳による推測の結果であり、ひじの皮膚から受け取る触覚信号とゆっくりとした動きという予想とのある種の妥協の産物なのである。

しかし、2回目と3回目の知覚も変化するのはもっと奇妙な現象だ。これはポストディクション（後測、後づけ再構成）と呼ばれる効果で、皮膚が叩かれた瞬間からそれが

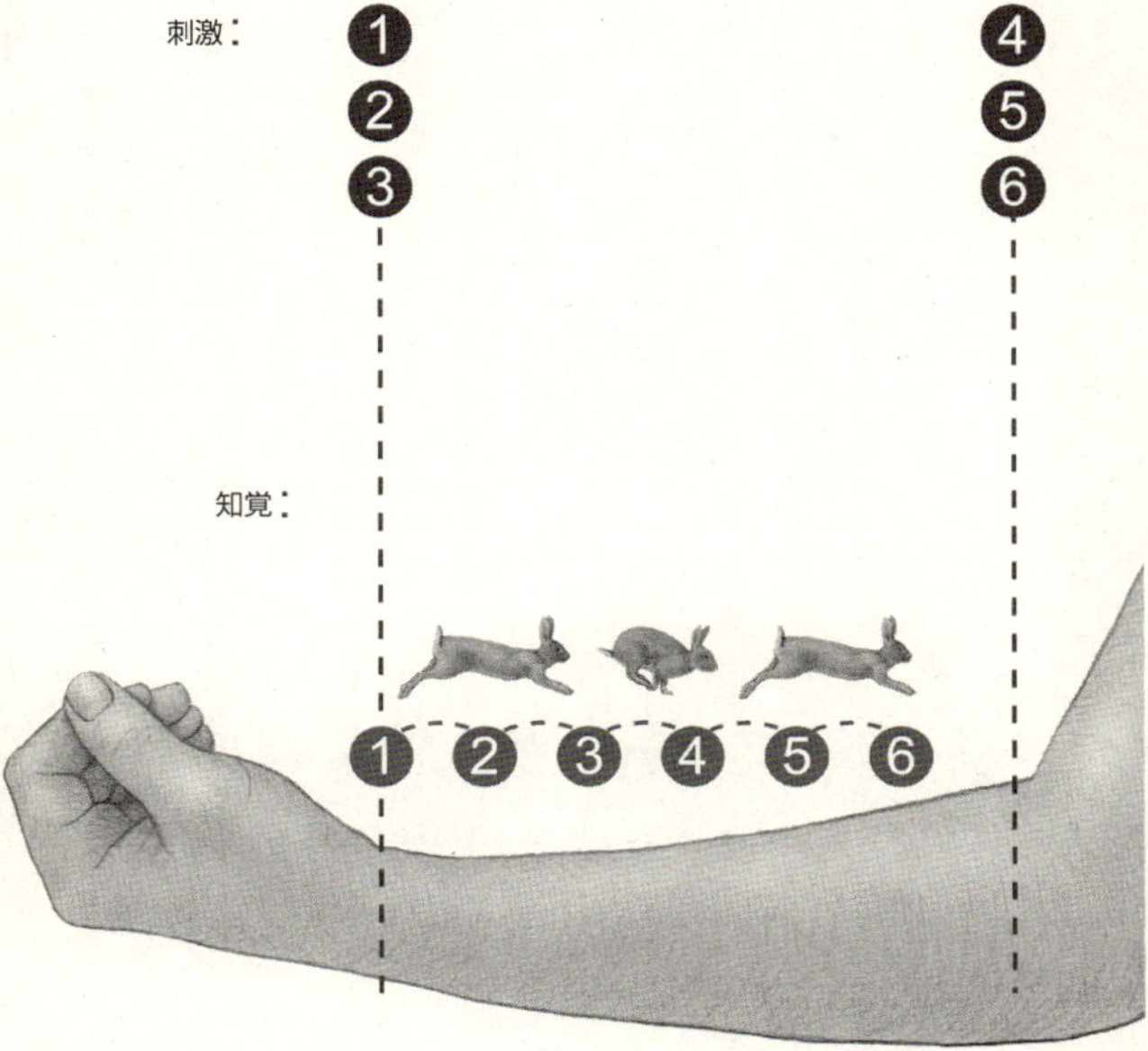

図8-2　皮膚うさぎの錯覚。手首を３回叩き、すぐにひじを３回叩くと、最初に手首を叩かれた後、刺激が少しずつ飛び飛びにひじに近づいていくように知覚される。

知覚されるまでの短い遅延時間（約0・2秒）により生じる。この知覚の遅れの間に脳は、流れ込んでくる情報と予想を混ぜ合わせ、時間を遡って、起こった出来事の知覚を変化させる。[14]

私たちの脳は、多数の感覚に由来する情報を結びつけ、出来事や物体についての全体的な知覚を作り上げるということを自然に行っている。触覚感覚がほかの感覚刺激（音など）と同時に入ってくると、それに先だって存在する予想が錯覚を生み出すことがある。たとえば、手のひらを擦り合わせるときだ。昔の映画で悪者が悪だくみをするときの動作を思い出してほしい。両手の手のひらの感覚を感じると同時に、擦れ合う音が聞こえる。これをうまく使った実験がある。被験者にヘッドホンをつけてもらい、手のひらを擦り合わせる音をマイクで拾って、その音を被験者に聞かせるのだ。そして、音をそのまま聞かせる場合と、変化させて聞かせる場合とを比べた。高音域を強調して聞かせると、被験者は自分の皮膚が滑らかで乾いているように知覚した。まるで手が紙になったようにだ。そこで、この効果を「羊皮紙皮膚の錯覚」と呼ぶ。この音を10分の1秒遅らせて聞かせると、錯覚は消滅し、被験者は自分の手のひらが普通の皮膚であると感じるようになった。脳が、高い音を滑らかで乾いた皮膚の音と知覚するためには、その音が手のひらを擦り合わせている行為の結果生じていると思われなければならないのである。[15]

現代心理学の基盤を作ったひとり、エルンスト・ヴェーバーは1846年に、大きな冷たい硬貨（プロシアの銀貨）を額の上に乗せると、同じ硬貨を温めて乗せる場合よりも重く感じるという実験結果を報告した。これは有意な結果で、大半の被験者は冷たい硬貨を温かい硬貨よりも4倍重く知覚していた[16]。一般に、無条件で冷たいもののほうが重たいと予想することはない。したがってこの効果は、脳ではなく感覚神経の働きで説明される可能性が高い。実は、（圧力を検出する）メルケル盤を持つ感覚神経は、皮膚が急激に冷やされたときも活性化するのだ[17]。温度と重さの錯覚のもとは、この種の活性化にあると考えられる。

覚えておくべき結論はこうだ。触覚の錯覚はすべてが予想（あるいは脳による何らかの処理）から生じるわけではない。単純に皮膚の感覚神経の仕組みから生じることもある。

心と肌の触れ合い

錯覚の次は超常的な経験を考えてみよう。

何カ月か前のことになる。私はパートナーのZの身体を抱いていた。彼女の肌は素晴らしく感じられた。柔らかく、温かいだけではない。ぞくぞくするほど燃え立っていた。お互いの腕や首や背中に触れ合っている間の感触は、言葉にならない。2人とも、お互いを引き付け合う愛情が電気のように走る震動を感じていた。数分後、まだ触れ合いながら話しているとき、ささいな意見の食い違いがあった。ふだんなら穏やかな甘い間奏程度にしかならないような、ちょっとしたさざ波だ。そのさざ波もすぐに収まり、私たちはまた密着した。そのときZが尋ねた。「ねえ、さっき雰囲気が変わったとき、肌の感じが微妙に変わった気がしなかった？　びりびりしてたのがなくなったような。それから雰囲気が元に戻ったときに、電気みたいな震えが戻ってきたみたいな？」私もそう思っていた。

　愛情に満ちた触れ合いの素晴らしく親密な感覚は、誰もが経験しているだろう。この感覚は、神経生物学的にどう理解したらいいのだろう。それは、柔らかい、温かい、しなやか、といった感覚的特徴の問題だけではない。たとえばネコを抱いていると気持ちがよく、ときには人間のパートナー以上に柔らかく、温かいことさえある。けれどもそこには心を燃やすロマンティックな熱は存在しない[18]。愛の触れ合いの感覚の大半は、脳内で触覚が感情的、認知的に調整されることで説明できるはずだ。痛みの知覚が感情的、認知的状態の影響を受けることはすでに見た。ほかの触感についても同じような影響があっても不思議ではない。しかし、愛の触れ合いに伴う震えるような感覚は、脳内の出来事だけでは説明がつかない。

　皮膚と脳の間には、触覚情報を脳に伝える感覚神経だけでなく、自律神経系が存在し、脳が皮膚の性質を実際に変えることができる。感情的な状態が無意識下で自律神経系を働かせ、汗の分泌や局所的な血流を変え、皮膚の、とくに腕の体毛を逆立てるのだ（もちろん呼吸、心拍、深層筋の緊張などの身体的変化も伴う）。感情が、たとえば発汗や逆立つ体毛で皮膚の状態を変えると、人と人との接触に反響的な効果が生まれる。体毛が立っていることで活性化されている愛撫のセンサーなどは、そうでないときと比べて動きに対する反応が異なる。また、皮膚の上に汗の層ができていれば、相手に肌を撫でられたときの機械的センサーの働き方も変わってくる。肌の性質のこうした意識されない変化は、触っている相手にも感じられる。そうした相手の反応を知覚すればまた、感情の状態も変わってくるのである。

愛の触れ合いは、単に心と心の触れ合いでも、肌と肌の触れ合いでもない。それは心と肌との二重の対話であり、最良の場合には、ひとりの身体からもうひとりの身体へと反響し、さらにまた大きく返ってくる響き合いとなるのだ[19]。

幻の着信バイブ

私たちが自分の身体を空間の中でどう位置づけているかという脳内のボディースキーマ（身体図式）は、私たちが身に付けてコントロールしている物体をも含む形で拡張され、変形されうる。クルマを運転していて、高さがぎりぎりの高架下を通過するときに思わず頭を低くしてしまったり、テキサス出身のカウボーイハットを被った政治家が議会の玄関を入るときについ頭を下げてしまったりするのは、このせいだ。帽子は身体の延長になっている。同様に、穴掘り人のボディースキーマはシャベルを取り込んでいるし、バイオリニストのボディースキーマは弓を含んでいる。シャベルも弓も、触覚的な付属物として機能しているわけだ[20]。しかし、これら有用だが奇妙なボディースキーマの変形は、実際に身体に触れている物体に限定されない。身体に一切触れない感覚刺激にも、私たちは反応できるのである。

私の子供たちは、まだ幼かった頃、何度も何度もくすぐられて喜んでいた。親なら誰でも知っていることだが、何度かくすぐってやれば、子供たちは触れなくてもくすぐられたように笑い声を上げる。胸の少し上で指をちょこちょこと動かして見せればいいのだ。何か音を立ててくすぐる動作と組み合わせ（私はハチドリが飛ぶようなブーンという高い音を組み合わせた）、くすぐる真似をするときにこの音を出してやると効果はいっそう高まる。大人になるとほとんどの人はくすぐる真似に反応することはなくなるが、中にはこの反射が残っている人もいる。

現代社会では、子供へのくすぐる真似に相当するものは、携帯電話の幻のバイブレーションだ。マサチューセッツ州にある大学の医療機関で最近スタッフを対象に調査を行ったところ、携帯電話使用者の68%が、着信がないのに携帯のバイブを感じることがあると回答した。極端な例では、携帯電話を持っていないときでさえバイブを感じるという。回答者の13%は、1日1回以上幻のバイブを経験している。携帯をベルトのケースに入れている人よりも、胸ポケットに入れている人のほうが幻のバイブを経験する率が高かった。(21)

くすぐる真似は接触を伴わない刺激（視覚と音による）が触覚として知覚される例だが、幻のバイブは何の刺激もなく生じるまったくの幻覚である。くすぐる真似も、幻のバイブも、どちらも過去の経験に基づく予期の産物であり、脳スキャンで詳しく調べてみれば、1次体性感覚野の地図上でそれぞれに相当する部分が活性化していることだろう。

超自然的現象はきわめて人間的

親指がうずくぞ
何か悪いものがやって来るぞ
ウィリアム・シェイクスピア『マクベス』第4幕第1場　第2の魔女の台詞[22]

シェイクスピアの魔女の予言のように、人は神秘的な身体感覚を口にしたがる。

「うちのじいさんは膝の痛みで天気の変化が分かる」

「悪い知らせを聞く前にはかならず首が痒くなる」

このような言明はたいてい重々しく（ときには断固として）語られる。彼らが言外にほのめかしているのは、こうした現象は自然界の理解だけでは説明が付かず、何らかの超自然的な説明が必要になるということだ。膝の痛みの場合、天気が変わる前の気圧の変化で膝組織の形が微妙に変わるということで、科学的な説明が付けられると考えることはできるかもしれない。しかし、これは多くの証拠により否定されている。ヒポクラテスの時代（紀元前400年頃）から広く信じられてきた[23]にもかかわらず、膝の痛みと

天気との間に明確な相関は認められないのである。(24)

　首が痒くなる件は、おそらく記憶のバイアスで説明が付く。首が痒くなった後に悪い知らせを聞かなかったときは忘れられてしまい、悪い知らせがあったときだけ記憶に残るため、この見せかけの関連づけができあがってしまうということである。

　すでにお分かりのことと思うが、私自身は大半の科学者と同様、こうした神秘的主張には懐疑的だ。それでもつい先週のこと、レストランで食事をしているときに後頭部にちくちくするような奇妙な感じがあり、誰かに見られているという強い感覚を覚えた。振り返ってみると、果たして2つほど離れたテーブルの老夫婦が私をじっと見詰めていた。私が手を振ると2人は目を皿に落とし、それ以後は何もなかった。

　人に見られているという皮膚感覚は誰もが経験しているはずだ。たしかに記憶のバイアスは働いているだろう。振り返ってみると誰かに見られていたという経験は思い出すが、振り返ったら誰にも見られていなかったときを思い出さないからだ。とはいえ、記憶のバイアスだけでこの現象をすべて説明できるかというと、そうとも思えない。

　あらゆる感覚情報を遮断した環境での実験から、人間が背後にいる人の存在を感知できないことははっきりしている。もちろん視線もだ。しかし現実世界では、このように完全に情報が遮断されることはありえない。私たちは視野の周縁部の、意識に入ってこないような物体や動きも検出できる。完全に視野の外側の出来事でも、会話の声が急に止んだり、ドアが開いて気圧が変わったりといった手掛かりを感じ取っている。大事なのは、こうした感覚的手掛かりに意識的に注意を向けていなくても、それは私たちの知覚に影響を与えるということだ。背後で聞こえていた会話が止まったり、あるいは会話のリズムや声の大きさが変わったりしたとき、あるいはドアが開くかすかな空気の流れを感じたとき、私たちの脳は、過去の経験に基づいて推測を行い、ちょうど携帯の幻のバイブと同じように、何も存在しないところに皮膚感覚を生み出すのである。私がレストランで後頭部に感じたちくちくした感覚は、このような信号だったのだ。

心の底から何かを感じるような経験や、我を忘れるような経験、あるいは直観に反するような経験をしたとき、超自然的な説明を求めようとすることは、まったく人間的な反応である。触覚は本質的に感情的なものであるから、触覚体験はこのような傾向を持ちやすい。しかし、神秘的な、つまり超常的な皮膚感覚を説明するのに超自然的なものは必要ない。

電気が通うような愛の触れ合いにせよ、人に見られているという落ち着かない皮膚感覚にせよ、マインドフルネスの実践で痛みが治まることにせよ、新生児が元気に育っていくためや、共同体が一体性を持つために不可欠な触れ合いにせよ、これらの触覚が皮膚や神経や脳の進化とともに私たちが得た性質から生じるものであることを理解すれば、触覚の超常的な側面は説明が付く。触覚の生物学を突き詰めると見えてくるのは、自然なできごとも超自然的なできごとも、ともにきわめて人間的で、人間味のあるものだということなのである。

謝辞

読者は私にこんな風に尋ねるだろう。「デイヴィッド、あなたが触感についての研究で発見したのは……」

そして私はおずおずと読者の言葉を遮る。「えーと、実はですね……」

読者がそんなふうに考えるのは理解できる。私は脳の研究者で、触覚についての本を書いた。当然、読者は私が自分の研究室で触覚について生物学的に研究していると思われることだろう。しかし、そうではないのだ。私の研究室では、記憶や運動や脳損傷後の機能回復といった多くの興味深いテーマに取り組んでいるが、私は触覚の研究者ではない。

私の立場は神経科学という国の大使であり、この科学の大陸の奥深くから宣伝に努めている。大使という肩書きは、正直、言い過ぎかもしれない。実際のところ、この本を書いたのは、私自身が触覚研究の紛れもない大ファンだったからだ。ジョンズ・ホプキンズ大学医学部で学んでいた頃からだ。スティーブン・シャオとケニス・ジョンソン（共に伝説的な触覚研究者ヴァーノン・マウントキャスルの下で学んだ）が質感と形の識別の神経的基盤について先進的な研究を行い、私はそれに興味を掻き立てられた。続いてデイヴィッド・ギンティらが美しく厳密な実験を通じて微細な触覚受容体の分子を突き止めて触覚の分析に新たな次元を開き、マイケル・カテリナとシンジョン・ドンが分子レベルと遺伝レベルの研究を行い、痛みや温度や痒みについてやはり新たな洞察の道を開いた。最近では若手のダニエル・オコナーが触覚と判断の間の溝に橋をかけようとしている。私がこの魅惑的なテーマの執筆に取り組めたのは、我が大学の彼ら聡明で創造的で寛大な研究者たちのおかげである。また、世界中の触覚研究者たちからも多くの励ましと助言をいただいた。学会会場の廊下で時間を取って話をしてくれた方々や、深夜、電子メールでの問い合わせに回答してくれた研究者たちに御礼を申し上げる。

身近な専門家と話をするのはいつでも楽しい経験だ。スティーブン・シャオ、サーシャ・デュラク、ダニエル・オコナー、マイケル・カテリナ、デイヴィッド・ギンティ、シンジョン・ドンは仕事の範囲を超えて私の初期の草稿を注意深くかつ建設的に検討してくれた。専門家以外の人々も草稿を読み、もっと分かりやすく書くよう促してくれた。ひとりよがりになっている箇所を指摘し、とくに問題が多く不快なエピソードを削除せよと言ってくれた（まったく正当な指摘であり、まだ残っている箇所について彼らに責任はない）。マリオン・ウィニック、ケイト・サンフォード、ジョン・レイン、ローラ・コールソン＝シュユロイアには、声を大にして感謝を伝えたい。

出版の専門家たちにも敬意を表する。ジョーン・タイコは以前の著作に引き続き美しく明快なイラストを付けてくれた。編集者の中の紳士リック・コットは温かい思いやりを持ってペンのメスを振るい、開創器と探針で問題を探り出してくれた。リムジム・デイは世界最高の出版者かもしれない。賢く著者に鞭を当てるため、著者としては、原稿をせき立てられながらも楽しく、自分の価値を感じざるをえない。私には理解の及ばない技だ。アンドリュー・ワイリー、ルーク・イングラム、そしてワイリー・エージェンシーのスタッフたちに、支えてくれてありがとうと申し上げたい。

この本は、一面ではジョンズ・ホプキンズ大学のセミナールームから生まれたものだが、別の面では私の個人的な身体体験に基盤を置いている。長年にわたり私に特別な愛情のこもった触れ合いを体験させてくれたZに、そして、生まれたときから私に抱きつき、ありがたいことに今も変わらず抱きしめてくれる双子のナタリーとジェイコブに感謝する。

訳者あとがき

神経科学者デイヴィッド・J・リンデンの *Touch: The Science of Hand, Heart, and Mind*（Viking, 2015）の全訳をお届けする。リンデンは前著『快感回路』（拙訳、河出書房新社）で依存症という現象に脳神経科学の立場から斬り込んでみせたが、今回取り組んだのは触覚＝皮膚感覚である。前著と同様、詳細な科学的解説と日常的エピソードを巧みに混ぜ合わせながら、脳と神経の世界を案内してくれる。何かにつけて話が性的な方面に流れがちになるところも相変わらずだ。

「神経科学という国の大使」（283ページ）を自称するだけあって、快感にせよ触覚にせよ、リンデンが読者を導いていく先は単なる神経系の理解ではなく、脳神経の働きを通じた人間のあり方への洞察である。『快感回路』では、人間が生存や繁殖に関係しない行動にまで快感を覚えることができ、ときにそれに溺れてしまうことの神経学的基盤は、学習や記憶を成り立たせている脳の可塑性そのものにほかならない、と主張された。本書の触覚についても、「五感のひとつ」という単純な扱いではない。

冒頭で指摘されるように、英語のフィール／フィーリングはもともと触感を指す言葉だった。しかし現代では、感覚一般、さらには感情までも表すようになっている。それは、五感の中で触覚が最も根源的なものだからである。人は視覚と聴覚を両方失っても暮らしていける。しかし、痛覚を持たない人は長く生きることはできないのである（201ページ）。

また、触覚は多様な感覚を含む。邦題では「触れること」としたが、温感や痒みは接触がなくても感じられるし、内臓の痛覚や固有受容覚（身体の各部が空間的にどこにあるかを感じる感覚）に至っては皮膚の感覚ですらない。しかし、これらはすべて本書で扱われる触覚の一部である。

さらに、触覚の意識は、触覚だけで成り立っているわけではない。脳内の情報経路をたどってみれば、触覚情報は必ず視覚や聴覚などと混じり合い、さらには感情や認知とも相互に関わり合いながら処理されていく（たとえば、両手を擦り合わせるときに、聞こえる音を変化させると触感も変化する＝274ページ。物理的に同じ接触でも相手や気分により触感は変わる＝126ページ）。このように、触覚の知覚はきわめて総合的なものなのである。著者に言わせると、触覚は（あるいはあらゆる感覚は）、外界のあり方を忠実に報告するのではなく、人間がそれに応じた行動をとることに向け、経験や予測に基づいて外界のあり方を推測するシステムなのである。

本書の中で訳者にとってとくに印象的だったトピックを2つ紹介しておこう。まず、人間には「撫でられて心地よい」という感覚のための専用の神経（C触覚線維）があるということ。この神経は、1秒間に3～10センチの速さで肌を撫でられたときに強く興奮する。毎秒3〜10センチ——それがすなわち「優しく撫でる」ということなのだ。覚えておこう。もう一つは、痛みの知覚の能動性だ。痛みのレベルが認知により変化することは経験的に知られているが、このとき脳は、受動的に受け取った痛み信号を止めたり通したりしているのではなく、能動的に指令を発し、下行性経路を使って脊髄のレベルで痛み信号の入力「ボリューム」を上げ下げしているのだという（224ページ）。目から鱗であった。

こうして自分の感覚のあり方を具体的に知ってみると、あらためて自分は何者なのかということに思いが及ぶ。今感じているこの感覚を、分子の動きの連続として捉え直してみれば、あるいは自分が自分でなくなるように感じる人もいるかもしれない。しかし訳者は、そのように見ることでかえって自分が、そして人間というものが愛おしく思えてくる。読者のみなさまはいかがだろうか。

最後に、今回もまた訳稿の完成を辛抱強く待ってくださった河出書房新社の藤﨑寛之氏に御礼を申し上げる。

二〇一六年七月　　　　　　　　　　　　岩坂　彰

文庫版訳者あとがき

本書の原書が刊行された2015年、著者デイヴィッド・J・リンデンは米誌「ワイアード」サイトに、「いずれタッチスクリーンがあなたに触れ返す時代が来る」というエッセイを寄稿した。その中でリンデンは、将来iPhone12を使う頃には、ネットでその機種用のスマホケースを買う際に画面上で商品の肌触りを確かめることができ、iPhone14では「ダイナミック触感描出装置」が縫い込まれた服をアプリで操作できるようになっているだろうと予想した。本当にiPhoneの12や14がそのような機能を持つか現時点では不明だが、いずれそのような時代が来ることは間違いないだろう。タッチスクリーンをキーボードとして使う際にリアルな「打鍵感」を返す技術はすでに実用化されているし、VRゲームでは触感フィードバックは当たり前だ。

ひと昔前、「匂いの出るテレビ」の開発が話題になったことがあった。しかし、触覚技術の進み方は嗅覚伝達技術を追い越したようだ。技術的な難しさの違いはあるだろうが、体験の中で嗅覚より触覚が占める意義のほうが大きく、商業的にも潜在的需要が高いということだろう。本書をお読みいただいた読者にはすでにお分かりのことと思う。触覚は五感の中で最も根源的かつ総合的なものだからだ。

それだけに、触覚について生物学的に理解することは、人の心のあり方を捉えるうえで大きな意味を持つ。たとえばリンデンは本書の末尾でこう言う。「触覚の生物学を突き詰めると見えてくるのは、自然なできごとも超自然的なできごとも、ともにきわめて人間的で、人間味のあるものだということなのである」。ここで「超自然的なできごと」と言われているのは、たとえば、人に後ろから見られているという皮膚感覚（280ページ）だったり、マインドフルネスの実践で痛みが治まること（233ページ）だったりする。

偶然だが、本書の次に訳者が取り組んだ本が、マインドフルネス瞑想で慢性痛を緩和するガイドブックだった。そこで提示される理論的枠組みは、本書で示唆されていることと同じだ。すなわち、感覚としての「痛み」とそれに伴う「苦しみ」は別のシステムによるものであって、相互にフィードバックループを形成し、悪循環で増幅することもあれば、片方を鎮めることで緩和することもできる、という図式である。瞑想で「痛み」そのものを消すことはできないが、それに伴う「苦しみ」を弱めて悪循環を止めることはできる。本書で説明されるように、これら複数のシステムとフィードバックループは、神経学的な基盤を持つ。それはけっしてスピリチュアルな話ではなく、生物としての人間のあり方なのである。

このように、神経科学的知見は、人間というものについて新たな見方を切り開く。その点を追求するのが、リンデンの次作 *THINK TANK* である。リンデンは仲間の神経科学者40人に、それぞれの専門分野において「自分が世の中の人々にいちばん聞かせたい話」を語ってほしいと依頼し、それを一冊のエッセイ集に編んだ。「視覚は一種の超能力である」、「脳が時間をゆがめるわけ」、「性的指向は生物学的に決まるか」、「冷凍保存した脳を新しい身体に接続するとどうなるか」など、刺激的なトピック満載のこの本は、現在鋭意翻訳中である（河出書房新社より刊行予定）。ご期待いただきたい。

二〇一九年一月

岩坂　彰

(1846): 481-588; and J. C. Stevens, and B. G. Green, "Temperature-touch interaction: Weber's phenomenon revisited," *Sensory Processes* 2 (1978): 206-19. この温度と重さの錯覚は、重さを受動的に感じていないと生じないことは興味深い。たとえば手のひらで持ってみると錯覚は生じない。

(17)　K. O. Johnson, I. Darian-Smith, and C. LaMotte, "Peripheral neural determinants in man: a correlative study of responses to cooling skin," *Journal of Neurophysiology* 36 (1973): 347-70.

(18)　ひょっとするとあなたとネコの間には存在するかもしれないが。まあ、そこは人それぞれということで。

(19)　ここで記述した内容のひとつひとつは、すべてよく知られていることだ。とはいえ、触れ合う2人の双方の脳を同時にスキャンするきちんとした研究はいまだ行われていない。

(20)　Sandra Blakeslee と Matthew Blakeslee は、著書 *The Body Has a Mind of Its Own* (New York: Random House, 2007) においてボディースキーマの可塑性について非常に優れた考察を行っている。

(21)　M. B. Rothberg, A. Arora, J. Hermann, R. Kleppel, P. St. Marie, and P. Visitainer, "Phantom vibration syndrome among the medical staff: a cross sectional survey," *BMJ* 341 (2010): c6914. 台湾の医師インターンを対象にした調査でも同様の結果が得られている。Y.-H. Lin, S.-H. Lin, P. Li, W.-L. Huang, and C.-Y. Chen, "Prevalent hallucinations during medical internships: phantom vibration and ringing syndromes," *PLOS One* 8 (2013): e65152.

(22)　シェイクスピアが現代の作家で、この不思議な触感について考えていたなら、こんな風に書いたかもしれない。

　携帯のバイブを感じるぞ
　携帯は家に忘れてきたのだが

(23)　R. N. Jamison, K. O. Anderson, and M. A. Slater, "Weather changes and pain: perceived influence of local climate on pain complaint in chronic pain patients," *Pain* 61 (1995): 309-15.

(24)　D. A. Redelmeier, and A. Tversky, "On the belief that arthritis pain is related to the weather," *Proceedings of the National Academy of Sciences of the USA* 93 (1996): 2895-96.

推定している。この比率は、学生だと28%、精神疾患患者だと32%に上昇する。

(12) 「皮膚うさぎ」(Cutaneous Rabbit) というのは、ヒップホッパーがオルタナティブ・カントリーのバンド名に付けそうな名前だが、この錯覚を最初に報告したのは、以下の論文だった。F. A. Geldard, and C. E. Sherrick, "The cutaneous 'rabbit': a perceptual illusion," *Science* 178 (1972): 178-79. 触覚の錯覚に興味をお持ちなら、New Scientist 誌の2009年3月11日号にGraham Lawtonが素晴らしい特集記事を載せている。http://www.newscientist.com/special/tactile-illusions 触覚錯覚オタクには、次のレビューをお勧めする。S. J. Lederman, and L. A. Jones, "Tactile and haptic illusions," *IEEE Transactions on Haptics* 4 (2011): 273-94.

(13) 皮膚うさぎの錯覚についてはさまざまな科学者が多くの時間を費やして詳細な研究を行っている。たとえば、この錯覚は身体的に連続していない場所でも起こる。最初に薬指を数回叩き、次に人差し指を叩くと、途中で中指が叩かれたように知覚される。J. P. Warren, M. Santello, and S. I. Helms Tillery, "Electrotactile stimuli delivered across fingertips including the cutaneous rabbit effect," *Experimental Brain Research* 206 (2010): 419-26. 別の研究では、両手の人差し指で板を支え、その板の上から左右の指を皮膚うさぎのように叩くと、両指の間の板に沿って叩いている箇所が空間中を移動していく幻覚を感じる。これは、皮膚うさぎの錯覚が単に脳地図に関わるだけでなく、身体と対象物との相互作用から生じる拡張身体図式の表象に関わっていることを示唆する。刺激的な研究だ。M. Miyazaki, M. Hirashima, and D. Nozaki, "The "cutaneous rabbit" hopping out of the body," *Journal of Neuroscience* 30 (2010): 1856-60.

(14) D. Goldreich, "A Bayesian perceptual model replicates the cutaneous rabbit and other tactile spatiotemporal illusions," *PLOS One* 2 (2007): e333; and D. Goldreich, and J. Tong, "Prediction, postdiction, and perceptual length contraction: a Bayesian low-speed prior captures the cutaneous rabbit and related illusions," *Frontiers in Psychology* 4 (2013): 221.

(15) V. Jousmäki, and R. Hari, "Parchment-skin illusion: sound-biased touch," *Current Biology* 8 (1998): R190; and S. Guest, C. Catmur, D. Lloyd, and C. Spence, "Audiotactile interactions in roughness perception," *Experimental Brain Research* 146 (2002): 161-71.

(16) E. H. Weber, in R. Wagner (ed.), *Handwörtenbuch der Physiologie* 3

(6)　私のようなオタクにとり、「コンピューター制御の機械的くすぐり装置」などという言葉を使うことは無上の喜びである。

(7)　S.-J. Blakemore, D. M. Wolpert, and C. D. Frith, "Central cancellation of self-produced tickle sensation," *Nature Neuroscience* 1 (1998): 635-40; S.-J. Blakemore, D. M. Wolpert, and C. D. Frith, "The cerebellum contributes to somatosensory cortical activity during self-produced tactile stimulation," *NeuroImage* 10 (1999): 448-59; and S.-J. Blakemore, D. M. Wolpert, and C. D. Frith, "Why can't you tickle yourself?" *Neuroreport* 11 (2000): 11-16. 読者も私と同じことを考えただろうか。つまり、自分でくすぐるときに、時間をずらしたり、動きの方向を変えたりすることでくすぐったさを強められるとしたら、これを大人のオモチャにも応用できるのではないか、ということだ。小脳の機能を抑えて触感を強化するバイブというのはどうだろう。商品化のアイデアをキックスターターに出してみようと思う。またあとで報告します。

(8)　これまで考察してきたほかの触感と同じく、くすぐったさも認知と感情の因子の影響を受ける可能性がある。とても悲しんでいる人やひどく怒っている人にくすぐったさを感じさせることは難しい。子供の頃、くすぐられて笑ったら負けというゲームをしたことを思い出す。仲間のひとりのTは、このゲームでとても強かった。私は下手な方で、すぐに笑ってしまう。うまくなろうと、Tがどうしているかと観察してみると、くすぐられているときにひどいしかめ面をしていた。試してみると、これはうまくいった。メソッド演技法で怒りを感じるようにすると（昔、不公平な仕打ちを受けたときのことを思い出すのが効果的）くすぐったく感じなくなる。

(9)　M. Blagrove, S.-J. Blakemore, and B. R. J. Thayer, "The ability to self-tickle following rapid eye movement sleep dreaming," *Consciousness and Cognition* 15 (2006): 285-94.

(10)　レム睡眠中は、脊髄に支配される筋肉は完全に弛緩するが、頭部の筋肉は脳幹に支配されているため弛緩しない。レム睡眠のREMとはrapid eye movements（急速眼球運動）のことだが、眼球が動いているのはこのためである。

(11)　B. A. Sharpless, and J. P. Barber, "Lifetime prevalence rates of sleep paralysis: a systematic review," *Sleep Medicine Reviews* 15 (2011): 311-15. この論文の著者は、全体の8%の人は最低1回は睡眠麻痺を経験していると

反対側にはヒンジがあり、そこに、バーに加わる力を測定するセンサーが付いている。2人には、自分の番になったら、先に指先に加えられたのと同じ力で相手の指に乗ったバーを叩くこと、という同じ指示が与えられた。どちらも相手に与えられた指示を知らない。こうして交代に相手の指の上のバーを叩いていくと、何度やっても、ナタリーとジェイコブと同じように加える力は劇的にエスカレートしていった。どちらも、自分は相手と同じ力でバーを叩いたと述べたが、相手にどのような指示が与えられたと思うかと尋ねると、2人とも「相手の2倍の力で叩き返すよう指示したのでしょう」と答えた。次に、この実験を変形させ、バーの動きをコントロールできるジョイスティックを動かして相手の指を叩くようにした。違いは、直接バーを叩く場合は、強く叩くためには指先で強い力を出す必要があり、その力は叩く側に感じられるのに対し、ジョイスティックを使う場合は、力はモーターが生み出すため、ジョイスティックをコントロールする指の力と相手の指に加わる力の間に相関関係がない、ということだ。この実験では、有意な力のエスカレートは見られなかった。S. S. Shergill, P. M. Bays, C. D. Frith, and D. M. Wolpert, "Two eyes for an eye: the neuroscience of force escalation," *Science* 301 (2003): 187. この研究は、拙著 D. J. Linden, *The Accidental Mind* (Cambridge, MA: Harvard/Belknap Press, 1997), 9-13（邦訳『つぎはぎだらけの脳と心』夏目大訳、インターシフト、2009、pp. 20-23）で、小脳の機能との関係で紹介した。この場合、自身の力の評価は触覚信号によるばかりでなく、関節や筋肉のセンサーも関与している。

(5) 自分から触れた場合の触覚が弱まる現象は、自分の動きの結果生じた感覚を脳が弱める、または無視するというもっと一般的な現象の一例にすぎない。たとえば話すために声帯を動かすとき、私たちは一時的に音を、とくに他人の声を知覚する能力を弱める。話しながら聞くのは難しいのだ。視覚にはもっと顕著な事例がある。眼は常にサッカードと呼ばれる小さく速い動きであちこちを見ている。この動きを真似てビデオカメラを振り回し、その映像を画面上に再生すると、その不規則な映像は正視に耐えず、何を映しているのかもほとんど分からない。しかし私たちの脳の回路は意識的な知覚の中からサッカードの視覚情報の流れを完全に排除し、安定した部分をつなぎ合わせて、継ぎ目のない一貫して見える有用な視覚イメージを作り上げている。この素早い眼球運動から生じる視覚世界の動きは、弱められているどころか、完全に抑制されてしまっているのである。

みの伝染については、次の報告が興味深い。A. N. Feneran, R. O'Donnell, A. Press, G. Yosipovitch, M. Cline, G. Dugan, A. D. P. Papoiu, L. A. Nattkemper, Y. H. Chan, and C. A. Shively, "Monkey see, monkey do: contagious itch in nonhuman primates," *Acta Dermato-Venereologica* 93 (2013) : 27-29.

(23)　H. Holle, K. Warne, A. K. Seth, H. D. Critchley, and J. Ward, "Neural basis of contagious itch and why some people are more prone to it," *Proceedings of the National Academy of Sciences of the USA* 109 (2012): 19816-21.

(24)　André Gide, 1931年3月19日の日記。

第8章　錯覚と超常体験

(1)　M. J. Zigler, "An experimental study of the perception of clamminess," *American Journal of Psychology* 34 (1923): 550-61. clammyというのは奇妙な感覚だ。その不快さは、恒温動物の死骸の肉や変温（冷血）動物の身体からの連想に由来する面があるものと思われる。

(2)　チア（*Salvia hispanica*）という植物の種から採れる油。

(3)　I. M. Bentley, "The synthetic experiment," *American Journal of Psychology* 11 (1900): 405-25. Bentleyは、被験者が指で対象物を探れないような非常にコントロールされた状態で濡れているという知覚を探ろうとした。しかし現実世界では、濡れていることの知覚は手で積極的に触れることで得られる場合が多い。最近では、被験者が指先で濡れた表面を探れるようにする実験が行われている。ある実験では、摩擦と加速という特徴（stick slipと呼ばれる）が、水と、より粘度が高かったり低かったりする液体とを区別する確実な指標となるという結果が得られている。ガラスの表面に特殊な超音波発生装置を取り付けて、指先に水を真似たstick slipの力を加えると、水に濡れた表面をうまくシミュレートできた。被験者は、濡れていない表面を濡れていると考えたのである。Y. Nonomura, T. Miura, T. Miyashita, Y. Asao, H. Shirado, Y. Makino, and T. Maeno, "How to identify water from thickener aqueous solutions by touch," *Journal of the Royal Society Interface* 9 (1992): 1216-23.

(4)　研究室内でこの押し合いに似た状況を作り出す見事な実験がある。2人の成人の被験者に向き合って座ってもらい、左手の人差し指を、腹を上にして窪んだ台の上に置く。指先には金属のバーが乗せられる。バーの化は、掻くことによって減少しなかった。S. Davidson, X. Zhang, S. G. Khasabov, D. A. Simone, and G. J. Giesler Jr., "Relief of itch by scratching: state-dependent inhibition of primate spinothalamic tract neurons," *Nature Neuroscience* 12 (2009): 544-46.

(16) 進化に関するこの推測については、興味深い予測がある。身体を掻くなどして昆虫その他の寄生生物を皮膚から払いのける能力を持たない動物は、皮膚や脊髄や脳における痒みの処理システムが根本的に違うものになっているだろうという予測である。

(17) X.-Y. Liu, Z. C. Liu, Y.-G. Sun, M. Ross, S. Kim, F.-F. Tsai, Q.-F. Li, J. Jeffry, J.-Y. Kim, H. H. Loh, and Z.-F. Chen, "Unidirectional cross-activation of GPCR by MOR1D uncouples itch and analgesia induced by opioids," *Cell* 147 (2011): 447-58.

(18) A. Drzezga, U. Darsow, R. D. Treede, H. Siebner, M. Frisch, F. Munz, F. Weilke, G. Ring, M. Schwaiger, and P. Bartenstein, "Central activation by histamine-induced itch: analogies to pain processing: a correlational analysis of O^{15} H_2O positron emission tomography studies," *Pain* 92 (2001): 295-305. 最近の研究は、痒みの種類による脳の反応パターンを分離しようとしている。A. D. P. Papoiu, R. C. Coghill, R. A. Kraft, H. Wang, and G. Yosipovitch, "A tale of two itches, Common features and notable differences in brain activation induced by cowhage and histamine induced itch," *NeuroImage* 59 (2012): 3611-26.

(19) A. L. Oaklander, "Common neuropathic itch syndromes," *Acta Dermato-Venereologica* 9 (2012): 118-25.

(20) A. L. Oaklander, S. P. Cohen, and S. V. Y. Raju, "Intractable postherpetic itch and cutaneous deafferentation after facial shingles," *Pain* 96 (2002): 9-12. この症例はAtul Gawandeが調査し、「ニューヨーカー」誌に優れた記事を寄せた。私がこの記事から知った詳細もある。A. Gawande, "The itch," *New Yorker*, June 30, 2008. 58-65.

(21) V. Niemeier, J. Kupfer, and U. Gieler, "Observations during an itch-inducing lecture," *Dermatology and Psychosomatics* 1 (2000): 15-18.

(22) D. M. Lloyd, E. Hall, S. Hall, and F. McGlone, "Can itch-related visual stimuli alone provide a scratch response in healthy individuals?" *British Journal of Dermatology* 168 (2012): 106-11. あくびの伝染もそうだが、痒みの伝染も人間に限定された現象ではない。アカゲザルにおける社会的な痒

(10)　L. Han, C. Ma, Q. Liu, H.-J. Weng, Y. Cui, Z. Tang, Y. Kim, H. Nie, L. Qu, K. N. Patel, Z. Li, B. McNeil, S. He, Y. Guan, B. Xiao, R. H. LaMotte, and X. Dong, "A subpopulation of nociceptors specifically linked to itch," *Nature Neuroscience* 16 (2013): 174-82.
(11)　Y.-G. Sun, Z.-Q. Zhao, X.-L. Meng, J. Yin, X. Y. Liu, and Z.-F. Chen, "Cellular basis of itch sensation," *Science* 325 (2009): 1531-34. このチームの研究には少々混乱が見られる。最初、この論文の著者らは、後根神経節の感覚細胞で主に痛みの受容器を持つものの神経伝達物質はGRPだと考えていた。しかし最近の研究結果は、これらの細胞がGRPを放出するのでなく、痒み信号を受け取る脊髄のニューロンの神経伝達物質がGRPであることが示されている。その前の細胞から痒み信号として放出されるのはNPPBである。
(12)　S. R. Wilson, K. A. Gerhold, A. Bifolck-Fisher, Q. Liu, K. N. Patel, X. Dong, and D. M. Bautista, "TRPA1 is required for histamine-independent, Mas-related G protein-coupled receptor-mediated itch," *Nature Neuroscience* 14 (2011): 595-603.
(13)　ウディ・ガスリーは「ヘジテイティング・ビューティー」のほか、多くの曲のない詞を書いた。後年、ウディの娘のノラが、ビリー・ブラッグとバンドのウィルコに、これらウディの未完成の詞に曲をつけて演奏してほしいと持ちかけた。「ヘジテイティング・ビューティー」はメロディーを得て、ジェフ・トゥイーディと彼のバンド、ウィルコにより見事に演奏された。この曲の全体の詞は〈http://www.metrolyrics.com/hesitating-beauty-lyrics-wilco.html〉で読める。
(14)　G. A. Bin Saif, A. D. Papoiu, L. Banari, F. McGlone, S. G. Kwatra, Y. H. Chan, and G. Yosipovitch, "The pleasurability of scratching an itch: a psychophysical and topographical assessment," *British Journal of Dermatology*, EPUB ahead of print, 2012. この実験では、掻く力を一定にするために、被験者自身ではなく実験者が被験者の皮膚を掻いた。しかし、もし被験者が自分の身体を掻けていたら結果は違っていたのではないかと疑問に思わざるをえない。一般に被験者の方が実験者よりも懸命に身体を掻くはずだ。
(15)　ある研究では、サルの皮膚に少量のヒスタミンを注射して痒みを引き起こし、脊髄－視床路の痒み伝達ニューロンを活性化した後、皮膚のその場所を掻いてやると、このニューロンの活性化が弱まった。また、対照実験として、痛みや軽い接触により活性化したニューロンの電気的活性ばれるウルシ属の植物にもウルシオールは含まれる。

(3) R. P. Tuckett, "Itch evoked by electrical stimulation of the skin," *Journal of Investigative Dermatology* 79 (1982): 368-73; and H. O. Handwerker, C. Forster, and C. Kirchhoff, "Discharge patterns of human C-fibers induced by itching and burning stimuli," *Journal of Neurophysiology* 66 (1991): 307-15.

(4) 咳と痒みに感覚上の関連があると考えられる理由がある。どちらも好ましくない刺激物を除去するために働く。神経系においても、細胞・分子レベルで共通する回路を使用しているかもしれない。P. C. LaVinka and X. Dong, "Molecular signaling and targets from itch: lessons for cough," *Cough* 9 (2013): 8.

(5) 以下の論文に、痒み信号の処理の仮説に関する優れた考察がある。A. Dhand, and M. J. Aminoff, "The neurology of itch," *Brain*, advance online publication, 2013.

(6) M. Schmelz, R. Schmidt, A. Bickel, H. O. Handwerker, and H. E. Torebjörk, "Specific C-receptors for itch in human skin," *Journal of Neuroscience* 17 (1997): 8003-8; and M. Schmelz, R. Schmidt, C. Weidner, M. Hilliges, H. E. Torebjörk, and H. O. Handwerker, "Chemical response pattern of different classes of C-nociceptors to pruritogens and algogens," *Journal of Neurophysiology* 89 (2003): 2441-48. 痒みの大半は伝達速度の遅いC線維で運ばれていると思われる。それを確認するひとつの方法は、被験者の腕を結紮糸で縛ることだ。こうすると太いA線維の電気信号はブロックされるが、細いC線維に影響はない。この状態で大半の痒みは有意に減少しないようなのだ。

(7) Q. Liu, Z. Tang, L. Surdenikova, S. Kim, K. N. Patel, A. Kim, F. Ru, Y. Guan, H.-J. Weng, Y. Geng, B. J. Undern, M. Kollarik, Z.-F. Chen, D. J. Anderson, and X. Dong, "Sensory neuron-specific GPCR Mrgprs are itch receptors mediating chloroquine-induced pruritus," *Cell* 139 (2009): 1353-65; and Q. Liu, H.-J. Weng, K. N. Patel, Z. Tang, H. Bai, M. Steinhoff, and X. Dong, "The distinct roles of two GPCRs, MrgprC11 and PAR2, in itch and hyperalgesia," *Science* 4 (2011): ra45.

(8) NPPBはB型ナトリウム利尿ペプチドの略。最初は心臓の機能を調整するペプチドとして発見された。

(9) S. K Mishra and M. A. Hoon, "The cells and circuitry for itch responses in mice," *Science* 340 (2013): 968-71.

evidence," *Journal of Alternative and Complementary Medicine* 17 (2011): 83-93.

(31) ファイト・オア・フライト反応を専門的に言うと、「自律神経系の交感神経枝の活性化」である。

(32) D. M. Perlman, T. V. Salomons, R. J. Davidson, and A. Lutz, "Differential effects on pain intensity and unpleasantness of two meditation practices," *Emotion* 10 (2010): 65-71; and A. Lutz, D. R. McFarlin, D. M. Perlman, T. V. Salomons, and R. J. Davidson, "Altered anterior insula activation during anticipation and experience of painful stimuli in expert meditators," *NeuroImage* 64 (2013): 538-46. 神経解剖学オタクのために付け加えると、この研究で活性化する脳領域は、背側島皮質前部と前中帯状皮質である。

(33) J. A. Grant, J. Courtemanche, and P. Rainville, "A non-elaborative mental stance and decoupling of executive and pain-related cortices predicts low pain sensitivity in Zen meditators," *Pain* 152 (2011): 150-56.

(34) N. I. Eisenberger, "The pain of social disconnection: examining the shared neural underpinnings of physical and social pain," *Nature Reviews Neuroscience* 13 (2012): 421-34; and E. Kross, M. G. Berman, W. Mischel, E. E. Smith, and T. D. Wager, "Social rejection shares somatosensory representations with physical pain," *Proceedings of the National Academy of Sciences of the USA* 108 (2011): 6270-75. この研究では、対照のため、(元恋人と同じ性別で) とくに恋愛関係になかった友人の写真も見せている。

第7章　痒いところに手が届かない

(1) セマンザさんとモーゼス・カタバルワについては、2013年2月2日に *CNN Health* で放送された番組 "With River Blindness, You Never Sleep" 〈www.cnn.com/2013/02/02/health/river-blindness〉 による。回旋糸状虫の体内に生息する細菌はボルバキアという。ボルバキアは回旋糸状虫の共生生物である。つまり互いに害を及ぼさない。ボルバキアはドキシサイクリンなどの抗生物質で殺せるため、治療にはイベルメクチンとドキシサイクリンが併用されることもある。回旋糸状虫 Onchocerca volvulus の成虫は霊長類しか宿主にしない (マウスやラットなどの実験動物には感染しない) ため、河川盲目症は実験による研究が難しい。

(2) ウルシ (poison ivy) 以外にも、poison oak、poison sumac などと呼

は現在十分なエビデンスが集まっている。不安障害についても同様の結果が出つつある。この因果関係は両方向に働くことは明らかである。悪循環が生じて、慢性痛が情動的な障害を持続させることもあるのだ。D. D. Price, "Psychological and neural mechanisms of the affective dimension of pain," *Science* 288 (2000): 1769-72; and K. Wiech, and I. Tracey, "The influence of negative emotions on pain: behavioral effects and neural mechanisms," *NeuroImage* 47 (2009): 987-94.

(27) C. Helmchen, C. Mohr, C. Erdmann, F. Binkofski, and C. Büchel, "Neural activity related to self- versus externally generated painful stimuli reveals distinct differences in the lateral pain system," *Human Brain Mapping* 27 (2006): 755-65; and Y. Wang, J. -Y. Wang, and F. Luo, "Why self-induced pain feels less painful than externally generated pain: distinct brain activation patterns in self- and externally generated pain," *PLOS One* 8 (2011): e23536.

(28) T. Koyama, J. G. McHaffie, P. J. Laurienti, and R. C. Coghill, "The subjective experience of pain: where expectations become reality," *Proceedings of the National Academy of Sciences* 102 (2005): 12950-55; J.-K. Zubieta, and C. S. Stohler, "Neurobiological mechanisms of placebo responses," *Annals of the New York Academy of Sciences* 1156 (2009): 198-210; and M. Peciña, H. Azhar, T. M. Love, T. Lu, B. L. Fredrickson, C. S. Stohler, and J. K. Zubieta, "Personality trait predictors of placebo analgesia and neurobiological correlates," *Neuropsychopharmacology* 38 (2013): 639-46. 快感回路の中の主要領域である側坐核でのドーパミン放出が偽薬による痛覚消失に関わっている証拠も見つかっている。

(29) I. Tracey, "Getting the pain you expect: mechanisms of placebo, nocebo and reappraisal effects in humans," *Nature Medicine* 16 (2010): 1277-83; and S. Geuter, and C. Büchel, "Facilitation of pain in the human spinal cord by nocebo treatment," *Journal of Neuroscience* 21 (2013): 13784-90. いくつかの初期研究で、反偽薬（ノセボ）効果は、ことがら記憶に関わる海馬の活性化に関連していた。そこに因果関係があるかどうか、今後の研究ではっきりするだろう。

(30) P. Posadzki, E. Ernst, R. Terry, and M. S. Lee, "Is yoga effective for pain? A systematic review of randomized clinical trials," *Complementary and Therapeutic Medicine* 19 (2011): 281-87; and A. Chiesa, and A. Serretti, "Mindfulness-based interventions for chronic pain: a systematic review of the

(20) H. K. Beecher, "Pain in men wounded in battle," *Annals of Surgery* (1946): 96-105.

(21) こうした脳のあり方は、G・W・ブッシュ政権を思い出させる。ブッシュ政権は、地球温暖化の話を聞くとNASAに対して「黙れ。知りたくない」というメッセージを伝え、イラクの大量破壊兵器について耳元でささやかれると、CIAに「もっと聞かせろ。大声で叫べ」というメッセージを送った。

(22) 脳の構造にどのように名前が付けられるのかと疑問をお持ちの向きにお答えすると、正直、滅茶苦茶だ。昔の解剖学者たちは、ときに色で名付けた。たとえばlocus coeruleus (LC) は「青い場所」という意味のラテン語だ (coeruleusはセルリアン・ブルーと同語源)。形の特徴から付けることもある。periaqueductal gray (PAG) は、「水道の周囲」の灰白質を意味する。水道というのは脳幹の中心を通る細い水路のことだ。

(23) RVMとLCが脊髄で痛みの信号の伝達を調整する活動は複雑で、十分に理解されているわけではない。下行性の神経接続の一部は、痛みを伝える末梢ニューロンのシナプス前端末に達することもあるが、脊髄後角を標的に投射するものもあり、さらにニューロンの間でエンケファリンを放出するものもある。LCニューロンは神経伝達物質のノルアドレナリンを、RVMニューロンの一部はセロトニンを放出する。セロトニンやノルアドレナリンの濃度を高めることで作用する薬 (SSRIとSNRI) の鎮痛作用の一部は、脊髄後角における動作の結果と考えられる。モルヒネの鎮痛作用の一部はPAGで生じるが、モルヒネは脊髄に局所的に用いて有用な鎮痛効果を得ることもできる。病院で、帝王切開の後などでこの技法がよく用いられる。このトピックについての概観は以下の論文を参照。M. H. Ossipov, G. O. Dussor, and F. Porreca, "Central modulation of pain," *Journal of Clinical Investigation* 120 (2010): 3779-87.

(24) モルヒネや、オキシコドンやヘロインなど関連する薬物は、脳内の快感回路、とくにその中心的な腹側被蓋野という領域も活性化する。オピオイドが生み出す多幸感の基盤、さらには依存症の基盤がここにある。

(25) M. C. Bushnell, M. Čeko, and L. A. Low, "Cognitive and emotional control of pain and its disruption in chronic pain," *Nature Reviews Neuroscience* 14 (2013): 502-11.

(26) 痛みの症状がないうつ病患者は、痛みの症状がなくうつ病でもない人に比べて慢性筋骨格系疼痛を発症する率が約2倍高い。これについて験では、手の甲にレーザー光を当ててMEGを測定した。この方法だと、繰り返し痛み刺激を与えられるが、傷は残らない。M. Ploner, J. Gross, L. Timmermann, and A. Schnitzler, "Cortical representation of first and second pain sensation in humans," *Proceedings of the National Academy of Sciences of the USA* 99 (2001): 12444-48. このトピックについて、より詳細なレビューは以下の論文を参照。P. Schweinhardt, and M. C. Bushnell, "Pain imaging in health and disease — how far have we come?" *Journal of Clinical Investigation* 120 (2010): 3788-97.

(14) この引用は以下のドイツ語論文から翻訳したもの。Schilder P. and E. Stengel, "Schmerzasymbolie." *Zeitschrift fur die gesamte Neurologie und Psychiatrie* (1928): 113, 143-58. 翻訳はC. Klein, "What pain asymbolia really shows," http://tigger.uic.edu/~cvklein/papers/AsymboliaWebVers.pdf, 2001.

(15) M. F. Seidel, and N. E. Lane, "Control of arthritis pain with anti-nerve-growth factor: risk and benefit," *Current Rheumatology Reports* 14(2012): 583-88. 抗NGF薬による治療は有望だが、使えるのは痛みの緩和効果が関節の劣化の加速というマイナス面を上回る患者に限定される。

(16) 組織損傷による脊髄の痛みシナプスの持続的強化に加え、感覚神経への損傷により引き起こされる脊髄後角の変化もある。この両者について、次の有用なレビューで考察されている。J. Sandkühler and D. Gruber-Schoffnegger, "Hyperalgesia by synaptic long-term potentiation (LTP): an update," *Current Opinion in Pharmacology* 12 (2012): 18-27.

(17) NメチルDアスパラギン酸(NMDA)受容体拮抗薬と呼ばれる。この受容体は、興奮性の神経伝達物質グルタミン酸の受容体の一種。

(18) H. Flor, L. Nikolajsen, and T. Staehelin Jensen, "Phantom limb pain: a case of maladaptive CNS plasticity?" *Nature Reviews Neuroscience* 7 (2006): 873-81. 幻肢痛に関連する体性感覚野の変化がすべて脊髄の変化の結果なのか、あるいは一部は脊髄の変化とは無関係に生じるものかは不明だ。

(19) CNNのキャスター、キャサリン・コラウェイによるインタビューより。2004年2月8日放送。インタビューは、ターナー衛生兵と、ニール・マルヴァニー軍曹に対して行われた。ターナーやほかの傷ついた兵士を退避させたのは、部隊の指揮官のマルヴァニーだった。インタビューは以下のサイトにある。http://transcripts.cnn.com/TRANSCRIPTS/0402/08/sm.09.html

TRPV1が関係しているとする説もあるが、遺伝子操作でこれらを欠損させたマウスによる実験でも結果は判然としなかった。また、機械的な痛みセンサーの分子的な正体についても、興味深い候補はいくつかあるものの、やはり分かっていない。

(7) そのほか「隠れ痛みセンサー」とでも呼ぶべきものがある。通常は熱に反応するが、怪我をしたときだけ機械的刺激を感知するようになるC線維のニューロンである。あるいは、多モードではないけれども熱による痛みを感知できるC線維もあるなど、配線図は複雑だ。

(8) マギル痛み質問票(MPQ)開発者による興味深い回想録がある。R. Melzack, "The McGill Pain Questionnaire," *Anesthesiology* 103 (2005): 199-202.

(9) 脊髄後角の層状構造と痛みの知覚との関係について、詳しくは次の論文を参照。A. L. Basbaum, D. M. Bautista, G. Scherrer, and D. Julius, "Cellular and molecular mechanisms of pain," *Cell* 139 (2009): 267-84.

(10) 痛みの信号が伝わる最初の段階で基本的に各種の痛み情報が分離しているということがなぜ分かるのだろうか。一例として、TRPV1を発現するニューロンだけを選択的に欠損させたマウスを使った実験がある。このマウスは熱の痛みをほぼ感じないが、冷たさによる痛みや機械的刺激による痛みの感覚は正常だ。反対に、MrgprD遺伝子を発現するニューロンだけを欠損させたマウスでは、機械的刺激による痛みの感覚が失われるが、熱の感覚に変化はない。D. J. Cavanaugh, H. Lee, L. Lo, S. D. Shields, M. J. Zylka, A. I. Basbaum, and D. J. Anderson, "Distinct subsets of unmyelinated primary sensory fibers mediate behavioral responses to noxious thermal and mechanical stimuli," *Proceedings of the National Academy of Sciences of the USA* 106 (2009): 9075-80.

(11) その他の経路としては、小脳を活性化するものがある。小脳は運動の微調整や、無意識下で身体を予測的にコントロールする役目を負う。

(12) 図6-4で分かるように、前帯状皮質と島は、ほかの2つの経路によっても活性化する。視床、あるいは2次体性感覚野からも直接信号を受け取るのだ。つまり、感情的な痛み中枢を活性化するのは、脊髄－中脳路が唯一の経路ではない。

(13) 大半の脳スキャンの方法では、時間的な解像度が足りず、第1痛と第2痛の区別がつかない。しかし、脳磁図(MEG)と呼ばれる方法だと区別がつく。第1痛と第2痛で活性化する脳領域を明確にする最初の実

(2) アシュリン・ブロッカーはジョージア州に住む10代の少女だ。パキスタン・イギリスの家系と同じ遺伝子の変異により先天性の無痛症を患っていた。両親は彼女に怪我をさせないよう懸命に努力した。特別に分厚いカーペットを買い、家具は角の丸いものを置いた。両親は、10代の少女に必要とされる自律性と、保護への要求とのバランスに苦労している。先天性の無痛症の患者の中には、全員ではないが、アシュリンのように発汗に障害を持つ人がいる。SCN9A遺伝子は、発汗とほてり（血管拡張）の引き金となる信号を皮膚に送るニューロンにも発現する。アシュリンと家族については、ジャスティン・ヘッカートが以下の記事で紹介している。*New York Times Magazine*: "The hazards of growing up painlessly," (November 15, 2012).

(3) C. R. Fertleman, C. D. Ferrie, J. Aicardi, N. A. F. Bednarek, O. Eeg-Olofsson, F. V. Elmslie, D. A. Griesemer, F. Goutières, M. Kirkpatrick, I. N. O. Malmros, M. Pollitzer, M. Rossiter, E. Roulet-Perez, R. Schubert, V. V. Smith, H. Testard, V. Wong, J. B. P. Stephenson, "Paroxysmal extreme pain disorder (previously familial rectal pain syndrome)," *Neurology* 69 (2007): 586-95; and R. Hayden and M. Grossman, "Rectal, ocular and submaxillary pain," *A. M. A. Journal of Diseases of Children* 97 (1959): 479-82. なぜ顎と肛門と目から始まりやすいかは不明だ。

(4) C. R. Fertleman, M. D. Baker, K. A. Parker, S. Moffat, F. V. Elmslie, B. Abrahamsen, J. Ostman, N. Klugbauer, J. N. Wood, R. M. Gardiner, and M. Rees, "*SCN9A* mutations in paroxysmal extreme pain disorder: allelic variants underlie distinct channel defects and phenotypes," *Neuron* 52 (2006): 767-74; and J.-S. Choi, F. Boralevi, O. Brissaud, J. Sánchez-Martín, R. H. M. Te Morsche, S. D. Dib-Hajj, J. P. H. Drenth, and S. G. Waxman, "Paroxysmal extreme pain disorder: a molecular lesion of peripheral neurons," *Nature Reviews Neurology* 7 (2011): 51-55. 発作性激痛症の患者の脳と神経の構造は、先天性無痛症の場合と同じく健常で、機能が変化している。ここには重要な教訓がある。多くの疾患は、器官や細胞の構造の明らかな変化とは関係しないということである。

(5) この数字は、恐竜のA δ 線維とC線維の信号伝達速度が、恐竜を祖先とする現在の鳥類の神経線維とほぼ同じであるとして計算した。

(6) 痛みに対する分子的センサーについては、残念ながらまだ十分には分かっていない。熱や冷たさによる痛みの感知にそれぞれTRPV2と

infrared sensory gene TRPA1 in snakes and implications for functional studies," *PLOS One* 6 (2011): e28644.

(25) H. Schmitz and H. Bousack, "Modelling a historic oil-tank fire allows an estimate of the sensitivity of the infrared receptors in pyrophilous *Melanophila* beetles," *PLOS One* 7 (2012): e37627. オーストラリアにも森林火災に引き寄せられる甲虫 (*Merimna atrata*) がいる。やはり焼けたての樹木に産卵する。この甲虫の腹には、尻にかけて4対の赤外線センサーがある。 南アメリカに生息する吸血昆虫ブラジルサシガメ (*Triatoma infestans*) は、温血の獲物が発する赤外線を感知すると考えられている。A. L. Campbell, R. R. Naik, L. Sowards, and M. O. Stone, "Biological infrared imaging and sensing," *Micron* 33 (2002): 211-25; and H. Bleckmann, H. Schmitz, G. von der Emde, "Nature as a model for technical sensors," *Journal of Comparative Physiology A* 190 (2004): 971-81.

(26) B. R. Myers, Y. M. Sigal, D. Julius, "Evolution of thermal response properties in a cold-activated TRP channel," *PLOS One* 4 (2009): e5741. TRPV1とTRPM8は皮膚につながるニューロンにだけ存在するわけではないという点に留意する必要がある。内臓からの信号を伝えるニューロンにも存在し、深部体温の感知にも重要な役割を果たしている可能性が高い。さらに、TRPV1は脳内にも存在する (TRPM8は存在しない)。熱情報の中央処理において役割を果たしているのかもしれない。

(27) M. L. Loggia, M. C. Bushnell, M. Tétreault, I. Thiffault, C. Bhérer, N. K. Mohammed, A. A. Kuchinad, A. Laferrière, M.-J. Dicaire, L. Loisel, J. S. Mogil, and B. Brais, "Carriers of recessive WNK1/HSN2 mutations for hereditary sensory and autonomic neuropathy type 2 (HSAN2) are more sensitive to thermal stimuli," *Journal of Neuroscience* 29 (2009): 2162-66. 熱による痛みにも、その他の痛みにも、痛みの知覚には遺伝が強く関連する。これについては次章で考察する。

第6章　痛みと感情

(1) J. J. Cox, F. Reimann, A. K. Nicholas, G. Thornton, E. Roberts, K. Springell, G. Karbani, H. Jafri, J. Mannan, Y. Raashid, L. Al-Gazali, H. Mamamy, E. Valente, S. Gorman, R. Williams, D. P. McHale, J. N. Wood, F. M. Gribble, and C. G. Woods, "An *SCN9A* channelopathy causes congenital inability to experience pain," *Nature* 444 (2006): 894-98.

vampire bat (*Desmodus rotundus*)," *Journal of Comparative Physiology* 146 (1982): 223-28.
(20) E. O. Gracheva, J. F. Cordero-Morlales, J. A. Gonzales-Carcacia, N. T. Ingolia, C. Manno, C. I. Aranguren, J. S. Weissman, and D. Julius, "Ganglion-specific splicing of TRPV1 underlies infrared sensation in vampire bats," *Nature* 476 (2011): 88-91. 吸血コウモリの三叉神経節では、TRPV1への翻訳を指示するメッセンジャーRNAの約45%が短い型だったが、タンビヘラコウモリでは約5%にすぎなかった。吸血コウモリの三叉神経節のニューロンはすべてがピット器官につながるものではないため、短い型を指示するRNAが約45%というのはおかしくない。むしろそれより多いとは考えられない。
(21) ヘビの赤外線感知能力に関する研究の初期段階については、以下の論文にうまくまとめられている。E. A. Newman and P. H. Hartline, "The infrared 'vision' of snakes," *Scientific American* 246 (1982): 116-27.
(22) P. H. Hartline, L. Kass, and M. S. Loop, "Merging of modalities in the optic tectum: infrared and visual integration in rattlesnakes," *Science* 199 (1978): 1225-29; E. A. Newman, and P. H. Hartline, "Integration of visual and infrared information in bimodal neurons of the rattlesnake optic tectum," *Science* 213 (1981): 789-91; and C. Moon, "Infrared-sensitive pit-organ and trigeminal ganglion in the crotaline snakes," *Anatomy & Cell Biology* (2011), doi:10.5115/acb.2011.44.1.8
(23) ヒトのTRPA1もガラガラヘビのTRPA1も、ともにワサビの刺激物質であるAITCに反応する。だが、ヒトのTRPA1の方がはるかに敏感である。熱への感度とワサビへの感度には分子的なトレードオフが存在するようだ。E. O. Gracheva, N. T. Ingolia, Y. M. Kelly, J. F. Cordero-Morales, G. Hollopeter, A. T. Chesler, E. E. Sánchez, J. C. Perez, J. S. Weissman, and D. Julius, "Molecular basis of infrared detection by snakes," *Nature* 464 (2010): 1006-11; and J. F. Cordero-Morales, E. O. Gracheva, and D. Julius, "Cytoplasmic ankyrin repeats of transient receptor potential A1 (TRPA1) dictate sensitivity to thermal and chemical stimuli," *Proceedings of the National Academy of Sciences of the USA* 108 (2011): 1184-91.
(24) S. Yokoyama, A. Altun, and D. F. Denardo, "Molecular convergence of infrared vision in snakes," *Molecular Biology and Evolution* 28 (2011): 45-48; and J. Geng, D. Liang, K. Jiang, and P. Zhang, "Molecular evolution of the

Högestätt, D. Julius, S.-E. Jordt, and P. M. Zygmunt, "Pungent products from garlic activate the sensory ion channel TRPA1," *Proceedings of the National Academy of Sciences of the USA* 102 (2005): 12248-52.

(15) タマネギを調理すると、TRPA1を活性化するアリシンとDADSが破壊されるだけでなく、果糖（フルクトース）の重合体（フルクタン）が分解されて単量体になり、甘みが増す。

(16) 最高のエクストラバージン・オリーブオイルは、のどにだけ刺激を与える。実際、専門家は最高のオリーブオイルを「トゥー・コフ（2回咳）」と呼ぶ。オリーブオイルに含まれ、TRPA1を活性化する化合物はオレオカンタールと呼ばれる。咽頭表面の細胞にはTRPA1が発現するが、口内や舌の細胞には発現しない。この分布のせいでオレオカンタールの咳の作用が生じると考えられる。C. Payrot de Gachons, K. Uchida, B. Bryant, A. Shima, J. B. Sperry, L. Dankulich-Nagrudny, M. Tominaga, A. B. Smith III, G. K. Beauchamp, and P. A. S. Bresline, "Unusual pungency from extra-virgin olive oil is attributable to restricted spatial expression of the receptor of oleocanthol," *Journal of Neuroscience* 31 (2011): 999-1099.

(17) K2Pカリウムチャネルは神経細胞にも神経以外の細胞にも発現するが、ヒドロキシ-α-サンショールはその中の一部、KCNK3、KCNK9、KCNK18という遺伝子の生成物で作られるカリウムチャネルのみを興奮させる。D. M. Bautista, Y. M. Sigal, A. D. Milstein, J. L. Garrison, J. A. Zorn, P. R. Tsuruda, R. A. Nicoll, and D. Julius, "Pungent agents from Szechuan peppers excite sensory neurons by inhibiting two-pore potassium channels," *Nature Neuroscience* 11 (2008): 772-79; and R. C. Lennertz, M. Tsunozaki, D. M. Bautista, and C. L. Stucky, "Physiological basis of tingling paresthesia evoked by hydroxyl-alpha-sanshool," *Journal of Neuroscience* 30 (2010): 4353-61. 次の論文によると、サンショウの抽出液を唇に塗布したときの感覚は50Hzの震動に似ており、マイスナー小体につながる線維により信号が伝えられるという。N. Hagura, H. Barber, and P. Haggard, "Food vibrations: Asian spice sets lips trembling," *Proceedings of the Royal Society B: Biological Sciences* 280 (2013): 20131680.

(18) 確かに吸血コウモリが寝ている人の血を吸うことはある。しかしきわめてまれなことである。3種の吸血コウモリはみな、人間の血よりもはるかに偶蹄類の血を好む。

(19) L. Kürten and U. Schmidt, "Thermoperception in the common

（10） S. M. Huang, X. Li, L, Yu, J. Wang, and M. J. Caterina, "TRPV3 and TRPV4 ion channels are not major contributors to mouse heat sensation," *Molecular Pain* 7（2011）: 37-47; and U. Park, N. Vastani, Y. Guan, S. N. Raja, M. Koltzenberg, and M. J. Caterina, "TRP vanilloid 2 knock-out mice are susceptible to perinatal lethality but display normal thermal and mechanical nociception," *Journal of Neuroscience* 31（2011）: 11425-36. TRPV2欠損またはTRPV4+TRPV3欠損の影響は、TRPV1を抑制しても拡大しない。

（11） D. M. Bautista, J. Siemens, J. M. Glazer, P. R. Tsuruda, A. I. Basbaum, C. L. Stucky, S.-E. Jordt, and D. Julius, "The menthol receptor TRPM8 is the principal detector of environmental cold," *Nature* 448（2007）: 204-9; R. W. Colburn, M. L. Lubin, D. J. Stone Jr., Y. Wang, D. Lawrence, M. R. D'Andrea, M. R. Brandt, Y. Liu, C. M. Flores, and N. Qin, "Attenuated cold sensitivity in TRPM8 null mice," *Neuron* 54（2007）: 379-86; and A. Dhaka, A. N. Murray, J. Mathur, T. J. Early, M. J, Petrus, and A. Patapoutian, "TRPM8 is required for cold sensation in mice," *Neuron* 54（2007）: 371-78.

（12） TRPM8とは別の冷感センサーについての科学文献の現状は、少々混乱している。ワサビを感知するセンサーの遺伝子TRPA1（この後で説明する）の役割を主張する研究グループもあるが、追試で再現できないとするグループもある。この論争の現状については、以下を参照。D. McKemy, "The molecular and cellular basis of cold sensation," *ACS Chemical Neuroscience* 4（2013）: 238-47.

（13） TRPA1は、以前はANKTM1と呼ばれていたが、その後TRPチャネルが用語法として標準化され、この名称に変更された。S. E. Jordt, D. M. Bautista, H. H. Chuang, D. D. McKemy, P. M. Zygmunt, E. D. Högestätt, I. D. Meng, and D. Julius, "Mustard oils and cannabinoids excite sensory nerve fibers through the TRP channel ANKTM1," *Nature* 427（2004）: 260-65; and M. Bandell, G. M. Story, S. W. Hwang, V. Viswanath, S. R. Eid, M. J. Petrus, T. J. Early, and A. Patapoutian, "Noxious cold ion channel TRPA1 is activated by pungent compounds and bradykinin," *Neuron* 41（2004）: 849-57.

（14） ニンニクやタマネギに含まれるアリシンやDADSなどは、化学的にカラシ、ホースラディッシュ、ワサビ類の植物に含まれるAITCに近い。D. M. Bautista, P. Mohaved, A. Hinman, H. E. Axelsson, O. Sterner, E. D.

名称。日本ではイシリンと呼ばれる〕で、メントールの約200倍の冷たさを感じさせる。E. T. Wei, and D. A. Seid, "AG-3-5: a chemical producing sensations of cold," *Journal of Pharmacy and Pharmacology* 35 (1983): 110-12.

(6) P. Cesare, and P. A. McNaughton, "A novel heat-activated current in nociceptive neurons and its sensitization by bradykinin," *Proceedings of the National Academy of Sciences of the USA* 93 (1996): 15435-39. アメリカ人の成人が浴びるシャワーの平均温度は約42度で、TRPV1が活性化する閾値のわずかに下である。しかしこれには個人差があり、1人の人でもときにより変化する。温感のTRPチャネルについては、以下のレビューが優れている。L. Vay, C. Cu, and P. A. McNaughton, "The thermo-TRP ion channel family: properties and therapeutic implications," *British Journal of Pharmacology* 165 (2012): 787-801.

(7) S. E. Jordt, and D. Julius, "Molecular basis for species-specific sensitivity to 'hot' chili peppers," *Cell* 108 (2002): 421-30.

(8) トウガラシを食べる鳥は、ほかのほとんどの動物が避ける植物を食料にできているわけだ。以下のレビュー論文によると、ヒトはトウガラシを意図的に食べる唯一の哺乳類だという。B. Nilius and G. Appendino, "Spices: the savory and beneficial science of pungency," *Review of Physiology, Biochemistry and Pharmacology* 164 (2013): 1-76.

(9) TRPV1遺伝子の欠損マウスの特性については、以下の2つの論文で報告された。M. J. Caterina, A. Leffler, A. B. Malmberg, W. J. Martin, J. Trafton, K. R. Petersen-Zeitz, M. Koltzenberg, A. I. Basbaum, and D. Julius, "Impaired nociception and pain sensation in mice lacking the capsaicin receptor," *Science* 288 (2000): 306-13; and J. B. Davis, J. Grey, M. J. Gunthorpe, J. P. Hatcher, P. T. Davey, P. Overend, M. H. Harries, J. Latcham, C. Clapham, K. Atkinson, S. A. Hughes, K. Rance, E. Grau, A. J. Harper, P. L. Pugh, D. C. Rogers, S. Bingham, A. Randall, and S. A. Sheardown, "Vanilloid receptor-1 is essential for inflammatory thermal hyperalgesia," *Nature* 405 (2000): 183-87. 以後、TRPV1欠損はカプサイシン反応を消滅させるが、温感反応と炎症による温感過敏反応は弱めるだけだという基本的な結果は、TRPV1の選択的な阻害薬または脱感作薬により再現され、また、皮膚に接続する単一の感覚神経線維の電気信号を記録する研究により拡張されている。

ョウは南インド原産の植物のコショウ（*Piper nigrum*）の実から採れる。この実を、半分熟したところで摘み、乾燥させたものが黒コショウである。実が熟してから摘み、塩水に漬けて黒い皮をはがして白い種だけにしたものが白コショウとなる。コショウのツンとくる成分はピペリンで、化学的にも機能的にもトウガラシの成分とは異なる。コロンブス以前のアジアでは、四川胡椒とも呼ばれるカホクザンショウ（カショウ）の実が辛みとして用いられることがあった。カショウもヒリヒリする感覚や麻痺するような感覚を生むが、この成分はαサンショオールである。黒コショウと同様、カショウは化学的にも経験的にもトウガラシとは別物である。

(2) カリマンタンやパプア・ニューギニアの奥地に住む人々はトウガラシを口にしたことがないかもしれず、これを「熱い」と表現しない可能性があるが、確かなことは言えない。アマゾン川流域にも外界とほとんど接触しない人々がいる。しかしトウガラシはこの地域に自生するため、地元では知られているかもしれない。

(3) トウガラシの主な辛み成分はカプサイシンである。しかしそのほかにもカプサイシノイドと呼ばれる関連する化学物質がある。トウガラシ属には5つの種しかないが、栽培変種と呼ばれる人為的に作られた亜種は多い。プードルもラブラドールもブリーダーが作り出したイヌ（*Canis lupus*）の亜種であるのと同じように、ハラペーニョやワックスペッパーもトウガラシ（*Capsicum annuum*）の栽培変種である。

(4) 今日TRPM8と呼ばれている冷たさ／メントールのセンサーは、最初2つの研究チームにより別々に特性が報告された。D. D. McKemy, W. M. Neuhausser, and D. Julius, "Identification of a cold receptor reveals a general role for TRP channels in thermosensation," *Nature* 416 (2002): 52-58; and A. M. Peier, A. Moqrich, A. C. Hergarden, A. J. Reeve, D. A. Anderson, G. M. Story, T. J. Early, I. Dragoni, P. McIntyre, S. Bevan, and A. Patapoutian, "A TRP channel that senses cold and menthol," *Cell* 108 (2002): 705-15. 熱／カプサイシンの受容器を最初に確認したのは、以下の古典的論文である。M. J. Caterina, M. A. Schumacher, M. Tominaga, T. A. Roden, J. D. Levine, and D. Julius, "The capsaicin receptor: a heat-activated ion channel in the pain pathway," *Nature* 389 (1997): 816-24.

(5) TRPM8を活性化して強い冷感を生み出す化合物は人工的にも合成されている。その1つは、最初はAG-2-5と呼ばれていたが、後にicilinというふさわしい名前が付けられた化合物〔訳注：ice（氷）に由来する

Mensink, "Orgasm after radical prostatectomy," *British Journal of Urology* 77 (1996): 861-64.

(34)　肛門や直腸や前立腺への刺激を好むのはゲイやバイの男性ばかりと考えてはならない。私の旧友でネット上でセックス玩具店を経営しているCに言わせると、「ストレートの男性向けにケツに挿入するものを売っていれば、店が潰れる心配はないね」とのことである。

(35)　G. Holstege, J. R. Georgiadis, A. M. J. Paans, L. C. Meiners, F. H. C. E. van der Graaf, and A. A. T. S. Reinders, "Brain activation during human male ejaculation," *Journal of Neuroscience* 23 (2003): 9185-93; J. R. Georgiadis, and G. Holstege, "Human brain stimulation during sexual stimulation of the penis," *Journal of Comparative Neurology* 493 (2005): 33-38; and J. R. Georgiadis, R. Kortekaas, R. Kuipers, A. Nieuwenburg, J. Pruim, A. A. T. S. Reinders, and G. Holstege, "Regional cerebral blood flow changes associated with clitorally induced orgasm in healthy women," *European Journal of Neuroscience* 24 (2006), 3305-16.

(36)　扁桃体は、恐怖に関連する信号を処理する領域としてよく知られているが、ほかの種類の情動処理や学習にも働く。

(37)　J. Calleja, R. Carpizo, and J. Berciano, "Orgasmic epilepsy," *Epilepsia* 29 (1988): 635-39; Y. C. Chuang, T. K. Lin, C. C. Lui, S. D. Chen, and C. S. Chang, "Tooth-brushing epilepsy with ictal orgasms," *Seizure* 13 (2004): 179-82; and G. M. Remillard, F. Andermann, G. F. Testa, P. Gloor, M. Aube, J. B. Martin, W. Feindel, A. Guberman, and C. Simpson, "Sexual ictal manifestations predominate in women with temporal lobe epilepsy: a finding suggesting sexual dimorphism in the human brain," *Neurology* 33 (1983): 323-30.

第5章　ホットなチリ、クールなミント

(1)　トウガラシはCapsicum属の5つの栽培種の莢である。考古学的調査から、現在のメキシコにあたる地域では6000年前からトウガラシが食されていたことが分かる。トウガラシはコロンブスの2回目の航海（1493年）に医師として同行したディエゴ・アルバレス・チャンカが西インド諸島からヨーロッパへともたらした。コロンブス以前にも、ヨーロッパやアフリカ、アジアには黒コショウ（ブラックペッパー）は存在していたが、これはトウガラシ（チリペッパー）とは別物である。白コショウや黒コシ

(23) この点に関する包括的な概観は以下を参照。B. R. Komisaruk and B. Whipple, "Non-genital orgasms," *Sexual and Relationship Therapy* 26 (2011): 356-72. オーガズムに関する多くの疑問をお持ちの方には、以下の本をお勧めする。B. R. Komisaruk, B. Whipple, S. Naserzadeh, and C. Beyer-Flores, *The Orgasm Answer Guide*. Baltimore, Johns Hopkins University Press.

(24) 服を着たままハグをするだけでオーガズムに至る人さえいる。そういう人は、単に身体がそのようになっているというだけである。

(25) J. Money, "Phantom orgasm in the dreams of paraplegic men and women," *Archives of General Psychiatry* 3 (1960): 373-82.

(26) E. B. Vance and N. N. Wagner, "Written descriptions of orgasms: a study of sex differences," *Archives of Sexual Behavior* 5 (1976): 87-98.

(27) S. K. Fistarol, and P. H. Itin, "Diagnosis and treatment of lichen sclerosus: an update," *American Journal of Clinical Dermatology* 14 (2013): 27-47. 硬化性苔癬の患者のための有用な情報が以下のウェブサイトにある。http://www.lichensclerosus.net/

(28) コートの論考は以下のサイトで閲覧できる。http://www.uic.edu/orgs/cwluherstory/CWLUArchive/vaginalmyth.html

(29) A. C. Kinsey, *Sexual Behavior in the Human Female* (New York: Pocket Books, 1953), 580.

(30) 膣前壁にあるもう1つの構造「Gスポット」については、女性の性感において特別な役割を果たすものと言われてきた。現時点ではGスポットが解剖学的に明確な存在であるか否かという問題は解決していない。死後の組織断面を調べた研究者たちも、それぞれ異なる結論を導き出している。この論争を扱った最近のレビューとして以下の論文がある。E. A. Jannini, B. Whipple, S. A. Kingsberg, O. Buisson, P. Foldès, and Y. Vardi, "Who's afraid of the G-spot?" *Journal of Sexual Medicine* 7 (2010): 25-34.

(31) E. A. Jannini, A. Bubio-Casillas, B. Whipple, O. Buisson, B. Komisaruk, and S. Brody, "Female orgasm (s): one, two, several," *Journal of Sexual Medicine* 9 (2012): 956-65.

(32) 勃起はオーガズムの必要条件と考えがちだが、必ずしもそうではない。実際、陰部動脈が詰まると勃起は生じえないが、それでもペニスへの刺激でオーガズムが生じるケースはある。

(33) M. Koeman, M. F. Van Driel, W. C. M. Weijmar Schultz, and H. J. A.

neurobiology," *Nature Reviews Urology* 9 (2012): 486-98.
(17) セックスと脊髄損傷に関するクリアで思いやりに満ちたFAQがhttp://www.sexsci.me/FAQ/ にある。
(18) この点に関するさらに詳しい考察は、拙著 *The Compass of Pleasure* (New York: Viking/Penguin, 2011), 105-111 (邦訳『快感回路』岩坂彰訳、河出書房新社) を参照。これに関する科学論文の包括的メタ分析は、以下を参照。M. L. Chivers, M. C. Seto, M. L. Lalumiere, E. Lann, and T. Grimbos, "Agreement of self-reported and genital measures of sexual arousal in men and women: a meta-analysis," *Archives of Sexual Behavior* 39 (2010): 5-56.
(19) http://www.tampabay.com/features/humaninterest/persistent-genital-arousal-disorder-brings-woman-agony-not-ecstasy/1263980, Leonora LaPeter Anton による。
(20) 持続性生殖器喚起障害 (PGAD: Persistent Genital Arousal Disorder) は、以前は持続性性喚起症候群 (PSAS: Persistent Sexual Arousal Syndrome) と呼ばれていた。しかし、この命名は誤りであることが認識され、言い換えられるようになった。この障害は、性的な興奮や性欲の高まりとは無関係なのである。"restless genital syndrome" という呼び方があるが、これは restless leg syndrome (むずむず脚症候群) と関連するという想定を強調する言い方である。PGAD に関する文献の最近のレビューは T. M. Facelle, H. Sadeghi-Nejad, and D. Goldmeir, "Persistent genital arousal disorder: characterization, etiology, and management," *Journal of Sexual Medicine* 10 (2013): 439-50 を参照。
(21) J. Money, G. Wainwright, and D. Hingburger, *The breathless orgasm: A Lovemap Biography of Asphyxiophilia* (New York: Prometheus Books, 1991).
(22) これほどの恍惚とエクスタシー (脱我状態) は、当然、宗教的権威の注意も引いてきた。オーガズムは生を肯定する健康的なものとして扱われる一方で、少なくとも男性にとっては力と精の喪失として衰弱のもとも見なされる。イギリスの性科学者ハヴロック・エリスは1910年の著作の中で、各宗教における男性のオーガズムの推奨頻度をまとめている (女性については書かれていない)。ヒンドゥー教の権威：月に3〜6回。マルティン・ルター：週に2回。コーラン：週に1回。タルムード：職業により1日1回〜週に1回。H. Ellis, *Studies in the Psychology of Sex* (London: F. A. Davis, 1910).

像度は劣る。そのほかの技法にもそれぞれ長所と欠点がある。L. Michels, U. Mehnert, S. Boy, B. Schurch, and S. Kollias, "The somatosensory representation of the human clitoris: an fMRI study," *NeuroImage* 49 (2010): 177-184; C. A. Kell, K. von Kriegstein, A. Rosler, A. Kleinschmidt, and H. Laufs, "The sensory cortical representation of the human penis: revisiting somatotopy in the male homunculus," *Journal of Neuroscience* 25 (2005): 5984-87; T. Allison, G. McCarthy, M. Luby, A. Puce, and D. D. Spencer, "Localization of function regions of human mesial cortex by somatosensory evoked potential recording and by cortical stimulation," *Electroencephalography and Clinical Neurophysiology* 100 (1996): 126-40; J. P. Makela, M. Illman, V. Jousmaki, J. Numminen, M. Lehecka, S. Salenius, N. Forss, and R. Hari, "Dorsal penile nerve stimulation elicits left-hemisphere dominant activation in the second somatosensory cortex," *Human Brain Mapping* 18 (2003): 90-99; and H. Nakagawa, T. Namima, M. Aizawa, K. Uichi, Y. Kaiho, K. Yoshikawa, S. Orikasa, and N. Nakasato, "Somatosensory-evoked magnetic fields elicited by dorsal penile, posterior tibial and median nerve stimulation," *Electroencephalography and Clinical Neurophysiology* 108 (1998): 57-61.

(14) 足と乳首と生殖器が1次体性感覚野で活性化する位置が隣り合っているというこの観察から、これらの領域間の相互作用が足フェチが多い理由かもしれないと考える者もいる。この考えを強力に裏づける証拠も否定する証拠も見つかっていない。しかし、脳地図で足にあたる中心後回の正中面にてんかん発作が生じると、女性の乳首と小陰唇と足に何らかの感覚が生じることがあるという点は指摘しておく必要がある。

(15) 実のところ、ペニス－ヴァギナの性交渉において男性がオーガズムに至らないようにするというやり方には、多くの文化で長い歴史がある。ヨーロッパの伝統ではコイトゥス・レセルワトゥス coitus reservatus (保留性交) と呼ばれ、道教の伝統では採陰補陽と呼ばれてきた。採陰補陽とは、女性の本質 (陰) を男性が集め、吸収するという意味である。同様に、カレッツァは性交渉中に男女ともオーガズムに近い状態にコントロールするもので、神秘的な性的エクスタシーに達する方法といわれている。

(16) 性行動と摂食行動の快感グラフを比べるという発想は、以下の論文から借用した。専門的な詳細、とくに人間とほかの動物のセックスの比較に興味のある向きには一読をお勧めする。J. R. Georgiadis, M. L. Kringelbach, and J. G. Pfaus, "Sex for fun: a synthesis of human and animal

大きいと考えている。

「性的な神経がこのように女性の方が複雑なのは、子宮や子宮頸など、男性が持たない生殖器、性器があるからである。女性の下腹部から脊髄へと伸びる神経網は、ペニスから脊髄に至る神経網よりも多い」(*Vagina: A Cultural History,* 24)

たしかにペニスにつながる感覚神経だけを見れば、女性の下腹部全体の神経よりも単純と言える。しかし、男性の下腹部全体と女性の下腹部全体を比較すれば、もちろん大きな違いは明らかだが(男性には膣や子宮からの神経はなく、女性には睾丸や陰嚢や前立腺からの神経はない)、感覚神経ネットワーク全体の複雑さは大差ない。最も重要な点として、私が知る限り、感覚神経の細部の構造の変異が、女性の生殖器やその周囲で大きいという証拠は存在しない。女性の方が男性より性的刺激に対する反応の幅が大きいということは、実際、多くの研究で確かめられている。しかしそれについて下腹部の感覚神経の変異による面があるかどうかは不明である。

(11) ウルフは「文化と育ち」が個人の性的経験や嗜好に重要な役割を果たしていると述べ、それから、その影響を「身体的な神経の配線」の変異と対置した。この記述は正しい。しかし、「文化と育ち」と「神経の配線」とはまったく無関係の現象ではないという点は注意する必要がある。神経の配線はゲノムからのみ生じ、文化と育ちは人生の経験から生じ、両者はまったく関わらないというようなものではないのである。すでに見たように、幼児期に母親から向けられる注意や、楽器の訓練などの人生経験は、脳や身体の微細な構造や細胞の機能に永続的な変化をもたらしうる。要するに、育ちは生まれを通じて働くと言える。

(12) B. R. Komisaruk, N. Wise, E. Frangis, W.-C. Liu, K. Allen, and S. Brody, "Women's clitoris, vagina, and cervix mapped on the sensory cortex: fMRI evidence," *Journal of Sexual Medicine* 8 (2011): 2822-30.

(13) 男女を問わず、生殖器への刺激は身体地図の鼠径部のみを活性化するとする研究者もいれば、足の先の離れた部分のみを活性化するとする研究者もいるし、両方だという研究者もいる。現在も科学論文上で議論は継続中である。生殖器の感覚を表す地図を作成するための実験では、さまざまな手法が用いられる。小さなバイブレーターや電気的な刺激装置を実験者が操作する場合もあれば、被験者が自慰具を操作する場合もある。脳の画像化の技法もさまざまだ。脳波計は時間的な解像度には優れるが、空間的な解像度は劣る。fMRI は空間的解像度はそこそこだが、時間的な解

Haberberger, and I. L. Gibbins, "Sensory innervation of the external genital tract of female guinea pigs and mice," *Journal of Sexual Medicine* 8 (2011): 1985-95; and Z. Halata, and B. L. Munger, "The neuroanatomical basis for protopathic sensibility of the human glans penis," *Brain Research* 371 (1986): 205-30.

(6) 陰部神経小体が性感に特別な役割を果たしているという仮説を検証するには、何が必要なのだろうか。まず、この小体の電気的信号を記録し、それらの発火が性感に対応しているかどうかを見る。さらに、何らかの方法でこの小体を不活性化する必要がある。薬物か、遺伝子操作ウイルスか、遺伝子操作マウスを使う。補足的に、皮膚の同じ部分にあるほかの触覚経路を活性化させずに陰部神経小体だけを活性化する方法も見つける。これらすべてを実現する方法は、陰部神経小体を持つ感覚神経にだけ選択的に発現する遺伝子を見つけることである。そのうえで、遺伝子操作によりその遺伝子の転写を制御する部分(プロモーターと呼ばれる)を取り出して、神経の信号の発火を促すタンパク質あるいは抑制するタンパク質を発現させる。このプロモーターを、ニューロンが活動すると緑色に発光するタンパク質につなぎ合わせることさえできる。そうすると、陰部神経小体の線維を画像として撮影できるようになり、さまざまな状況での活動を記録できる。

(7) D. K. E. Van der Schoot, and A. F. G. V. M. Ypma, "Seminal vesiculectomy to resolve defecation-induced orgasm," *BJU International* 90 (2002): 761-62.

(8) B. R. Komisaruk, C. Gerdes, and B. Whipple, " 'Complete' spinal cord injury does not block perceptual responses to genital self-stimulation in women," *Archives of Neurology* 54 (1997): 1513-20; and B. R. Komisaruk, B. Whipple, A. Crawford, A. Grimes, W.-C. Liu, A. Kalnin, and K. Mosier, "Brain activation during vaginocervical self-stimulation and orgasm in women with complete spinal cord injury: fMRI evidence of mediation by the vagus nerves," *Brain Research* 1024 (2004): 77-88. 迷走神経が子宮および子宮頸から脳への性的触覚情報を伝えているという仮説は、専門家の間でいまだ議論の対象となっていることは付け加えておく必要がある。

(9) N. Wolf, *Vagina: A Cultural History* (New York: HarperCollins, 2012), 26.

(10) ウルフは男性よりも女性の方が陰部の感覚神経の配線に個人差が

and feeling: differences in pleasant touch processing between glabrous and hairy skin in humans," *European Journal of Neuroscience* 35 (2012): 1782-88; and L. Lindgren, G. Westling, C. Brulin, S. Lehtipalo, M. Andersson, and L. Nyberg, "Pleasant human touch is represented in pregenual anterior cingulate cortex," *NeuroImage* 59 (2012):3427-32.

(16) A. C. Voos, K. A. Pelphrey, and M. D. Kaiser, "Autistic traits are associated with diminished neural response to affective touch," *Social Cognitive and Affective Neuroscience*, advance electronic access, 2012.

(17) 本章の原注8および11と同様、これらの実験はMorrison et al.(2011a and 2011b)に報告されている。

第4章 セクシュアル・タッチ

(1) 外界についての予想の中には、遺伝的に決定され、経験によらないものもある。たとえば、光源は視野の上の方にあるといったことである。キャンプのとき懐中電灯を顔の下から当てると怪奇的な雰囲気を作れるのはこのため。

(2) もちろん、医師の触診で興奮する人もいる。人によるこのような違いは、実際ここの主張を裏づけるものだ。つまり、刺激の最終的な知覚は個人の経験により形作られるということである。人はそれぞれ異なる経験をし、その経験によりそれぞれ異なる形で人格が形成されるのだ。

(3) 自由神経終末は伝達速度の遅いAδ線維とC線維の端末である。痛みと温感を伝えるこれらの線維については第5章と第6章で詳述する。

(4) この構造については遅くとも1866年には知られていたが、「陰部神経小体」genital end bulbという名称が最初に使われたのは以下の論文である。A. S. Dogiel, "Die Nervenendigungen in det Haut der aussern Genitalorgane des Menschen," *Archiv fur Mikroscopische Anatomie Forschung* 41 (1893): 585-612.

(5) R. K. Winkelmann, "The erogenous zones: Their nerve supply and significance," *Proceedings of the Staff Meetings of the Mayo Clinic* 34 (1959): 39-47; K. E. Krantz, "Innervation of the human vulva and vagina: A microscopic study," *Obstetrics and Gynecology* 12 (1958): 382-96; N. Martin-Alguacil, D. W. Pfaff, D. N. Shelly, and J. M. Schober, "Clitoral sexual arousal: an immunocytochemical and innervation study of the clitoris," *BJU International* 191 (2008): 1407-13; P. I. Vilimas, S.-Y. Yuan, R. V.

フリカに20種ほど生息するハダカデバネズミの仲間だ。このネズミにはほとんど体毛がない。そのため、毛皮を持つほかのデバネズミ科のネズミに比べて、C線維の数が25%ほどしかない。ハダカデバネズミの残ったC線維は、痛みと温度の感覚を低速で伝えていると考えられる。E. St. John Smith, B. Purfurst, T. Grigoryan, T. J. Park, N. C. Bennett, and G. R. Lewin, "Specific paucity of unmyelinated C-fibers in cutaneous peripheral nerves of the African naked mole rat: comparative analysis using six species of Bathyergidae," *Journal of Comparative Neurology* 520 (2012): 2785-2803.

(12) C触覚系が社会的接触に果たす役割については、注意しておく重要な点がある。社会的接触におけるC触覚系の特別な働きを裏づける実験は人間を対象に行うが、人間の場合、神経信号の記録やC触覚線維の解剖学的確認に限度がある。たとえば、マウスならばC触覚線維が毛包で槍型終末を形成し、体毛を曲げるような接触により活性化するということが分かっているが、人間でも同じかどうかはまだ確認されていない。C触覚線維が社会的接触とは無関係な触覚信号を伝えている可能性はあるし、社会的接触にはC触覚系によらずに伝わる側面が存在する可能性もある。C触覚線維は無毛皮膚にはつながっていないが、無毛皮膚の接触も人間の社会では重要な役割を果たしている。握手を考えてみれば分かる。

(13) C触覚系についてはスウェーデンの研究チームから優れたレビュー論文が2つ出ている。I. Morrison, L. S. Löken, and H. Olausson, "The skin as a social organ," *Experimental Brain Research* 204 (2010): 305-14; and M. Björnsdottir, I. Morrison, and H. Olausson, "Feeling good: on the role of C fiber mediated touch in interoception," *Experimental Brain Research* 207 (2010): 149-55.

(14) この研究では、被験者は全員、異性愛の男性で、男性または女性により性的愛撫を受けると告げられていた。実際にはすべての愛撫は女性により行われた。V. Gazzola, M. L. Spezio, J. A. Etzel, F. Castelli, R. Adolphs, and C. Keysers, "Primary somatosensory cortex discriminates affective significance in social touch," *Proceedings of the National Academy of Sciences of the USA* (2012): E1657-E1666.

(15) I. Gordon, A. C. Voos, R. H. Bennett, D. Z. Bolling, K. A. Pelphrey, and M. D. Kaiser, "Brain mechanisms for processing affective touch." *Human Brain Mapping* (2011), doi: 10.1002/hbm.21480; F. McGlone, H. Olausson, J. A. Boyle, M. Jones-Gotman, C. Dancer, S. Guest, and G. Essick, "Touching

Neuroscience 12 (2009): 547-48; and R. Ackerley, E. Eriksson, and J. Wessberg, "Ultra-late EEG potential evoked by preferential activation of unmyelinated tactile afferents in human hairy skin," *Neuroscience Letters* 535 (2013): 62-66.

(8) H. Olausson, Y. Lamarre, H. Backlund, C. Morin, B. G. Wallin, G. Starck, S. Ekholm, I. Strigo, K. Worsley, Å. B. Vallbo, and M. C. Bushnell, "Unmyelinated tactile afferents signal touch and project to insular cortex," *Nature Neuroscience* 5 (2002): 900-904; M. Björnsdottir, L. Löken, H. Olausson, Å Vallbo, and J. Wessberg, "Somatotopic organization of gentle touch processing in the posterior insular cortex," *Journal of Neuroscience* 29 (2009): 9314-20; and I. Morrison, M. Björnsdottir, and H. Olausson, "Vicarious responses to social touch in posterior insular cortex are tuned to pleasant caressing speeds," *Journal of Neuroscience* 31 (2011): 9554-62.

(9) 歴史上の詳細については議論がある。ノルボッテンには、無痛症の人々はもっと古くからいたと考える人もいる。この家系の祖先が16世紀にフィンランド南部からノルボッテンに移住してくる前からいたかもしれないというのだ。

(10) ノルボッテンの無痛症候群は、遺伝性感覚自律神経性ニューロパチーV型、略してHSAN Vと呼ばれる。E. Einarsdottir, A. Carlsson, J. Minde, G. Toolanen, O. Svensson, G. Solders, G. Holmgren, D. Holmberg, and M. Holmberg, "A mutation in the nerve growth factor beta gene (*NGFB*) causes loss of pain perception," *Human Molecular Genetics* 13 (2004): 799-805; J. Minde, G. Toolanen, T. Andersson, I. Nennesmo, I. N. Remahl, O. Svensson, and G. Solders, "Familial insensitivity to pain (HSAN V) and mutation in the *NGFB* gene. A neurophysiological and pathological study," *Muscle & Nerve* 30 (2004): 752-60; and D. C. de Andrade, S. Baudic, N. Attal, C. L. Rodrigues, P. Caramelli, A. M. M. Lino, P. E. Marchiori, M. Okada, M. Scaff, D. Bouhassira, and M. J. Teixeira, "Beyond neuropathy in hereditary sensory and autonomic neuropathy type V: cognitive evaluation," *European Journal of Neurology* 15 (2008): 712-19.

(11) I. Morrison, L. S. Löken, J. Minde, J. Wessberg, I. Perini, I. Nessesmo, and H. Olausson, "Reduced C-afferent fibre density affects perceived pleasantness and empathy for touch," *Brain* 134 (2011): 1116-26. 興味深いことに、C触覚線維欠損には齧歯類のモデル動物がいる可能性がある。ア

(2) 薄いミエリン鞘を持ち中ぐらいの太さのAδ線維は、速度もAβ線維とC線維の中間で時速20〜100キロほど。

(3) この論文で確認されたC触覚ニューロンおよびそれに関連する軸索には、ほかの感覚神経と分子レベルで異なる点があった。チロシンヒドロキセラーゼという酵素を発現しているのである。L. Li, M. Rutlin, V. E. Abraira, C. Cassidy, L. Kus, S. Gong, M. P. Jankowski, W. Luo, N. Heintz, H. R. Koerber, C. J. Woodbury, and D. D. Ginty, "The functional organization of cutaneous low-threshold mechanosensory neurons," *Cell* 147 (2011): 1615-27. C触覚ニューロンにはほかのグループが存在する可能性もある。別の研究チームが、MrgprB4という受容体を持ち、有毛皮膚につながるC線維があることを明らかにしている。これはC触覚線維の候補となりうるものだが、残念ながらこれらの線維に電極を付けて信号を記録しても、有毛皮膚を軽く撫でたときの電気的活動は確認できなかった。MrgprB4を発現するC線維が愛撫の感知に果たす役割は不明である。Q. Liu, S. Vrontou, F. L. Rice, M. J. Zylka, X. Dong, and D. J. Anderson, "Molecular genetic visualization of a rare subset of unmyelinated sensory neurons that may detect gentle touch," *Nature Neuroscience* 10 (2007): 946-48; and S. Vrontou, A. M. Wong, K. K. Rau, H. R. Koerber, and D. J. Anderson, "Genetic identification of C-fibers that detect massage-like stroking of hairy skin in vivo," *Nature* 493 (2013): 669-73.

(4) A. B. Sterman, H. H. Schaumburg, and A. K. Asbury, "The acute sensory neuronopathy syndrome: a distinct clinical entity," *Annals of Neurology* 7 (1980): 354-58. 急性感覚神経細胞障害は遺伝せず、恒久的な障害でもない。通常は免疫機能障害とも関連づけられない。すべてではないが、ペニシリンなどの抗生物質を高用量で用いる治療の後に発症することが多い。

(5) O. Sacks, "The Disembodied Lady," in *The Man Who Mistook His Wife for a Hat.* (London: Duckworth, 1985), 42-52.

(6) H. Olausson, J. Cole, K. Rylander, F. McGlone, Y. Lamarre, B. G. Wallin, H. Kramer, J. Wessberg, M. Elam, M. C. Bushnell, and Å. Vallbo, "Functional role of unmyelinated tactile afferents in human hairy skin: sympathetic response and perceptual localization," *Experimental Brain Research* 184 (2008): 135-40.

(7) L. S. Löken, J. Wessberg, I. Morrison, F. McGlone, and H. Olausson, "Coding of pleasant touch by unmyelinated afferents in humans," *Nature*

して、同年齢で比較すれば、指の大きな子供の方が識別能が有意に低かった。しかし、子供が成長して指が大きくなっても識別能は低下しなかった。著者らは、メルケル盤の密度の低下を、これらのセンサーから情報を抽出する脳の能力の増大が補ったという仮説を提案している。R. M. Peters, and D. Goldreich, "Tactile spatial acuity in childhood: Effects of age and fingertip size," *PLOS One* 8 (2013): e84650.

(52) 女性の乳房の機械受容器の数は決まっているのか。私の限られた女性経験からすると、胸の小さな女性の方が乳房を優しく刺激したときの反応がよい傾向がある。この考えをパートナーのZに伝えると、彼女はこう答えた。「胸の大きさは関係ないわね。だって触覚的に敏感なのは乳首と乳輪だもの。周りはそれほど敏感じゃないし」。Zはさらに、乳首の大きさと乳房の大きさは関係しないけれど、乳輪の大きさは乳房の大きさと相関すると指摘した。つまり、胸の大きな女性は乳輪の機械受容器の密度が低い可能性があるのだ。しかし、機械受容器の密度は性的な反応性には関係しない可能性もある。この点については以下の2つの章で考察する。その後、以下の文献を読む機会があった。そこには、胸を小さくする整形手術を受けようとする多くの女性が、乳首と乳輪の感度が悪いことに不満を持っていると報告されている。このエピソード的な報告は実験で確かめられた。乳輪の触覚の鋭敏さについて圧覚と2点識別と震動覚を調べたところ、胸の大きな女性(Dカップ以上)は小さな女性(A-Bカップ)に比べて一貫して感度が低かったのだ。S. Slezak and A. L. Dellon, "Quantitation of sensibility in gigantomastia and alteration following reduction mammoplasty," *Plastic and Reconstructive Surgery* 91 (1993): 1265-69; and Y. Godwin, K. Valassiadou, S. Lewis, and H. Denley, "Investigation into the possible cause of subjective decreased sensory perception in the nipple-areola complex of women with macromastia," *Plastic and Reconstructive Surgery* 113 (2004): 1598-1606.

第3章 愛撫のセンサー

(1) タランティーノ監督が本当に復讐劇を描くとしたら、ペニスにつながる陰部神経の生検をすることになるだろう(それも、麻酔なしで)。ただ、陰部神経は純粋な感覚神経ではなく、運動神経と交感神経の軸索も一緒になっている。ここでは説明を単純にするため、腓腹神経ということにした。雰囲気よりも分かりやすさを優先すべきと考えたわけだ。

まれる。授乳をするヒトでも同じように脳地図は可塑的なのだろうか。

(48) J. O. Cog and C. Xerri, "Tactile impoverishment and sensorimotor restriction deteriorate the forepaw cutaneous map in the primary somatosensory cortex of adult rats," *Experimental Brain Research* 129 (1999): 518-31.

(49) C. F. Bolton, R. K. Winkelmann, and P. J. Dyck, "A quantitative study of Meissner's corpuscles in man," *Neurology* 16 (1966): 1-9; M. F. Bruce, "The relation of tactile thresholds to histology in the fingers of elderly people," *Journal of Neurology, Neurosurgery and Psychiatry* 43 (1980): 730-34; J. C. Stevens and K. K. Choo, "Spatial acuity of the body surface over the life span," *Somatosensory and Motor Research* 13 (1996): 153-66; and K. L. Woodward, "The relationship between skin compliance, age, gender and tactile discriminative thresholds in humans," *Somatosensory and Motor Research* 10 (1993): 63-67.

(50) R. W. Van Boven, R. H. Hamilton, T. Kauffman, J. P. Keenan, and A. Pascual-Leone, "Tactile spatial resolution in blind braille readers," *Neurology* 54 (2000): 2230-2236; and D. Goldreich and I. M. Kanics, "Tactile acuity is enhanced in blindness," *Journal of Neuroscience* 23 (2003): 3439-45. 女性の方が識別能が高いというこの観察は、視覚障害の影響を中心テーマとする研究の延長線上で得られた。目が見えないことが触覚の知覚にどう影響するかについては後の章で考察する。

(51) R. M. Peters, E. Hackeman, and D. Goldreich, "Diminutive digits discern delicate details: fingertip size and the sex difference in tactile spatial acuity," *Journal of Neuroscience* 29 (2009): 15756-61; and M. Wong, R. M. Peters, and D. Goldreich, "A physical constraint on perceptual learning: tactile spatial acuity improves with training to a limit set by finger size," *Journal of Neuroscience* 33 (2013): 9345-52. 当然、いくつか留保条件はある。まず第1に、汗孔密度がメルケル盤密度の指標として使えるという仮定は検証の必要がある。第2に、統計的には指先の大きさが触覚の識別能の違いを最もよく説明するとは言えても、この結果は脳の触覚回路に性差が存在して識別能の違いに寄与している可能性を除外するものではない。Goldreichらはさらに、平均的に小さな指を持つ子供は女性よりも触覚の識別能が高いかという疑問を追究した。すると興味深い結果が得られた。子供の汗孔は、したがっておそらくメルケル盤は、平均してやはり密集している。そ

macaque second somatosensory cortex: evidence for multiple functional representations," *Journal of Neuroscience* 24 (2004): 11193-204.

(45) この点は、ニューヨーク大学医学部のEsther Gardnerらによる一連の実験で明らかにされた。Gardnerらは、訓練により手を伸ばしてものをつかむよう訓練したサルの後頭頂皮質の活動を記録し、サルが手を伸ばすとき、実際にものに触れる前にこの領域のニューロンが活性化することを確認した。しかも、手を伸ばすときのニューロンの発火パターンは、その動作でどうなるかという有効性の予測を反映しているように見えた。対象物に触れた後のニューロンの反応は、最初の予測を裏づけるか否定するかするわけだが、それによりサルが動きを最適化するための情報を提供する。つまり運動の学習である。J. Chen, S. D. Reitzen, J. B. Kohlenstein, and E. P. Gardner, "Neural representation of hand kinematics during prehension in posterior parietal cortex of the macaque monkey," *Journal of Neurophysiology* 102 (2009): 3310-28.

(46) T. Elbert, C. Pantev, C. Weinbruch, B. Rockstroh, and E. Taub, "Increased cortical representation of the fingers of the left hand in string players," *Science* 270 (1995): 305-7; I. Hashimoto, A. Suzuki, T. Kimura, Y. Iguchi, M. Tanosaki, R. Takino, Y. Haruta, and M. Taira, "Is there training-dependent reorganization of digit representations in area 3b of string players?" *Clinical Neurophysiology* 115 (2004): 435-47; P. Schwenkreis, S. El Tom, P. Ragert, B. Pleger, M. Tegenthoff, and H. R. Dinse, "Assessment of sensorimotor cortical representation asymmetries and motor skills in violin players," *European Journal of Neuroscience* 26 (2007): 3291-3302. 触覚地図の左手が拡大していることは、機能的にどのような結果をもたらすのか。最後の研究の著書は、音楽家と音楽家でない人とを比較して、左手も右手も運動能力は強化されていないことを示した。ただし、触覚の識別能については検査していない。

(47) C. Xerri, J. M. Stern, and M. M. Merzenich, "Alterations of the cortical representation of the rat ventrum induced by nursing behavior," *Journal of Neuroscience* 14 (1994): 1710-21; and C. Rosselet, Y. Zennou-Azogui, and C. Xerri, "Nursing-induced somatosensory plasticity: temporally decoupled changes in neuronal receptive field properties are accompanied by modifications in activity-dependent protein expression," *Journal of Neuroscience* 26 (2006): 10667-76. 飽くなき追究心から当然次の疑問が生

小説に出てくる地球外生命のクトゥルフをホシバナモグラに例えてきた。クトゥルフが登場する最初の小説（1928年）には、このような記述がある。

たしかにモグラには翼はない。だが、それでも似ている。

(41) ホシバナモグラ研究の第一人者であるヴァンダービルト大学のKenneth Catania教授は高速度カメラを使ってこの動物が獲物を探る様子を撮影した。最初は付属肢をランダムに動かしているが、獲物の可能性があるものを感知すると、星形の付属肢は引っこみ、特別に敏感な11番目の付属肢が対象に接触する。この付属肢で通常は1度か2度対象に触れ、それが獲物かどうか、口に入れるかどうかを判断する。Catania教授がホシバナモグラの触覚脳地図を慎重に調べたところ、体性感覚野の中で星形の付属肢の部分が大きかっただけでなく、付属肢の中でも11番目のものが最も大きな範囲を占めていることが分かった。この研究については以下のレビューが優れている。K. C. Catania, "The sense of touch in the star-nosed mole: from mechanoreceptors to the brain," *Philosophical Transactions of the Royal Society of London*, Series *B* 366 (2011): 3016-25.

(42) 再びオタク的詳細を。指先の皮膚を細かく見てみると、1本の感覚神経の軸索は直径2〜3ミリの範囲に分布するメルケル終末からの情報を運んでいる。しかし、この軸索の電気信号を記録しながら指先を細い針で探ってみると、この神経はもっと狭く、直径1ミリほどの範囲の刺激に反応する傾向があることが分かる。この範囲をその軸索の受容野と呼ぶ。解剖学的な神経終末の分布範囲と受容野とのこのずれは、ここで何か興味深いことが生じていることを示唆する。周縁部のメルケル盤は弱い信号しか発しないのかもしれないし、脊髄に向かう軸索に枝が収斂していく間に周縁部のメルケル盤からの信号がブロックされるのかもしれない。

(43) 新皮質の円柱構造を最初に発見したのはジョンズ・ホプキンズ大学医学部のVernon Mountcastleらのグループだ。この研究については V. B. Mountcastle, *The Sensory Hand.* (Cambridge, MA: Harvard University Press, 2005), 260-300にうまくまとめられている。

(44) 2次体性感覚野の仕組みはよく分かっていない。しかし、1次体性感覚野と同様、いくつかの機能的に異なる小領域で構成されているということは明らかになりつつある。皮膚からの接触の信号だけを受け取る小領域もあれば、接触の信号と、手や腕や脚や身体の位置関係の情報（固有受容覚）とが混じり合ったものを受け取る小領域もある。P. J. Fitzgerald, J. W. Lane, P. H. Thakur, and S. S. Hsiao, "Receptive field properties of the

線を横切り、視床の一部である後外側腹側核に至る。次にこの視床の細胞が1次体性感覚野に投射する。以下の章では性的接触や痛み、痒み、温度に対する皮膚感覚を考察するが、これらの情報は、脊髄でも脳でも、機械受容器からの信号とは別の経路をとる。

また、言葉遣いについても注記すると、体内を走る軸索の束は神経（末梢神経）というが脊髄や脳に入ると「索」「路」（tract）という呼び方をする。

(37)　神経系では、感覚系でも運動系でも、線維が左右に交差するという現象が広く見られる。視覚の場合は合理的だ。視野の右側は、両目の網膜の左側を活性化する。それゆえ、右側と左側の視野の情報を視覚野で一緒にするには、正中に近い側の網膜からの線維を脳内で交差させる必要がある。触覚の場合は、交差の理由はそれほど明確ではないため、神経科学者がビールを飲むときの格好の話のネタになる。

(38)　ペンフィールドの時代には効果的な抗てんかん薬がなかった。このような手術は重度のてんかんで発作が命に関わったり生活を完全に損なったりしている場合にのみ行われた。ペンフィールドが最初に脳地図を記述した論文は現在もなお有用である。W. Penfield, T. C. Erickson, *Epilepsy and Cerebral Localization: A Study of the Mechanism, Treatment and Prevention of Epileptic Seizures*（Springfield, IL: Charles C. Thomas,1941）。S. Blakeslee and M. Blakeslee, *The Body Has a Mind of Its Own*（New York: Random House, 2008）は、ペンフィールドの実験について明確かつ刺激的に解説し、また脳の感覚地図と運動地図の機能について幅広く考察している。

(39)　最近では脳の局所的な活動を捉えられる画像化装置を利用し、接触に対する反応を見ながら1次体性感覚野の地図が探究されている。また動物実験では、体性感覚野の個々のニューロンの電気的活動を記録し、そのニューロンを活性化させる（身体の反対側の）皮膚表面の位置を特定することも行われている。脳の感覚系では、このような地図が形成されるのは一般的な現象であり、また触覚地図と同様、多くは歪んでいることが分かっている。1次視覚野には視覚地図があり（上下前後が反転している）、この地図では網膜中心の光感知細胞の密度が高い部分が肥大している。聴覚野には音の高さの地図がある。匂い空間は皮膚の空間や網膜の空間のように容易に把握できないため、嗅覚など化学的な感覚の地図は理解が難しい。

(40)　ホラー小説家のH・P・ラブクラフトのファンは、ラブクラフトの

(29) V. E. Abraira and D. D. Ginty, "The sensory neurons of touch," *Neuron* 79 (2013): 618-39.
(30) 比較のために数字を挙げると、英語を目で読む場合の平均速度は1分250ワードだ。目で読んでも点字で読んでも、速度と理解の正確性の間に負の相関がある点は同じだ。
(31) J. R. Phillips, R. S. Johansson, and K. O. Johnson, "Representation of braille characters in human nerve fibers," *Experimental Brain Research* 81 (1990): 589-92: F. Vega-Bermudez, K. O. Johnson, and S. S. Hsiao, "Human tactile pattern recognition: active versus passive touch, velocity effects, and patterns of confusion," *Journal of Neurophysiology* 65 (1991): 531-46.
(32) おっしゃりたいことは分かる。まあ、ちょっと変態的ではある。けれども真実の追究には犠牲が伴うものだ。ついでながら、読者が疑問に思っておられることに答えておこう。彼女はこの2点識別閾検査をクリトリスでは試さなかった。
(33) 2点識別閾検査は長年、標準的な神経学的検査として利用されてきたが、方法として解像能を低く評価しがちだ。そのため今では大半の研究所で、縞模様を浮き出させた板を一定の力で皮膚に押しつける方法を用いる。縞の間隔は変えられるようになっており、被験者はその縞が縦方向か横方向かを答える。K. O. Johnson and J. R. Phillips, "Tactile spatial resolution I. Two-point discrimination, gap detection, grating resolution and letter recognition," *Journal of Neurophysiology* 46 (1981): 1177-92; R. W. Van Boven and K. O. Johnson, "The limit of tactile spatial resolution in humans: grating orientation discrimination at the lips, tongue and finger," *Neurology* 44 (1994): 2361-66.
(34) 首や頭部の感覚神経は、後根神経節ではなく三叉神経節に細胞体がある。この種のニューロンは、専門的には「偽単極性ニューロン」と呼ばれる。
(35) この巨人の機械受容器につながる軸索が、普通の人間の軸索と同じ速度で信号を伝えると仮定しての話である。
(36) 解剖学マニアのために付け加えておく。機械受容器からの情報を伝えるニューロンの軸索は、脊髄の後角の第IV層と呼ばれる部分を上行する。第7胸椎以下の下半身からの軸索は、脳幹の薄束核のニューロンに接続するが、上半身からの軸索は隣の楔状束核のニューロンに接続する。薄束核と楔状束核のニューロンの軸索は、内側毛帯と呼ばれる部分で正中スカナ地方の小さな町）の医学校で学んでいたとき、遺体解剖の実習をしていて発見したものだ。パチニはこの発見を数年後に論文にして発表した。F Pacini, *Nuovi organi scoperti nel corpo umano,* Tipografia Cino, Pistoia, Italy, 1840. パチニ小体は多くの薄層から形成されているため、層板小体とも呼ばれる。

（22）パチニ小体の同心円状の層状構造は、写真家エドワード・ウェストンがアーティチョークの断面を撮影した傑作 http://www.masters-of-photography.com/W/weston/weston_artichoke_halved_full.html や、画家ジョージア・オキーフの「黒、青、黄と灰色の線」（1923）http://www.wikipaintings.org/en/georgia-o-keeffe/gray-line-with-black-blue-and-yellow などの作品を思い出させる。

（23）言うまでもなく、地震や核実験にはそれぞれ特徴的な波形がある。それゆえ、子供たちが飛び跳ねてそのような波形を生み出すにはきわめて高度な協調運動が必要になる。これは思考実験である。

（24）L. Ulrich, "Porsche's baby turns 16; seeks a bigger allowance," *New York Times*, August 17, 2012.

（25）ルフィニ終末については、イタリアの解剖学者アンジェロ・ルフィニが最初に記述した。A. Ruffini, "Les expansions nerveuses de la peau l'homme et quelques autres Mammifeves," *Review of General Histology* 3（1905）: 421-540.

（26）手の無毛皮膚におけるルフィニ終末の存在については、なお議論が残っている。たとえばサルの指の腹にはルフィニ終末がなく、爪の基部にのみ見られる。M. Pare, A. M. Smith, and F. L. Rice, "Distribution and terminal arborizations of cutaneous mechanoreceptors in the glabrous finger pads of the monkey," *Journal of Comparative Neurology* 445（2002）: 347-59.

（27）機械受容器からの情報を運ぶ神経線維は複数の検知器の信号を混ぜたりしないが、脳まですべてが完全にこのような「専用線」になっているわけではない。脊髄や脳の中の中継点では信号がある程度混ざる。後の章で見るように、この情報の混合は触覚の種類を跨いで起こることもある。たとえば脊髄には、軽い接触（機械受容器）と温度の両方を伝えるニューロンや、軽い接触と痛みの両方を伝えるニューロンがある。

（28）私がパートナーのZの腕を、うっかり毛の流れと逆に撫でると、彼女は不機嫌にこう言う。「ネコにそういうことをすると噛まれるわよ。少なくともあっちに行っちゃう」

Neurophysiology 103 (2010): 1741-47; M. Trulsson, S. T. Francis, E. F. Kelly, G. Westling, R. Bowtell, and F. McGlone, "Cortical responses to single mechanoreceptive afferent microstimulation revelaed with fMRI," *NeuroImage* 13 (2001): 613-22.

(18) 各メルケル終末は1本の神経線維に接続しているが、1本の神経軸索は通常、枝分かれして10〜50のメルケル盤につながる。これらのメルケル盤は直径1〜3ミリの範囲に広がる。メルケル盤が押される強さに応じて、少しの凹みには弱く、大きく凹むと強く（力に比例して）反応することは、些細な問題に思えるかもしれないが、これは物体の曲面を感知するために決定的に重要なことである。1セント硬貨の縁と5セント硬貨の縁を識別する場合を考えてみよう。指先に硬貨の縁を押しつけたとき、中心点がいちばん強く凹み、中心から両側に離れるにつれ凹みは少なくなる。この減少率は、硬貨の曲率に比例する。つまり大きな5セントでは減少率は小さく、小さな1セントでは減少率は大きい。稠密に分布するメルケル盤は各場所の凹み具合を忠実に報告するため、メルケル盤からの一群の感覚神経は脳が物体の曲率を推定できるだけの十分な情報を伝えることができる。

(19) そろそろ読者も、器官の細胞構造の解明には19世紀のドイツの学者が大きな役割を果たしているのではないかと考え始めていることだろう。その通りだ。マイスナー小体は、ゲッティンゲン大学のゲオルク・マイスナーと、その師のルドルフ・ヴァークナーが発見し、1852年の論文で詳述した。マイスナーは翌年、これらの構造について再び論文を発表したが、今回はヴァークナーの名前を外していた。どちらが発見者かを巡り激しい争いが起こり、1864年にヴァークナーが死ぬまで解決しなかった。

(20) corpuscle（小体）という言葉はラテン語のcorpusculumに由来するが、曖昧な表現だ。生物学の分野では、赤血球や白血球のような単独で浮遊する細胞を意味することもあれば、マイスナー小体のように特定の構造中の小さな細胞群を意味することもある。さらにはオックスフォード大学やケンブリッジ大学のコーパス・クリスティ・カレッジのメンバーもcorpuscleと呼ばれる。生物学と宗教と学術界の滑稽な交じり合いだ。同じような言語的な混じり合いの例として、ローマカトリックの大司教の称号にSupreme Primate（最高位の霊長類）という楽しいものがある。

(21) 将来の世界中の医師の卵たちの励みになると思うが、パチニ小体はイタリアの解剖学者、フィリッポ・パチニが1831年、ピストイア（ト操作でメルケル細胞を欠損させると、接触を検出する神経線維の電気的な反応がなくなるが、これにはほかの説明も考えられる。
(a) メルケル細胞は、力を適切に神経線維に伝える機械的役割を果たしているが、力をPiezoチャネルで電気的スパイクに変換しているのは神経線維である。つまり、メルケル細胞を失うと、神経終末が機械的に適切に活性化されないために神経線維に反応が生じない。
(b) メルケル細胞は力を電気的信号に変換し、化学的信号(神経伝達物質)を放出して、神経線維に電気的信号を起こさせる。
(c) 遺伝子操作でメルケル細胞を欠損させたマウスでは、神経細胞が力を電気的信号に変換できなくなるような発達上の副作用が生じている。正常なマウスでもそのようなことは起こりうる(おそらく人間でも)。
この興味深い問題に光を投げかける新しい報告が、本書の編集作業中に発表された。遺伝子操作で伸展活性イオンチャネルPiezo2が皮膚の細胞(メルケル細胞を含む)には発現せず、感覚神経には発現するようにした。このマウスでは、メルケル細胞は接触による電気信号を起こさない。しかし、このマウスの無毛皮膚は、微細な機械的刺激に対する感受性が低下したものの、なくなりはしなかった。このことから、メルケル細胞とそれにつながる感覚ニューロンとの両方に機械的な力を変換する機能があるとするモデルが示唆される。上記の(a)と(b)のハイブリッドのような形である。S. H. Woo, S. Ranade, A. D. Weyer, A. E. Dubin, Y. Baba, Z. Qiu, M. Petrus, T. Miyamoto, K. Reddy, E. A. Lumpkin, C. L. Stucky, and A. Patapoutian, "Piezo2 is required for Merkel-cell mechanotransduction," *Nature* 50 (2014): 622-26.
(17) Å. B. Vallbo, K. A. Olsson, K.-G. Westberg, and F. J. Clark, "Microstimulation of single tactile afferents from the human hand," *Brain* 107 (1984): 727-49. この実験には、実験者の側に驚異的な器用さと、被験者の側に多大な忍耐力が必要だ。微細な電極(先端は0.01ミリ)を腕の皮膚に慎重に差し込み、手からつながる1本の触覚神経線維を探り当て、その線維の信号を記録したり、刺激したりする。1回の実験で何時間もかかることがある。機械的センサーにつながる1本の神経線維を刺激するだけで、確実に、触覚知覚がはっきりと生じ、同時に脳の触覚処理領域の活性化が脳画像や脳波計に現れることは注目すべきである。M. Trulsson, and G. K. Essick, "Sensations evoked by microstimulation of single mechanoreceptive afferents innervating the human face and mouth," *Journal of*

イクが伝わっていく仕組みだ。ニューロンのスパイク信号についてもう少し詳しい説明をグラフ付きで読みたい方は、拙著D. J. Linden, *The Accidental Mind* (Harvard/Belknap Press, 2007), 28-49〔邦訳『つぎはぎだらけの脳と心』夏目大訳、インターシフト、2009〕をご参照いただきたい。
(15) 伸展活性化イオンチャネルには別の種類もいくつかあり、白血球から腎臓細胞に至るまで多くの細胞に存在する。神経系では、内耳の有毛細胞の伸展活性化チャネルも重要で、この分子が音波の機械的エネルギーを電気信号に変換し、その信号が脳に伝わる。触覚を成り立たせている伸展活性化イオンチャネルがどのような分子か、完全には解明されていない。現時点での最有力候補はPiezo1、Piezo2と呼ばれるタンパク質である。B. Coste, B. Xiao, J. S. Santos, R. Syeda, J. Grandl, K. S. Spencer, S. E. Kim, M. Schmidt, J. Mathur, A. E. Dubin, M. Montal, and A. Patapoutian, "Piezo proteins are pore-forming subunits of mechanically activated channels," *Nature* 483 (2012): 176-81. 研究の現状については以下にうまくまとめられている。D. M. Bautista, and E. A. Lumpkin, "Probing mammalian touch transduction," *Journal of General Physiology* 138 (2011): 291-301; B. Nilius, and E. Honoré, "Sensing pressure with ion channels," *Trends in Neuroscience* 35 (2012):477-86.
(16) メルケル本人による最初の報告はF. S. Merkel, "Tastzellen und Tastkörperchen bei den Hausthieren und beim Menschen," *Archiv für mikroskopische Anatomie* 11 (1875): 636-52. 論文のタイトルは「家畜とヒトにおける触覚細胞及び触覚小体」という意味だ。メルケルは発見した細胞に「Tastzellen (触覚細胞)」という名前を付けたが、これが本当に触覚センサーの機能を果たしているかどうかについての議論は、以後長年、正確に言うと134年間続いた。2009年にHuda Zogbhiらが遺伝子工学を利用してこの論争に決着を付けた。Zogbhiらはメルケル細胞を欠くマウスを作成し、神経線維の信号を測定して、接触に対する反応の特徴を示さないことを確認した。科学はときに多くの忍耐を必要とするのである。S. M. Maricich, S. A. Wellnitz, A. M. Nelson, D. R. Lesniak, G. J. Gerling, E. A. Lumpkin, and H. Y. Zogbhi, "Merkel cells are essential for light-touch responses," *Science* 324 (2009): 1580-82. もう少し掘り下げてみると、まだいくつか根本的な問題が残っている。皮膚を押す力が電気信号に変換される位置は厳密にはどこなのか。それはメルケル細胞なのか、メルケル細胞につながる神経線維なのか、その両方なのか、ということである。遺伝子

M. Okajima, "Nonprimate mammalian dermatoglyphics as models for genetic and embryological studies: comparative and methodologic aspects," *Birth Defects Original Articles Series* 27（1991）: 131-49 も参照。

（10） T. Lewis and G. W. Pickering, "Circulatory changes in the fingers in some diseases of the nervous system, with special reference to digital atrophy of peripheral nerve lesions," *Clinical Science* 2（1936）: 149.

（11） 興味深いことに、ペニスやクリトリスの亀頭など、交感神経に支配される汗腺を持たない無毛皮膚は、水に浸った後もしわが寄らない。

（12） M. Changizi, R. Weber, R. Kotecha, and J. Palazzo, "Are wet-induced wrinkled fingers primate rain treads?" *Brain, Behavior and Evolution* 77（2011）: 286-90. 濡れてしわの寄った手足の指の凹凸のパターンを観察すると、水を逃がすのに適した形をしている。規模は違うが、雨で浸食された山麓に見られる自然の排水地形に似ているのである。

（13） K. Kareklas, D. Nettle, and T. V. Smulders, "Water-induced finger wrinkles improve handling of wet objects," *Biology Letters* 9（2013）: 20120999. しかし、ほかのグループが再現実験を試みたところ、同じ結果は得られなかった。J. Haseleu, D. Omerbasic, H. Frenzel, M. Gross, and G. R. Lewin, "Water-induced finger wrinkles do not affect touch acuity or dexterity in handling wet objects," *PLOS One* 9（2014）: e84949.

（14） 皮膚から脊髄、脳への情報伝達に限らず、ほぼすべてのニューロンの長距離の情報伝達は、主に電気のスパイク（活動電位とも呼ばれる）によっている。静止状態のニューロンは、細胞膜の内外で－70ミリボルトほどの電位差がある（外に対して内側がマイナス）。ここで脱分極（電位差の縮小）が起こり電位差が－55ミリボルト程度に縮小すると、その電位変化を感知したイオンチャネルが開き、外からナトリウムイオンが流れ込む。ナトリウムイオンは正の電荷を帯びているため、細胞内の電位が上昇して脱分極はさらに進む。するともっと多くのイオンチャネルが開くという正のフィードバック・ループが出来上がり、スパイクの急激な立ち上がりが生じる。1ミリ秒ほど経つと、やはり電位変化を感知するカリウムチャネルが遅れて開き、一方ナトリウムチャネルが閉じる。するとカリウムイオンが外に流れ出し、細胞内の電位が下がってスパイクは終わる。重要なのは、スパイクが細胞膜の一部から隣接する部分へと伝わっていくことだ。導火線に点いた火が隣接する部分に次々と点火しながら伝わっていくのに似ている。これが、皮膚から脊髄へ、そして最終的に脳へとスパくべきことに、非常に密に生えた髪の毛を持つ女性でさえ、頭皮の毛はその2%にすぎない。大半は細い軟毛（産毛）である。蒸し暑い中で激しい運動をするなどで汗腺を最大限に働かせると、1時間で4ℓ以上の汗が出る。人間は、動物界の汗かきチャンピオンなのだ。視覚や聴覚では敵わない動物は多いが、汗に関しては人間はずば抜けている。

(5)　無毛を表す英語glabrousについては、権威ある『オックスフォード英語辞典』でも『メリアム・ウェブスター』でも、正しい発音は「グレイブラス」だとしている。ところが、これまでに出会った皮膚学者でそう発音している人は1人もいない。みな、「グラブラス」（英国の数人は「グラーブラス」）と発音する。このように混乱した状況であるから、読者は以上の3種類のいずれで発音しても問題ないだろう。

(6)　無毛皮膚（glabrous skin）が粘膜（mucous membrane）に接する部分を特別な下位名称を使って粘膜皮膚（mucocutaneous skin）と呼ぶ専門家もいる。これには唇、結膜（目の外膜）、小陰唇、尿道や肛門の周囲の皮膚などが含まれる。乳首は完全に無毛だが、乳輪で無毛なのは中心部分だけで、その外側は毛が生えている。アメリカの作家ジュノ・ディアズは各賞を受賞した『オスカー・ワオの短く凄まじい人生』の中でこれについて見事な表現をしている。「母親のおっぱいは計り知れないほど大きい……89センチのFカップ。乳輪はお皿のように大きくて、タールのように黒い。縁のあたりには硬い毛が生えている。ときどき引っこ抜いていたけれど、生えっぱなしのこともあった」

(7)　一例を挙げるなら、指先の無毛皮膚は、前腕の有毛皮膚の約10倍の厚さがある。最も厚い表皮は足の裏の無毛皮膚で、約1ミリ。これは前腕の皮膚の約20倍だ。足の裏の皮膚は、歩いたり走ったりするときに大きくかかる物理的な負荷に耐えなければならないからだ。当然のことだが、皮膚がとくに厚い場所では、新しい細胞に完全に入れ替わるまで、ほかの部分よりも長い時間がかかる。真皮の厚さも場所により異なる。脇の下では約1ミリ、背中で約2.5ミリである。

(8)　J. K. McNeely, *Holy Wind in Navajo Philosophy* (Tucson: University of Arizona Press, 1981), 35.

(9)　M. J. Henneberg, K. M. Lambert, and C. M. Leigh, "Fingerprint homoplasy: koalas and humans," *NaturalSCIENCE.com* 1, article 4 (1997), (http://naturalscience.com/ns/articles/01-04/ns_hll.html). この論文によると、哺乳類の中には把握力のある尾に指紋様のパターンを持つ種もあるという。

手だけで、がっかりしたという。出典は S. Heller, *The Vital Touch* (New York: Henry Holt and Company, 1997), 155.
(31) E. R. McDaniel and P. A. Andersen, "Intercultural variations in tactile communication," *Journal of Nonverbal Communication* 22 (1998): 59-75. この研究は興味深いが、統計的な力は弱く、世界の文化を広く代表してはいない。アフリカのデータはなく、南ヨーロッパのデータも少ない。

第2章 コインを指先で選り分けるとき

(1) この問題の立て方にはいくつかのレベルで混乱がある。第1に、感覚経験が知性を決定するカギとなるという基本的な前提がある。しかし我々は、生まれつき目や耳が不自由であっても通常の知性が備わることを知っている。第2に、人間よりも「正確に音を聞き分ける」あるいは「鋭い目を持っている」という表現が厳密に何を意味するかが不明瞭である。人間が発声に用いる主な周波数帯に関しては、人間の聴覚は非常に敏感だ。この周波数帯では、ほかのどんな動物にも劣らないほどかすかな音を聞き取れる。しかし、クジラやゾウやサイやソウゲンライチョウが聞き取る低周波の音に対して、人間の中耳の感覚器はごくわずかしか反応しない。逆に、コウモリやイヌやイルカやネズミは、人間の聴覚の上限(子供で約2万ヘルツ)より高い音を聞くことができる。視覚の場合、タカ(などの猛禽類)は人間よりも視力が高く(視力検査をした場合、タカの視力は10.0、つまり平均的な人が60センチまで近づかないと識別できない詳細を6メートルの距離から識別できる)、かつ可視光の波長帯が広い(たとえば、獲物の尿の跡が反射する紫外線も見ることができる。紫外線は人間には見えない)。
(2) アリストテレス『霊魂論』第2巻
(3) コーネル大学の心理学者I. M. Bentleyは1900年に執筆した論文の中で、皮膚について狂想曲風に表現している。「この一見単純な器官が多くの機能をこなしていることが分かったことは、生理学がもたらした驚きの1つである。皮膚は皮として容器であるばかりでなく、守衛であり、生物と外界との仲介者でもある。外套、外皮であり、媒介である。その働きが心的過程に表れるのも不思議ではない。我々が最もよく利用する有用な知覚の多くは、触感で出来上がっているのだ」。I. M. Bentley, "The synthetic experiment," *American Journal of Psychology* 11 (1900): 405-25.
(4) 私の全身の皮膚には約500万本の毛と約200万本の汗腺がある。驚

to preterm birth complications," *International Journal of Epidemiology* 39 (2010): 144-54.
(23) R. Feldman, Z. Rosenthal and A. Eidelman, "Maternal-preterm skin-to-skin contact enhances child physiologic organization and cognitive control across the first 10 years of life," *Biological Psychiatry* 75 (2014): 56-64.
(24) S. E. Jones and A. E. Yarbrough, "A naturalistic study of the meanings of touch," *Communications Monographs* 52 (1985): 19-56; and F. N. Willis and C. M. Rinck, "A personal log method for investigating interpersonal touch," *Journal of Psychology* 113 (1983): 119-22.
(25) M. J. Hertenstein, D. Keltner, B. App, B. A. Bulleit and A. R. Jaskolka, "Touch communicates distinct emotions," *Emotion* 6 (2006): 528-33; M. J. Hertenstein, R. Holmes, M. McCullough and D. Kaltner "The communication of emotion via touch," *Emotion* 9 (2009): 566-73.
(26) 表情による感情表現の詳細な分析における世界のリーダーはPaul Ekmanである。 以下のレビューは優れている。P. Ekman, "Facial expression and emotion," *American Psychologist* 48 (1993): 384-92.
(27) M. J. Hertenstein and D. Keltner "Gender and the communication of emotion via touch," *Sex Roles* 64 (2011): 70-80.
(28) 性別や社会的地位が身体的接触にどのような役割を果たしているかに興味をお持ちなら、Judith Hallの以下のレビューをぜひお読みいただきたい。難解で、ときには矛盾することもある文献をみごとにまとめ、総括している。J. A. Hall "Gender and status patterns in social touch," in *The Handbook of Touch*. M. J. Hertenstien and S. J. Weiss, eds. (New York: Springer, 2011), 329-50. Hallは、相手に触れたり、触れられた意味を解読したりする際の性別による差異は、社会的地位に基づくモデルで単純に説明できるものではないと結論づけている。
(29) S. M. Jourard, "An exploratory study of body-accessibility," *British Journal of Social and Clinical Psychology* 5 (1966): 221-31. この研究で観察した会話者は、同性同士の場合もあれば男女の場合もあった。直接の質問は行っておらず、友人同士と恋人同士が混ざっていた可能性が高い。
(30) 社会的接触に関する国際統計では、イギリス人はごく少ない方に位置する傾向がある。有名な例はチャールズ皇太子の話だ。チャールズ皇太子が少年の頃、母親のエリザベス女王が外遊から帰国し、あいさつをする人々と一緒に並んで待つようにと言われて待っていると、あいさつは握の結合を妨げる。リッキング／グルーミングにより引き起こされる脱メチル化は、生後すぐに起こる。これにより遺伝子が発現し、最終的にグルココルチコイド受容体タンパク質の量が増え、抑制系のフィードバック・ループが強くなり、CRHの分泌が抑えられる（図1-5参照）。このメカニズムで重要な点は、これが遺伝的なものでなく、エピジェネティック（後生的）なものであること、つまり、個々のラットの遺伝子暗号を構成する塩基配列は変化しないということである。これは化学的な遺伝子修飾であり、それが遺伝子の働きを制御している。齧歯類の母親による子供の世話のエピジェネティクスについては、以下の論文にうまくまとめられている。A. Kaffman and M. J. Meaney, "Neurodevelopmental sequelae of postnatal maternal care in rodents: clinical and research implications of molecular insights," *Journal of Child Psychology and Psychiatry* 48 (2007): 224-44.

(19) J. K. Rose, S. Sangha, S. Rai, K. R. Norman and C. H. Rankin, "Decreased sensory stimulation reduces behavioral responding, retards development, and alters neuronal connectivity in *Caenorhabditis elegans*," *Journal of Neuroscience* 25 (2005): 7159-68. S. Rai and C. H. Rankin, "Critical and sensitive periods for reversing the effects of mechanosensory deprivation on behavior, nervous system, and development in *Caenorhabditis elegans*," *Developmental Neurobiology* 67 (2007): 1443-56.

(20) 乳幼児期ではなく学齢期になってから身体的接触が欠如する家庭も多い。この時期の接触欠如も深刻な影響を及ぼしうるが、乳児期ほど決定的ではない。

(21) 発達段階における身体的接触の役割を考察した古典として、T. Field, *Touch* (Cambridge, MA: MIT Press, 2001) がある。このトピックに関する最近のレビューとしては、以下を参照のこと。M. M. Stack and A. D. Jean, "Communicating through touch: touching during parent-infant interactions," in *The Handbook of Touch*. M. J. Hertenstien and S. J. Weiss eds. (New York, Springer, 2011), 273-98. and R. Feldman, "Maternal touch and the developing infant," in *The Handbook of Touch*. Hertenstien and Weiss eds. 373-407.

(22) カンガルーケアに関する最近のレビューとして、以下のものがある。S. Bailey "Kangaroo mother care," *British Journal of Hospital Medicine* 73 (2012): 278-81; and J. E. Lawn, J. Mwansa-Kambafwile, B. L. Horta, F. C. Barros and S. Cousens, "Kangaroo mother care to prevent neonatal deaths due

(14) これに関連する研究の中で主要な論文は以下の2本である。S. Levine, "Infantile experience and resistance to physiological stress," *Science* 126 (1957): 405; S. Levine, M. Alpert, and G. W. Lewis, "Infantile experience and the maturation of the pituitary adrenal axis," *Science* 126 (1957): 1347. これら初期の研究では生後21日目まで人間の手で扱ったが、その後の研究で、重要なのは7日目までで、それ以後に人間が手を出しても有意な影響はないことが分かった。しかし、ラットの子供を人間の手で扱うことが母親の剥奪と言えるのだろうか。そうとは思われない。なぜなら、母親のラットは毎日20～25分は巣を離れているからである。

(15) D. Liu, J. Diorio, B. Tannenbaum, C. Caldji, D. Francis, A. Freedman, S. Sharma, D. Pearson, P. Plotsky, and M. J. Meaney, "Maternal care, hippocampal glucocorticoid receptors, and hypothalamic-pituitary-adrenal responses to stress," *Science* 277 (1997): 1659-62.

(16) C. Caldji, B. Tannenbaum, S. Sharma, D. Francis, P. M. Plotsky, and M. J. Meaney "Maternal care during infancy regulates the development of neural systems mediating the expression of fearfulness in the rat," *Proceedings of the National Academy of Sciences of the United States of America*, 95 (1998): 5335-40. C. Caldji, J. Diorio, & M. J. Meaney, "Variations in maternal care in infancy regulate the development of stress reactivity," *Biological Psychiatry*, 48 (2000): 1164-14.

(17) D. Francis, J. Diorio, D. Liu and M. J. Meaney, "Nongenomic transmission across generations of maternal behavior and stress responses in the rat," *Science* 286 (1999): 1155-58. これらの実験にはすべて、慎重を期して巧みな対照群が設けられた。リッキング／グルーミングの少ない母親から生まれ、やはりリッキング／グルーミングの少ない別の母親に育てさせた子供と、母親からしばらく引き離して元に戻した偽養子である。

(18) 新生児が受ける接触の感覚と、ストレスホルモン信号系の生涯に及ぶ変化とを媒介する細胞レベル、分子レベルのメカニズムについては、いまだすべてが解明されているわけではない。しかし、その一端は明らかになっている。たとえば、リッキング／グルーミングの多い母親から生まれた子供は、グルココルチコイド受容体をコードする遺伝子に修飾が見られる。DNA脱メチル化と呼ばれる修飾である。これがグルココルチコイド受容体遺伝子の発現を促進する。遺伝子の中のプロモーターと呼ばれる部分にメチル基が付け加わると、転写因子NGFI-Aという補助タンパク質いて、2人で接触の回数をカウントし、2人ともカウントした接触のみを分析結果とした。2人の合意率は83%だった。

(10)　この研究に使用された成績の数字も興味深い。たとえば、得点数自体は優れた指標ではない。多くのショットを試み、そこそこの成功率でたくさん得点している選手もいるかもしれない。それはつまり、相手にボールを渡しているということだ。この研究で用いた指標はウィンスコアといい、あるプレーがチームに及ぼす全体的な好影響を、リバウンド、得点、ショット、アシスト、ブロック、スティールの数を使って数値化している。

(11)　霊長類における連合形成行動とグルーミングについて分かりやすい概観を得るには、Robin Dunbar の名著 *Grooming, Gossip, and the Evolution of Language* (Harvard University Press, 1996) の、とくに第2章を参照。Dunbar は、すべての霊長類の社会がこうした連合形成行動を持つわけではない点に注意を促す。新世界サルの大半と、旧世界の種でも、コロブス属のサルやキツネザルはこうした行動を示さない。一般論として、社会集団が大きくなるほど、長時間のグルーミングによって強化されるような連合形成行動が生じる可能性が高くなる。

(12)　言うまでもないが、ゆったりと暮らすヒヒたちの社会生活も、幸せにグルーミングをし合っているだけではない。最低の状況に陥ることもある。ヒヒの社会におけるストレスを研究する Robert Sapolsky は次のように報告している。「私が研究するエコシステムにとって、ヒヒは申し分のないモデルとなる。ヒヒが暮らす東アフリカのセレンゲティは、素晴らしい場所だ。ヒヒは大集団で暮らしているため、捕食者もさほど脅威にならない。幼いヒヒの死亡率は低い。何より重要なこととして、3時間程度エサを漁れば、1日の必要カロリーを得られてしまう。つまり、毎日9時間は自由になり、その時間をずっとほかのヒヒを困らせて過ごすのだ。私たちと同じように、ヒヒも生態学的に有利な立場にいるため、互いに心理的ストレスを与え合うことに時間を費やせるわけだ。セレンゲティのヒヒが苦しんでいるとしたら、それはほかのヒヒが懸命にそのヒヒを苦しめようとしているからなのだ(傍点はリンデンによる)。Avi Solomon による2011年のインタビューより。http://boingboing.net/2011/11/23/robert-sapolsky-on-stress-an.html

(13)　G. S. Wilkinson, "Social grooming in the common vampire bat, *Desmodus rotundus*," *Animal Behavior* 34 (1986): 1880-89; G. S. Wilkinson, "Food sharing in vampire bats," *Scientific American* 262 (1990) ; 76-82.

(5) 重要な点だが、1946年のアッシュの実験と同様、温かいコーヒーカップは全般的に善意を感じさせる後光効果を生み出しはしなかった。温かい／冷たいの次元と無関係な人格記述（信頼できる／できないや、誠実／不誠実など）は、カップの温度には影響されなかった。L. E. Williams and J. A. Bargh, "Experiencing physical warmth promotes interpersonal warmth," *Science* 322（2008）: 606-7.
(6) J. M. Ackerman, C. C. Nocera, and J. A. Bargh, "Incidental haptic sensations influence social judgments and decisions," *Science* 328（2010）: 1712-15.
(7) 以下の点を指摘しておきたい。重いクリップボードは皮膚の感覚器を強く活性化するだけでなく、腕の筋肉を大きく収縮させるが、筋肉にもまた独自の感覚器と脳への信号経路がある。この問題は後の章で詳しく取り上げる。
(8) 被験者は、これと同時に、話に出てくる架空の人々の関係の親しさ（関係の近さ、ビジネススタイルか砕けたスタイルか）も評価した。これらの評価点は、触ったジグソーのピースがざらざらか滑らかかには関係しなかった。
(9) M. W. Kraus, C. Huang, and D. Keltner, "Tactile communication, cooperation and performance: an ethological study of the NBA," *Emotion* 10（2010）: 745-49. この論文では、詳細な方法を記した部分が非常に面白い。「カウントしたのは、意図的な接触のみとした。つまり、プレーの直接の結果（ポジショニング争い、スクリーンのセットなど）としての身体的接触は含めなかった。さらに、カメラアングルの信頼性の問題から、スロー再生、選手のアップ、タイムアウト中、各ピリオド終了後の映像の接触も含めなかった。われわれが分析に用いたのは、複数の選手がチームのためになった良いプレー（ゴールを決めたなど）を喜んでいる最中に見られた以下の12種類の身体的接触である。フィストバンプ〔拳をぶつけ合う〕、ハイファイブ〔片手のハイタッチ〕、チェストバンプ〔胸をぶつけ合う〕、リーピング・ショルダーバンプ〔飛び上がって肩をぶつけ合う〕、チェストパンチ〔胸を拳で叩く〕、ヘッドスラップ〔頭を平手で叩く〕、ヘッドグラブ〔頭を摑む〕、ローファイブ〔片手のロータッチ〕、ハイテン〔両手のハイタッチ〕、フルハグ〔しっかり抱き合う〕、ハーフハグ〔軽く抱き合う〕、チームハドル〔全員で肩を組む〕」。この分析に「お尻を叩く」や「しっかりとキス」が含まれていないことは注目に値する。各ゲームにつ

原注

プロローグ

(1) J. B. Watson, *The Psychological Care of the Infant and Child* (New York: W. W. Norton & Company, 1924), 81-82. ワトソンは以下のように続ける。「やってみてください。1週間もすれば、子供に対して完全に客観的で、しかも優しくなるのがいかに簡単かが分かるでしょう。これまでのうんざりするような感傷的な扱いがこのうえなく恥ずかしく思えるはずです。飼い犬に、ただのペットではなく、役に立つ番犬や猟犬などに育ってもらいたいなら、今あなたが子供に対しているような扱い方は絶対にしないでしょう」

第1章 皮膚は社会的器官である

(1) 今日の学者も、このくらい明確に、喚起力を持つ言葉で語ってくれるといいのだが。S. E. Asch, "Forming impressions of personality," *Journal of Abnormal and Social Psychology* 41 (1946): 258-90.
(2) 感情に流されず、危険かもしれない人のことを「冷血」な人と表現する。猿や犬や猫など、温血の(恒温の)哺乳類の感情の動きを容易に想像できると考えている人は多いが、冷たい魚(や蜥蜴や蛇)もまた、「cold fish(よそよそしい)」などとイメージされるのだ。冷血な生物(変温動物)の感情の動きについて私たちはほとんど知らない。こうした動物が私たちと同じだと想像したり、感情を欠いていると想像したりすることは容易だが、その罠に陥ってはならない。
(3) このやり方は、他人を評価する際のツーパスモデルで意味を持つ。最初に、敵か味方か(少なくとも敵でないこと)を見分けたい。それから、相手が自分に対して何か意図を持って行動する能力を持つかどうかを見極めたいのだ。以下のレビューが有用。S. T. Fiske, A. J. Cuddy, and P. Glick, "Universal dimensions of social cognition: warmth and competence," *Trends in Cognitive Science* 11 (2007): 77-83.
(4) R. Feldman, "Maternal touch and the developing infant," in M. J. Hertenstein and S. J. Weiss, eds., *The Handbook of Touch* (New York: Springer, 2011), 373-407.

本書は二〇一六年九月、小社より単行本として刊行されました。

触《ふ》れることの科学《かがく》
なぜ感《かん》じるのか　どう感《かん》じるのか

二〇一九年　三 月二〇日　初版発行
二〇二一年　一 月三〇日　2刷発行

著　者　デイヴィッド・J・リンデン
訳　者　岩坂《いわさか》彰《あきら》
発行者　小野寺優
発行所　株式会社河出書房新社
〒一五一－〇〇五一
東京都渋谷区千駄ヶ谷二－三二－二
電話〇三－三四〇四－八六一一（編集）
〇三－三四〇四－一二〇一（営業）
https://www.kawade.co.jp/

ロゴ・表紙デザイン　粟津潔
本文フォーマット　佐々木暁
印刷・製本　大日本印刷株式会社

Printed in Japan　ISBN978-4-309-46489-3

孤独の科学

ジョン・T・カシオポ／ウィリアム・パトリック　柴田裕之〔訳〕 46465-7

その孤独感には理由がある！　脳と心のしくみ、遺伝と環境、進化のプロセス、病との関係、社会・経済的背景……「つながり」を求める動物としての人間——第一人者が様々な角度からその本性に迫る。

動きすぎてはいけない

千葉雅也 41562-8

全生活をインターネットが覆い、我々は窒息しかけている——接続過剰の世界に風穴を開ける「切断の哲学」。異例の哲学書ベストセラーを文庫化！　併録＊千葉＝ドゥルーズ思想読解の手引き

内臓とこころ

三木成夫 41205-4

「こころ」とは、内蔵された宇宙のリズムである……子供の発育過程から、人間に「こころ」が形成されるまでを解明した解剖学者の伝説的名著。育児・教育・医療の意味を根源から問い直す。

メディアはマッサージである

マーシャル・マクルーハン／クエンティン・フィオーレ　門林岳史〔訳〕 46406-0

電子的ネットワークの時代をポップなヴィジュアルで予言的に描いたメディア論の名著が、気鋭の訳者による新訳で、デザインも新たに甦る。全ページを解説した充実の「副音声」を巻末に付す。

快感回路

デイヴィッド・J・リンデン　岩坂彰〔訳〕 46398-8

セックス、薬物、アルコール、高カロリー食、ギャンブル、慈善活動……数々の実験とエピソードを交えつつ、快感と依存のしくみを解明。最新科学でここまでわかった、なぜ私たちはあれにハマるのか？

社会は情報化の夢を見る　［新世紀版］ノイマンの夢・近代の欲望

佐藤俊樹 41039-5

新しい情報技術が社会を変える！　——私たちはそう語り続けてきたが、本当に社会は変わったのか？　「情報化社会」の正体を、社会のしくみごと解明してみせる快著。大幅増補。

著訳者名の後の数字はISBNコードです。頭に「978-4-309」を付け、お近くの書店にてご注文下さい。